東アジア企業のビジネスモデル

羅瓊娟——著

實踐大學數位出版合作系列

出 版 心 語

　　近年來，全球數位出版蓄勢待發，美國從事數位出版的業者超過百家，亞洲數位出版的新勢力也正在起飛，諸如日本、中國大陸都方興未艾，而臺灣卻被視為數位出版的處女地，有極大的開發拓展空間。植基於此，本組自民國 93 年 9 月起，即醞釀規劃以數位出版模式，協助本校專任教師致力於學術出版，以激勵本校研究風氣，提昇教學品質及學術水準。

　　在規劃初期，調查得知秀威資訊科技股份有限公司是採行數位印刷模式並做數位少量隨需出版〔POD＝Print on Demand〕（含編印銷售發行）的科技公司，亦為中華民國政府出版品正式授權的 POD 數位處理中心，尤其該公司可提供「免費學術出版」形式，相當符合本組推展數位出版的立意。隨即與秀威公司密集接洽，雙方就數位出版服務要點、數位出版申請作業流程、出版發行合約書以及出版合作備忘錄等相關事宜逐一審慎研擬，歷時 9 個月，至民國 94 年 6 月始告順利簽核公布。

執行迄今，承蒙本校謝董事長孟雄、陳校長振貴、黃教務長博怡、藍教授秀璋以及秀威公司宋總經理政坤等多位長官給予本組全力的支持與指導，本校諸多教師亦身體力行，主動提供學術專著委由本組協助數位出版，數量逾50本，在此一併致上最誠摯的謝意。諸般溫馨滿溢，將是挹注本組持續推展數位出版的最大動力。

本出版團隊由葉立誠組長、王雯珊老師、賴怡勳老師三人為組合，以極其有限的人力，充分發揮高效能的團隊精神，合作無間，各司統籌策劃、協商研擬、視覺設計等職掌，在精益求精的前提下，至望弘揚本校實踐大學的校譽，具體落實出版機能。

實踐大學教務處出版組　謹識

2013 年 9 月

まえがき（問題の所在）

　今世紀に至り、科学的合理主義への信仰とその追求がなされるなかで個人的人格を離れ全体（組織）は没主観的な外観を呈した合理的な機関・関係に進展する。いわゆる「支配」から「管理」の時代への移行である。それまでは人間の自立をうたった思想論争とは別に、身分的拘束ではないにしても精神的な人格的支配の内実は強く残存していた。資本というものを媒介にして経営の場は資本主義的合理主義を徹底追求し、組織は人間の協業・分業という枠組みを超えて「管理組織」としての明確な形態を整えてゆく。そこにおいては管理は支配者によるにしても「機構」に付与された権限を通じてであり、そのことにより全体性は維持される、という管理論並びに管理思想が支配的となる。かかる全体に対する個人の位置づけは、マックス・ウェーバーの官僚制論、F.テイラーの科学的管理法にみられるごとく、「支配」「管理」の歴史的意味の変容とその歴史的意義の定着をもたらす。

　組織や管理の諸相を「全と個」という構図で問い直す視点は社会科学そのものの歴史であり、永遠のテーマでもある。そこには基本的に二つの立場がある。一つは個こそ実在するものであり全体は個によって個の合成として得られるという見地。もう一つは全体の実在性を認め、個に還元できない全体性を方法論的原理とする見地である。組織理論にはかかる方法論的対立の流れが底流にある。これ

らには哲学・思想史のそれぞれの立場が反映している。前者は理性主義、主観主義、実体＝属性の基本前提、方法論的個人主義、機械論、原子論などが結びつく。後者はローマン主義、方法論的有機体主義と結びつく。

　全体性を支えるものは神から理性へ、さらに科学的合理主義へと変化してきた。つまり全体性の秩序を見出すのは人間自身の手であり、機構化した組織のなかで支配概念より管理概念が普遍化する。アメリカに生起した科学的合理主義のもとでは、全体性の維持は組織権力を有した者の命令と服従という関係に集約される。そのための機構としての管理組織が必要であり、個（人間）の存在はその全体の構成要素（部品）であり、機構のなかで客体としてのみの存在という位置づけである。

　「20世紀から21世紀へ」この転換期には社会システムのあらゆる領域において『遺伝子の組替え』が急テンポで進行している。これに対応すべき社会科学の任務は極めて重い。だが、現実は「パラダイムの転換」（paradigm shift）と叫ばれるわりには社会認識の地平は混迷を深めるばかりである。理論体系の再構築は伝統的思考＝方法論から脱却することから開始されることは言うまでもない。その流れの一つに近代西欧的思考方法および近代科学の価値尺度に立脚する社会科学方法論に対する再考と転換があげられるであろう。かかる状況下で、欧米先進諸国において従来の視点とは異なる本格的な「東アジア企業のビジネスモデル」（東洋資本主義の本質）が活発化しはじめていることは興味深い。

　これらには、いくつかの要因が絡み合っている。第一は、日本およびアジアNIES諸国の70年代後半以降の経済成長率が欧米先進工業国のそれを遥かに凌駕しつつあるというアジア社会への高い関心

である。第二は、資本主義経済＝市場経済という同じ経済メカニズムを土俵としながらも、欧米的合理主義の範疇では東アジア企業の経済行為は的確に把握できないとする、いわゆる東洋的異質性を念頭に入れた認識である。第三は、アジア的経済合理主義を生み出すエートスの問題を社会科学のレベルで捉え直そうとする動向であり、「儒教倫理と経済発展」という設定である。これは、かつてマックス・ウェーバーが西欧近代資本主義成立期にみた経済合理主義にかかわる宗教の役割（社会システム再構築における民衆の精神構造の役割）の問題にも通じる。すなわち、マックス・ウェーバーが近代化をあらゆる側面の合理化過程と捉えるなかで、社会制度の合理化のみでなく制度を支える人々の行動様式の合理化（エートス）をその不可欠な要件をなすことから開始された東西宗教比較分析＝文化的基礎への視点である。広義には人々の日常生活における倫理的合理化の問題である。第四として、純粋に経営学的課題となるのであるが、本格的なグローバル・エコノミー時代において企業活動のボーダレスが進展するなかでアジア諸国の企業経営が制度的レベルではなく運営の課題か管理の問題において特異なシステムである、という認識とその対応である。

　今日の歴史的状況の中で、9.11以降の展開において宗教もしくは文明の衝突そして相対化という部分が非常に深刻になりつつある。本論文は、東アジアの資本主義を儒教精神との関連で捉え直し、その西欧型ではない儒教資本主義の内実（管理思想の構成要素）を整理する。東アジアの文化的近似性によって「東アジア企業のビジネスモデル」なる特質を鮮明にすることが目的である。西欧型資本主義システムに対置する東アジア型資本主義（儒教型資本主義）なるものの把握が従来の社会科学のレベルで可能であるかという試論で

ある。この試論は、ウェーバー的経営資本主義とは異質な資本主義をなす儒教文化（日本および東アジアNIES諸国および中国）における「経済システム」と「企業管理方式の源流（管理思想）」を探るものである。従って、最近の儒教文化や東アジア文化、さらに儒教の教義に関する文献への言及も「文化的近似性と企業経営」の関連を探る手段であり、あくまでもそれらが東アジア企業の現代経営の中にどのように浸透しているかの研究である。

　制度と文化のグローバル化と特殊化について

　東アジアの民族問題と新たな相対的西欧化への道とは

　近代儒教文化の経済倫理とその実践について

　東アジアの地域性と文化力〜東アジア企業のビジネスモデルは可能か

　これらは極めて単純な問題設定でありながら、「全と個という関係」を軸に組織理論（経営学、広義には社会科学）における永遠の課題である。徹底的に無駄を省いて効率主義を遂行すれば、組織は活性化して業績（成果）が上がるという古典的管理の神話はどうやら崩れている。企業（経営）の場は「仕事の組織」として効率を第一義に課せられるのが当然である。しかし、今日、効率性モデルが必ず組織をダイナミックに動かす「最適解」であるという確信は持っていないであろう。「人間組織」として組織を動かす本当の力とはなにか。これが本論文の課題である。本論文の執筆にはもう一つ動機がある。それは「管理思想および組織論」に関する100年の系譜において「科学的管理からコンティンジェンシーに至る70年代までと80年代以降の理論展開には明らかに断絶があるという認識である。80年代前後を境に経営学（管理思想や組織理論）における定義や方法論が大きく変わった点にある。明確な「パラダイムシフ

ト」を確認できる。すなわち、客観的な法則を定位してその背後に
ある因果関係を解明する科学としての方法論と、複雑化した社会現
象（社会的に構築されたリアリティ）をイメージとして捉える方法
論との差異である。

管理組織理論の発展と諸アプローチ

	理論体系	人間観・アプローチ
～1920年代 1890-1929	〈古典派組織理論〉 テイラーの科学的管理 ファヨールの管理科学 フォード・システム	〈合理的経済人モデル〉 公式組織 課業管理 管理原則
1930年代～ 1940年代前半	〈新古典派組織理論〉 ホーソン実験 ハーバード学派 人間関係管理	〈社会人人間モデル〉 非公式組織 感情の論理と人間関係 人間の集団的存在
1940年代後半 ～1950年代	〈近代組織理論〉 有機体思想 C. I. バーナード H. Hサイモン	〈自律的人間モデル〉 意思決定論 制約された合理性 協働と組織均衡
1950年代後半 ～1960年代	〈人間資源論〉 ネオ・ヒューマンリレーション 動機づけ理論（モティベーション） リーダーシップ論	〈自己実現人間モデル〉 人間主義の心理学 人間の欲求階層説 高次欲求と自己実現
1960年代後半 ～1970年代	〈システム理論〉 サイバネティックス コンティンジェンシー理論 情報システムとしての組織	〈シャノン的人間モデル〉 機能主義 技術的環境 情報機能
1970年代中葉 ～1980年代前半	〈現象学的組織論〉 意味論 エスノメソドロジー 現象学	〈複雑人間観〉 非合理主義 戦略的分析方法 解釈主義

1980年代後半〜1990年代中葉	〈複雑系組織理論〉 暗黙知 認知科学 シンボリック	〈意味把握的人間モデル〉 組織文化論 組織学習論 知識組織論
1990年代後半〜2000年代	〈制度・文化の組織論〉 自己組織性 オートポイエーシス 制度化（組織化）理論	〈生命論人間観〉 神経生理学 生命システム ネオ・進化論

出所：代田郁保『管理思想の構図』税務経理協会

Ⅰ.論文内容

　本論文は、東アジアの国民国家としての変容と東アジア共通の文化との相互規定における「管理思想の変遷と管理実体の実像」という両面からアジア的管理思想を明らかにするものである。とりわけ、近代東アジアの経済倫理とその実践、倫理と思想—東アジア的価値観を有する近代産業の指導者たちの主張を東アジア空間に生きる管理思想として捉え直し、欧米とは異なるアジアに生きる経済倫理および公益思想としての「管理思想」がどのように展開していったのかを考察する。

　近代東アジアはヨーロッパ文明国で生まれた法と政治の思想・制度を継受して国民国家の形成を進めた。その際，日本およびアジア諸国が欧米との文化的差異の中でアジアという結節環としてどのような展開を辿ったであろうか。その歴史的位相を思想連鎖や文化連関という視点から考察する。すなわち、東アジアにおける自由主義イデオロギーとグローバリゼーションの課題（民主主義の民主化問題）への言及である。

　具体的には、東アジアが「自由とデモクラシー」という課題において危機に晒されてきた20世紀、そして21世紀、この自由思想の危機は敵対する勢力＝ファシズムや共産主義の脅威によるものではなく、むしろ自由主義論内部における「理念なき市場自由論＝市場至上主義」が徘徊していることの危機である、という自由論自体の再考である。これらの論点をとりわけ東アジアのグローバリゼーションとデモクラシーに焦点を当てながら管理思想の論旨を進めたい。

　アジアもここ数十年で大きく変わった。ハンチントンが言うように、「社会が急激に変化する時、確立していたはずのアイデンティティーは崩壊し、自己を新たに定義しなおし、新しい自己像を構築しなければならなくなる」（『文明の衝突』）。そして、冷戦終結後、それまでアジア諸国においても、誰もが自己を規定する文化的アイデンティティーを模索している。

　アメリカ（西欧文明）のアイデンティティーに普遍的価値を信じていたアジア諸国は欧米的個人主義の横行、自己利益の追求、秩序の崩壊、犯罪の若年化、教育の荒廃、信頼感・連帯感の喪失、権威の軽視など数多くの「問題」が顕在化して、個人主義・民主主義・平等主義など欧米文化が生み出したデモクラシーは、必ずしも世界に普遍的価値ではないことを知り、ようやくアジア文化（儒教文化）の価値観－秩序・勤勉・家族主義・規律・質素倹約などに目を向け始めた。そもそも特定の文化に普遍性を求めることに無理があったのである。国際環境の変化（グローバリゼーション）が、むしろアジアと欧米との文化的差異を表面化させ、アジアにおける自己の文化的アイデンティティーを明確に意識するに至り、その結果、世界の多文化を受け入れる必要に迫られているのである。

　同じ東アジア─儒教文化、漢字文化、律令体制等々の社会基盤を共有しながらも日本・韓国・中国・台湾における企業の管理思想および管理実践には大きな差異がある。職場環境ならびに労働意識─仕事に対する志向（職業観）は共通点よりも相違点が多い。本論の後半は、特に中国と日本の企業組織─組織と個人、管理者と従業員の関係を詳細に描写している。その描写から日本の管理思想および管理実践とは異なる中国の管理思想・管理方法を整理した。日本企業が中国に進出して30年以上が経過している。しかし個々の中国企業の現場における現地人との「意思疎通」および「従業員管理」には依然、課題が山積している。この原因は中国の職場環境、中国人の性格、労働意識などを知らぬままに日本国内で行われている「管理方法」をそのまま使用しているからであろう。

　同じ東アジアにおいて、中国で日本の管理方法をそのまま採用しても「全く」機能しない。日中両国企業の職場環境、労働意識があまりにも違いすぎるからである。日中両国における「職場環境」「労働意識」の差異は大きい。本論ではその幾つかの要因を列挙している。伝統的中国文化と中国人の行動原理（交渉術）について言及する中で、競争原理と公正原理の間（はざま）において今も生き続ける「階層間の格差（効率主義）と階層内の平等主義」の混在─「内の環境」と「外の環境」という中国人固有なる生活空間＝意識構造を解き明かす。この点にこそ中国人の価値観─すなわち個人主義的価値志向の原点があり、職業観およびビジネス文化を形成する基盤である。階級なき社会における競争原理はまさしく現代中国の本音と建前を表現している。どのような職業観のもとで「ビジネス世界でのキャリア」を積み、成功を収めるかは改革開放後の多くの中国人の人生哲学の一部となっている。

　本稿では、比較制度分析（Comparative Institutional Analysis）の立場から東アジア（日本・韓国・台湾・中国）の企業経営研究の前提となる「儒教資本主義」なる概念と東アジア的経済合理主義を検討する。マックス・ウェーバーの世界宗教比較研究を手がかりにして、儒教精神と経済倫理（経済合理主義）をめぐる諸問題を浮き彫りにする。東アジア世界における多神感覚は「現世適応」「秩序維持」を前提として一見、非合理に見えながら実は合理主義に結びつく点を東アジア的市場経済（広義の儒教資本主義）の有り方と共に説明する。東アジアの管理思想について、とりわけ中国企業のビジネスマネジメント哲学と職業観—成功するために必要な管理知識と実践的技法、価値観に占める「独立自尊」「安定」「公共心」の地位などをキータームとして分析する。これらの分析を通じて東アジア企業のビジネスモデルに関する管理思想や管理実践への論理的にアプローチすることである。

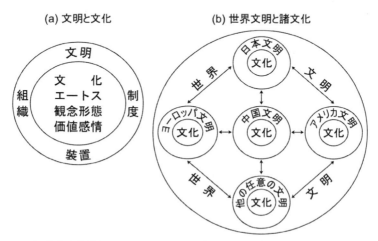

伊東俊太郎「世界文明と地域文化」（「比較文明」第6号,1990年,7頁）

II.論文構成

　本論文は七章構成となっている。

　第一章は、西欧型デモクラシーのなかでの「個人的自由」が「近代的個人の確立」として生まれる。今、進行するグローバル化と評される現象はこの「個人の自由」あるいは「拘束からの自由」という精神運動が資本の国境を越えた運動とが重なった結末である。ここにイデオロギーとしての「グローバリズム」が成立する。行政的規制からの自由、慣行からの自由、国家・国境からの自由という流れの中で「個人の自由」を実現できると考えられる。

　1993年前後の中国に端を発した「アジア的人権論」が当時の世界に波紋を投げかけた。その後、マレーシア、シンガポール、インドネシアの指導者の間で盛んに議論されており、その内容は欧米的「人権運動の歩み」を否定するかの如く映る内容である。「アジアにおいては社会の利益は個人の利益に優先する」等々のアジア的人権論はアジア固有のデモクラシー論として明らかに欧米とは異なるものである。「デモクラシーは民主主義とは異なる」という風土の問題でもあろう。

　デモクラシーは「未完のプロジェクト」であると同時に「現代と社会を映す鏡」ともいわれる。その理念と現実の緊張関係こそ新たな社会を創造する地平を開くことこそデモクラシー論の真髄であろう。デモクラシーは西欧型「個人主義」が出発点である。「自由と平等」は個人主義的方法論を前提にしている。

　本章は、デモクラシーとグローバリゼーションという二つの価値体系とその本質について「自由」の根源的意味〜「自由と平等」を

歴史的に検証する中で今日、自由主義が有する二つの側面～価値の多元化とグローバリズム、すなわち自由主義のイデオロギーとグローバリゼーションの課題（民主主義の民主化問題）に言及する。とりわけ東アジアのグローバリゼーションとデモクラシーに焦点を当て論旨じるものである。

　第二章では、資本主義の形態とは、決して固定された状態ではなくて、きわめてダイナミックな形で変化していくというものである。まず、危機を繰り返して資本主義が衰退していくという一方的な論理ではなく、危機ごとに大きな変化を起こして資本主義が変容していく。第二、経済のグローバル化は現実ですが、一方では政治の分野は、ナショナルなレベルにとどまっている。そういう意味では、デモクラシー問題の矛盾が存在する。第三には、金融による経済成長の問題である。金融による経済成長は可能かというと、それは経済が好況と不況を繰り返すような大きな不均衡を引き起こしていくことになる。第四には、人間の基本的なニーズと現実の資本主義が充足するニーズとの間に矛盾が生じてきている。それは究極的には人間中心的な経済成長の概念の必要性に行きついていく。

　資本主義の研究において、経済学では制度面、経営学では組織の観点から分析されることが多いが、真の問題解決のためにはマクロの制度と組織のルールの両レベルからの変革が必要であり、両観点からの考察が重要である。グローバル化が急速に進展するなかで文化の多様性を認めつつ、社会・経済システムの「ファームウェア」とでもいうべき会社制度を構想していくためには、こうした視座からのアプローチも求められていくべきであろう。

　第三章では、本章は、東アジアの現代的位相をアジア華夷思想、中華思想分有論、儒教文化の三つのレベルから検証する。マック

ス・ウエーバーの東西宗教比較に基礎を置く「欧米とアジアの文化的差異」の視点から100年を経て、今や、東アジアは世界の加速的経済成長のモデルにとどまらず、世界の工場および巨大市場となっている。それを可能にした台湾・韓国・日本および改革解放後の中国等の「東アジア諸国企業文化」比較研究が活発となる。「儒教倫理と経済発展」という設定〜儒教と経済発展との関係が結びつけられる時、アジア的経済合理主義を生み出すエートスの問題を社会科学のレベルで捉え直そうとする動向が主となった。

　そして、究極は東アジア文化の同質性と差異性の論点からアジア諸国比較研究であり、その比較研究を通じて企業文化のグローバル化と地域の特殊化の意味を問う。80年代の儒教文化圏研究と最近の新たなるアジア文化圏研究の動向をふまえて改めて東アジア地域における「制度と文化」の外在性（グローバル化）と内在性（特殊化）について検証したい。

　第四章では、今、われわれに問われているのは21世紀型資本主義のあり方－「運営方法」である。極論すれば、資本主義の経済倫理の問題である。元来、資本主義は利潤の無限追求のメカニズムを基礎に自由なる経済主体による競争が出発点である。しかし、20世紀の二つの大戦を通じてそれは大きな節目と転換期を迎える。

　ウェーバー的資本主義的経済倫理を捨てて社会主義の新しい秩序創造へ動き、他方では、資本主義の能率を頼りとして体制を維持しつつ、経済価値を他の文化価値の下位に置く福祉国家への道であった。どちらも「小さな政府」から「大きな政府」への国家体系と経済システムへの転換であった。そして、20世紀後半より、この双方を否定して再び、自由競争と市場の原理に強い信頼を寄せた新自由主義が世界の潮流となる。ここでふたたび「大きな政府」から「小

きな政府」を標榜する資本主義が再現された。多くの国ではグロー
バリズムというイデオロギーのもとで、新自由主義が市場主義を
携えて一気に主流となる。その結果が、2008年の世界同時不況で
あった。

　本章では、「資本主義システムと管理思想」を前提に、市場社会
の行方を土台として資本主義制度における経済倫理および企業倫理
の問題（西欧型資本主義とアジア型資本主義）を企業行動論の立場
から論究する。とりわけ東アジアの経済倫理─経済生活における倫
理的・心理的規制の特質について言及したい。「現代」市場社会に
おいて、いかなる経済倫理があり得るかを考察する。

　第五章では、同じ東アジアにおいて儒教文化、漢字文化、箸文化
等々の共通の社会基盤を共有しながらも、日本・韓国・中国・台湾
の企業の管理思想および管理実践には大きな差異があり、職場環境
ならびに労働意識─仕事に対する志向は共通点よりもむしろ相違点
が多いことを指摘する。

　本章では、東アジアの管理思想とその実践を確認することが目的
であるが、特に中国と日本の企業組織─組織と個人、管理者と従業
員の関係を考察する。その考察から日本の管理思想および管理実践
とは異なる中国の管理思想・管理方法を整理したい。その幾つかの
要因から、日中両国の「職場環境」「労働意識」がきわめて異な
ることを明かにする。そして中国の職場での個人主義＝中国型個人
主義の原点、すなわち中国人の行動原理を解くカギを「内環境」と
「外環境」という二つの概念を用いて説明したい。

　第六章では、東アジア─儒教文化の発祥地・中国企業の管理思想
とビジネスマネジメント哲学さらに現代中国人のビジネス観の変遷
について中国人の価値観の変化と新しいビジネス様式を論究する。

可能な限り、理念的な論議・論争を避けて中国人の思考様式および行動原理を具体的な事例研究を通じて真の中国ビジネス像（実情）に接近してゆきたい。そして、かかる中国（大陸）と筆者の生活基盤（儒教文化）である台湾＝台湾におけるビジネス事情（職業観と人事様式）および管理思想の差異についても念頭に入れてる。

　本章の対象は、1992年以降の中国企業のビジネススタイルとビジネス観であり、とりわけビジネス・フィーバーといわれた1997年以降の中国人特有の会社意識・仕事観・対人関係への言及と中国人固有なキャリア志向の実態を論じる。方法論としては、中国のマネジメント哲学と職業観を中心に据え、成功するために必要な管理知識と実践的技法、価値観に占める「独立自尊」「安定」「公共心」の地位などをキータームとする文化論的アプローチをとる。最終的には文化と政治要因によるビジネス様式の差異を中国大陸と台湾において検証する。

　結章は、1990年代以降に世界的なアイデンティティの危機が出現しており、人々は血縁、宗教、民族、言語、価値観、社会制度などが極めて重要なものと見なすようになり、文化の共通性によって協調や対立が促される。文明が相互に対立しあう状況は深刻化しつつあり、巨視的には西欧文明と非西欧文明の対立として理解できる。単純化した解釈としてこの文明の衝突はある意味では、「宗教の衝突」とも言い換えられる。東アジア社会では、キリスト教文化のように唯一絶対神を信じる世界とは異なり、民衆は多神教のなかに生きている。

　本章はむすびとして、欧米の宗教観とアジア宗教観の違い、そして、冷戦時代が終焉した最後の戦争に成り得る「文明の衝突」という側面を述べ、宗教（倫理思想）の相違を比較しながら、次世代＝

21世紀における「在り方」と東アジア社会の生きる道（倫理秩序と
管理思想の関連）を探す。最後は東アジアの地域性と文化力の近似
性を整理しながら、東アジア企業のビジネスモデルは可能かの試論
を挑戦したい。

　【謝辞】今回の刊行において、多くの方々が協力してくださっ
た。ここに深く感謝の言葉を捧げたい。特になくなられた博士後期
課程の指導教授である代田郁保先生には、これまでに受けた幾多の
学恩に感謝します。
　また、中村瑞穂教授、堺鉱二郎教授、澤野雅彦教授、小島康次教
授に感謝の意を表することをご容赦願いたい。先生方のご指導がな
ければ、この研究成果は生まれていなかったであろう。本書成立ま
での過程では、父母親と代田喜保先生、志村嘉門先生、加藤佳嗣先
生、長瀬公昭社長ご夫婦、馬頭小川ロータリークラブと佐藤秀夫会
長、田島良久会長、いろいろな方々に負うところが極めて大きい、
感謝する次第である。
　本書の出版を引き受けて下さった台湾秀威公司、ならびに編集担
当の皆様に対して心からお礼申し上げたい。最後に台湾実践大学の
謝孟雄理事長ご夫婦には研究の助成を受けた。記して感謝申し上
げる。

2013年12月

　　　　　　　　　　　　　　　　　　　　　　　　羅　瓊娟

目　次

第一章

東アジアのデモクラシーの位相と
グローバリズム

　20世紀末、アメリカン・グローバリズム（アメリカ型グローバル・スタンダード）の進行の中で、とりわけ経済の混乱と低迷に喘いでいるのが東アジア地域である。80〜90年代には、東アジアの多くの国は「四つの龍」を代表にNICSあるいはNIESと呼ばれ「奇跡の経済発展」と呼ばれる急激な経済成長を遂げた。韓国・台湾・香港などのNIESに続いてASEAN諸国も高度成長への離陸を開始する。90年代前半、世界の他の地域が低成長時代を迎える中で世界経済をリードする「アジアの時代の到来」が21世紀には約束されているように映った。

　1993年前後の中国に端を発した「アジア的人権論」が当時、世界に波紋を投げかけた。その後、マレーシア、シンガポール、インドネシアの指導者の間で盛んに議論されているおり、その内容は欧米的〈人権運動の歩み〉を否定するかの如く映る内容である。「アジア人は個人の政治的及び市民的権利を認めていないし要求もしていない」「アジアにおいては社会の利益は個人の利益に優先する」等々、のアジア的人権論はアジア固有なデモクラシー論として明らかに欧米とは異なるものである。「デモクラシーは民主主義とは異なる」という風土の問題でもあろう。

　最近の、アジアで北朝鮮や・など・張られるミャンマーなどの「軍事独裁政権」のもとにおける人権侵害は、すべての人間の固有の尊厳と平等かつ不可譲の権利を認めていないという点においてヨーロッパの絶対王政の時代となんら変わらず、個人を出発点とするデモクラシーはこれらアジア諸国には存在しないことになる。デモクラシーは「未完のプロジェクト」であると同時に「現代と社会を映す鏡」ともいわれる。その理念と現実の緊張関係こそ新たな社会を創造する地平を開くことこそデモクラシー論の真髄であろう。デモクラシーは西欧型「個人主義」が出発点である。「自由と平等」は個人主義的方法論を前提にしている。

Ⅰ．現代デモクラシー論とグローバリズム

　「自由」とは、「平等」とは何か？デモクラシー（Democracy）とは何か？そして、デモクラシーには、なぜ価値があるのか？これらの問いに「普遍的な解」は、あるだろうか？

　デモクラシーは、統治形態として他のどのような内容よりも制度上の具備を有していると評価が高い。同時に、この用語は国内外における大きな事件が起こるたびに「デモクラシーの危機（crisis）」としてその防衛に論壇が張られる。代替を発見できない程、唯一の近代政治統治条件といわれるこの魅力的な用語と概念は、同時に「その曖昧さと危険性」が常に指摘されて、それぞれの時代においてさまざまな風雪に耐えてきた。時代の変遷を超えて、今なおデモクラシーは唯一絶対なる統治形態なのであろうか？

　とりわけ、アジアにおいてはデモクラシーの成熟度が常に議論される。最近の「アジア的人権論」がこの問題に拍車をかける。20世

紀末、マレーシア、シンガポール、インドネシアの指導者間で盛ん
に議論された「アジア的人権論」は、西欧型デモクラシーを全面的
に否定するものである。少なくとも、これまで西欧型「人権運動の
歩み」を否定するかの如く映るのである。すなわち、「アジア人は
個人の政治的及び市民的権利を認めていないし要求もしていない」
「アジアにおいては社会の利益は個人の利益に優先する」という
論点である。[1]確かに、アジアの社会主義国の一党支配、北朝鮮や
ミャンマーなどの軍事独裁政権による人権侵害は、すべての人間の
固有の尊厳と平等かつ不可譲の権利を認めていない。

　アジアにおける民主主義は西欧型デモクラシーとは異質なもので
あろうか？それはデモクラシーの概念を検証することで明らかになろ
う。デモクラシーの有効性も曖昧さ、危険性についても論じ尽されて
きた。デモクラシーは「善き統治」、「政治的正義一般」が想起され、
政治体制（政治的統治体）を意味する言葉として使われてきた。バー
ナード・クリック（Bernard Crick）の表現で「永続的な価値の対立と利
害の対立の間で平和的な妥協を可能にするシステム」[2]となろう。

　また、H. ティングステン（H. Tingsten）がその名著『現代デモク
ラシーの諸問題』のなかで明快に論じているように「デモクラシー
は統治形態の概念であり、政策決定作成のためのテクニックであ
る。決して、政策決定の内容の概念でもないし、社会構造に影響を
及ぼす方法の概念でもない。デモクラシーは、異なった政治的信念
に共通しているという意味において一種の超イデオロギーとして記
述できよう」。[3]

　それは、Democracy＝デモクラシーは「民主主義」と訳されるこ
とに本当に正しい訳語であるかどうか？この点、デモクラシーは
「民主主義」の訳語が正しいかどうかは日本における政治学および

政治思想・社会思想等の領域において幾度か議論されてきた課題である。「主義」は、政治制度や政治体制をあらわす概念ではなく、一つの原理＝価値理念を表現する言葉である。加えて自由・平等や人権・平和という価値体系との不可分の理念として扱われるようになった。言い換えれば、一つの制度ではなく政治的価値ないしは政治哲学として守られるべき理念、実現されるべき理想として位置づけられてきたのである。しかも、その内実に関する明確な合意（統一見解）があるわけでなく、むしろ漠然とした抽象的な自由・平等・平和という概念と漠然と結びづけ「理想郷」の政治信念として扱われてきた傾向がある。

　西欧的デモクラシーの概念は明快である。H.ティングステン（H. Tingsten）、B.クリック（Bernard Crick）、R.ダール（Robert A. Dahl）、あるいはH.ケルゼン（Hans Kelsen）等々において、デモクラシーの本質と価値について明快に論じられる。彼らに共通している点は、デモクラシーは「善き統治形態」に不可欠な要素ではあるものの、至上価値として崇拝すべき方法論ではない、としていることであろう。[4]

　それは、語源が示す通り、Demos＝民衆と-cratia＝支配であり、統治形態の概念である。それは制度・主義ではなく政策決定作成の手続きである。政策実現へのテクニックであり、最良なる究極の解答ではない。それ自体、政策決定作成の一つのテクニックであるとすれば、善き統治への永遠に保証を与える解決策ではない。プロセスの課題なのである。また、「デモクラシーとは、政治的支配を意味する言葉であり、永遠的価値の対立と利害の対立の間で〈平和的な妥協を可能にするシステム〉のことである」（B. Crick）も忘れてはならない。

　かかるデモクラシーとの概念と直接的に関連する概念がグローバ
リズムである。かつて、F. A. ハイエクは「資本主義がデモクラシー
を生み出した」[5]として、グローバリゼーションが原動力となっ
て、さらにデモクラシーはグローバル規模に展開すると主張した。
言い換えれば、グローバリゼーションが進めば必然的にデモクラ
シーも地球的規模で定着する。このことは今日、多くの新自由主義
論者が市場主義自由主義論を展開する時、根底のイデオロギーであ
り、西欧デモクラシーとグローバリズムとは表裏一体の論点なので
ある。その意味で、グローバリズムはデモクラシーの理念をどのよ
うな方向性に導くか、その動向を注視する必要があろう。

　従来、グローバリズムとは、「個人の自由」と「自己責任」の二つの
両輪によって支えられる一つのイデオロギーといわれてきた。すな
わち、グローバリズムというイデオロギーはまさに「個人的自由」
を基本理念とする「西欧的近代イデオロギー」の出発点である。す
なわち、西欧型デモクラシーのなかでの「個人的自由」が「近代的
個人の確立」として生まれる。今、進行するグローバル化と評され
る現象はこの「個人の自由」あるいは「拘束からの自由」という精
神運動が資本の国境を越えた運動とが重なった結末である。ここに
イデオロギーとしての「グローバリズム」が成立する。行政的規制か
らの自由、慣行からの自由、国家・国境からの自由という流れの中
で「個人の自由」を実現できる、と考えられる。

　さて、最近のグローバリズムおよびグローバリゼーションの議論
において、その必然化の論点と共に反転するグローバリズムへの視
点も多く見られる。「自由と平等」に関する現実から問題提起でも
ある。その中の一つには、西欧型モダンへの拒否姿勢が含まれる。
そもそも近代以降においてグローバリズムという発想は、西欧発

の論理である。すなわち、三つの革命、①市民革命（ブルジョワ革命）、②産業革命、③科学革命、をへて西欧世界の価値が地球的規模で単線的な社会進化論に立つ統一的な文明システムを構築したところから始まる。同時期の非西欧地域では主に三つの相反的な勢力が生み出される。一方では、この西欧文明の達成した成果および価値を積極的に評価し、その普遍性までも容認する勢力。日本のちのアジアNIESなどはこの分類に入る。一方では、かかる西欧主義を拒否する勢力があり、ひたすら自分達の源泉に回帰しようとする原理主義派グループ、イスラム世界等。第三は、これ二つの流れとは異なって西欧的モデル（価値）を相対化しつつ別のモダンをめざす動きである。(6)

　この第三、いわゆるアルターグローバリズムは、西欧的モダンへの批判は何よりもそれらが人間の共同性＝生活共同体（community）を無視あるいは台無しにしたことへの批判があり、それを救済するためには固有な「聖なる次元」に結びつくモラルの復権をめざす。その理由は、西欧型モダン化は両義的過程であり、それは聖俗両面の絆を断ち切って「個人」を解放すると同時に不安な孤立状態においてしまうからである。グローバリズムの一方で、高まるナショナリズムは民度レベルで「異なる表現」として現れる。経済ナショナリズムもその一つである。

　ただ、ナショナリズムそのものは構築物であるゆえに脱構築も可能である。しかし、民衆内部に生きる宗教－信仰（生活文化＝考え方）は構築物ではないゆえに脱構築はできない。近代以降いわゆるポスト・モダンの思想においては「近代」そのものの足場が侵蝕されて、その自己言及性や回帰性に着目してきた。人々の意識レベルでは、神なき後の世界―個別化された「信仰」（ローカリズム）がゆっ

くりだが確実に胚胎してきている。[7]

　本稿は、デモクラシーとグローバリゼーションという二つの価値体系とその本質について「自由」の根源的意味～「自由と平等」を歴史的に検証する中で今日、自由主義が有する二つの側面～価値の多元化とグローバリズム、すなわち自由主義のイデオロギーとグローバリゼーションの課題（民主主義の民主化問題）に言及するものである。本論を通じて筆者が強調したいのは、「自由とデモクラシー」が今日、危機にさらされているのは、20世紀中葉のごとく敵対する勢力＝ファシズムや共産主義の脅威によるものではなく、逆に「自由主義」論陣営がこれらの抵抗勢力を失ったことに求められる点である。それ故、自由論内部に「理念なき市場自由論＝至上主義」（新自由主義）が徘徊していることの危機である、という自由論自体の再考である。この論点を、とりわけ東アジアのグローバリゼーションとデモクラシーに焦点を当てながら論旨を進めたい。[8]

Ⅱ．デモクラシーの歴史的把握～ 「自由と平等」に関連して

（1）現代デモクラシー論～自由とは何か

　デモクラシーの理念を語る場合に、常に前提となるのが「自由」と「平等」である。この人間社会の理想郷～「自由と平等」はまさに不可侵の言葉として登場する。しかし、デモクラシーにとって生命線は「自由」である。もちろん、デモクラシーのイデオロギーとしての平等概念は重要である。それは「全ての者が平等に自由でな

ければならない」という「自由の理念に含まれる形式的平等」とい
う意味での「平等」であり、そのかぎりでの一定の役割を担ってい
る。ただ、それ以上の意味を平等という概念に用いられるとデモク
ラシーの本質から逸脱して政治的利用されかねないであろう。この
ことは本論の冒頭＝「はじめに」において主張したように、デモク
ラシーは統治形態の一つであって制度やイデオロギーではない。つ
まり、デモクラシーとは、人間社会のより良い秩序創造のための
「方法」であり、決して社会秩序創造の「内容」を表す概念ではな
いのである。(9)

　本章では、デモクラシー論の中核をなす「自由」に関する議論を
整理してみたい。まず、自由概念について、デモクラシー論の世
界的権威であるH.ティングステン（H. Tingsten）教授の見解を聞こ
う。H. ティングステンは、J. ルソー（Jean-Jacques Rousseau, 1712-
1778年）、トーマス・ペイン（Thomas Paine、1737-1809）、ジョ
ン・スチュアート・ミル（John Stuart Mill、1806-1873）にふれて自
由論の源流を模索している。(10)

　ここでは、19世紀の最大なる自由論を展開したジョン・スチュ
アート・ミルの「自由論」を一瞥しておこう。(11)

　J. S. ミルにとって、「自由」とは、本来、己の自己同一性をどこ
までも拡大させていく可能性とその状況を意味する。しかし、社会
の中の無数の各人が己の自己同一性を主張して止まぬ百家争鳴の
世の中においては己の自由を追求していくことは自ずから困難にな
る。ましてや、この全ての人間共通の普遍的命題である「自由」に
ついて、自らの自由をも勿論、包含して見極めようとすることはあ
たかもすべての人間の価値観を一つのものにしてしまうとする「試
み」のごとくである。「自由」とは、見る人によっては見ることの

出来る霊験あらたかな神のようなものであり、見えない者にとってはどうでもよい概念だからである。

　したがって、その「自由」なるものを享受する事の出来る唯一の媒体は具体的でシステマティックなものでは決してなく、極めて抽象的で曖昧なもの、たとえば人間の直観的な本能のようなものである。

　しかし、無意識的に、あるいは意識的に「自由」を享受している可能性が、もしわれわれにあるのならば、その効用の恩恵を充分に認識し、それによって己の自己同一性の発展を期する必要がある。そのためには、やはり人間の直観的な本能のようなものと対立する立場にある人間の高邁な理性、そこから生ずる深遠なる論理的探求心が必要不可欠なものとなるはずである。(12)

　J. S. ミルは、人間の叡知によっても実存するか否か認識することの出来ない、この「自由」に果敢に挑み、一応、その輪郭を見い出す。しかし自由という概念を案出した人間存在そのもが本質的に有為転変とするつかみどころのないものである以上、いかなる論拠もその瞬間の仮定論に過ぎないということを我々人間は不断に認識しておかなくてはならないであろう。われわれ人間が自由を求めて、それに熱烈なる探求の手を伸ばすことはあたかも闇夜を舞う虫の光を慕うが如く、至極自然なことである。しかし、闇夜を舞う虫のように、ただそこに光があるのだからという理由で自由を欲してはいけない。自由を手に入れるために有効と思われる素晴らしい仮定論を発見しても自由をやみくもに欲するが故にそれを行使することは危険である。例え、そのようなナンセンスな動機で光を手に入れても自由という光に幻惑されて混乱し、やがてはわが身の自己同一性を焼き尽くしてしまうことは想像するに易いからである。(13)

　われわれが、もし真の自由を獲得んとするならばミルの如く自由を追求する真摯な態度---自己の内なる意志（内在する自発性というべきか）を深く見つめ、それを取り巻くあらゆる社会事象の中に潜む意志をも見極めんとする思慮が必要不可欠である。自由に対する情熱は、あまねくわれわれの精神の内に人間存在の意義を高揚させるものではあるが、それは自由を利己的に解釈して、その真理から逃避する動機になり得るものともいえる。自由を、自由たらしめるに足る、誠実な恋慕をわれわれは自由に対して抱くべきである。そして、極めて理性的・人間的であるが故の純粋さをもってしてはじめて自由への有効なアプローチが実現され得るのである。

　もし、ある人がこの自由というものに何ら関心を示さず、それにも関わらず自分自身を幸福であると感じているならば、彼は真に自由であるといえるのではないだろうか！何故なら、彼は自分自身の幸福を自らの内にある極めて純粋な人間らしさによって至極当然の如く追求する術を心得ているのであり、ここにおいて自由の概念は意識され、顕在化しないけれども、既に彼の自由へのアプローチは成されているからである。

　自由は、決してその真理をわれわれの前に啓示することはないが、われわれが自らの本質に立ち返り、人間としての絶対的な幸福を追求する時、自ずとその姿を顕すものと考える。自由とは、そもそも人間存在の内にある高次の精神であり、外に向けて求められるものではないはずだからである。その意味でJ. S. ミルの『自由論』（1859年）は精神的自由を重視する自由論である。[14]

（2）初期自由主義者と初期社会主義者のデモクラシー論議

　H. ケルゼン（H. Kelsen）によれば、1789年のフランス革命と1848年革命という「二つのブルジョア革命」によってデモクラシー（民主主義）原理は一つの自明の理となった。[15]第一次世界大戦直前の20〜30年間において階級闘争が激化しつつあったにもかかわらず、民主主義的な国家形態に関してブルジョアジーとプロレタリアートとのあいだに何の意見の対立もなく、自由主義と社会主義は何らイデオロギー上の差異を示していない。[16]

　デモクラシーは19世紀と20世紀を普遍的に支配した時代精神であったが、それだけに乱用され、様々な意味を負わされ、しばしば矛盾する意味が込められた。さらに、ロシア革命によってデモクラシーの修正が迫られ、大衆運動は社会主義の実現以前に民主主義原理を実現すべき段階において分裂してしまった。デモクラシーの理念を最も規定するものは「自由」である。[17]

　デモクラシーが「自由と平等」という二つを柱に相対的な理想郷から逸脱して、さまざまな価値観の中で論じられるようになるのは19世紀後半から20世紀初頭の数十年間である。それまでのデモクラシー論は、自由主義論者であろうと社会主義論者であろうと、「自由」を中心にまさに「方法」の議論が繰り返されてきた。では、デモクラシーはどのように議論されてきたのであろうか？　H. ティングステン教授の論旨に従って初期の自由主義論者と初期社会主義論者の問題点を整理してみよう。

　ここでの初期自由主義論者とは、トクヴィル（A. de. Tocqueville）、マコーレイ（T. B. Macaulay）、ギゾー（Frrancois-Piere-Guillaume Guizot）等々。一方、初期社会主義論者は、オーエン（R.

Owen）、トンプソン（W. Thompson）、グレイ（J. Gray）、ブレイ（J. F. Bray）を代表とするデモクラシーの論議である。[18]

　初期の自由主義論者（トクヴィル、マコーレイ…）の議論の中心は、デモクラシーにおける財産所有にみる脅威であった。多数支配は経済上・社会上のレベルダウンを招くだろう、と。なぜならば、権力闘争等において有産階級からの奪取（略奪）というプロセスを通じて「進取の気象」や「勤勉さ」の土台が崩れてしまうからである。そして、デモクラシーは政治的自由とは相容れないものとなる。すなわち、ブルジョア革命であろうがプロレタリアート革命であろうが、多数派が権力掌握した場合、その権力維持のために反対意見を徹底的に抑圧するであろう。そこでは「自由」は抹殺されてしまう。むしろ以前の専制政治以上に暴政となる可能性をはらむ。初期自由主義論にとって、自由とは相対的な概念にすぎない。[19]　つまり、われわれは理念において平等である、という仮定から「人は他人を支配してはならぬ」という要求が導出されうる。

　しかし、経験は、もしわれわれが現実に平等であろうと欲するならば、われわれは自らを支配せしめなければならぬということを教える。それゆえに政治思想は、いまだかつて「自由と平等」との相互の結合を放棄しなかったのである。この自由と平等という二つの内容の統合こそ、理念としてのデモクラシーの本質をなすものとされた。次のキケロの言葉が面白い。「かくて国民の権力が最高にあらざれば、いかなる国家においても、自由はその住所を有することなし。しかして何物たりとも、自由より美味なるものはあり得ず。されど、もし自由にして、平等と同一にあらざれば、自由としての名に値せざるものというべし。」[20]

　「自由の理念」自体は、いかなる社会秩序の根拠ともなりえな

い。社会秩序とは本来、拘束―規範的拘束、社会的拘束を意味する
ものであり、この拘束こそが「共同体」を成り立たせているもので
ある。政治主体がその求める自由を自己のみならず他者にも欲する
こと、デモクラシーの原理の最も深い意味はここにある。かくて民
主的社会形態の思想が成立するためには「平等」の理念が自由の理
念にプラスされ、それが自由の理念を制約しなければならない。(21)

　初期自由主義者にとっての「デモクラシーの中核」＝政治的自由
は経済的自由とは相容れないものであることが理解できる。繰り返
しになるが、初期自由主義者にとって、デモクラシーは社会秩序の
「方法」であり、社会秩序の「内容」ではない。したがって、デモ
クラシーを構成する二つの要素〜自由と平等は社会構成として制度
化されたシステムではなく、常にデモクラティックな社会を作るた
めの方法―プロセスにすぎない。極言すれば、自由とか平等は社会
秩序として存在（制度）するものではなく、それ（自由or平等）を
実現するための方法なのである。自由が無いから「自由社会」を構
築する、平等では無いゆえに「平等社会」を求めてゆくのである。
デモクラシーとはそのプロセスである。

　次に、初期の社会主義論者（オーエン、トンプソン、グレイ、ブ
レイ）におけるデモクラシー議論とはどうであったであろうか。
「経済的」平等を「政治的」平等から区別して、いわゆる社会的デ
モクラシーを打ち出す。(22)

　ところで、H. ケルゼンもH. ティングステンも指摘しているよう
に、初期の民主主義的な国家形態に関して、ブルジョアジーとプロ
レタリアートとのあいだに何の意見の対立もなく、自由主義と社会
主義は何らイデオロギー上の差異を示していない。前述のごとく、
デモクラシーは19世紀と20世紀を普遍的に支配した時代精神であっ

たが、それだけに乱用され、様々な意味を負わされ、しばしば矛盾
する意味が込められるようになる。

　決定的な点は、ロシア革命によってデモクラシーの完全に修正が
迫られ、民衆運動は社会主義の実現以前に、民主主義原理を実現す
べき段階において分裂をきたすことになることであろう。新共産主
義学説によって理論的に基礎づけられ、ロシアのボルシェビズム党
によって実際上実現せられたプロレタリア独裁のみがデモクラシー
の理想に対立しているものではない。プロレタリアのこの運動が、
ヨーロッパの精神と政治に与えた巨大な衝動は、その反動として、
ブルジョアジーの反民主主義行動を誘発せしめたのである。

　このプロレタリア運動は、イタリアのファシズムに理論上にも実
際上の表現にも見出すことができる。したがって、デモクラシー
は、かつて君主専制政治に対抗したのと同じように今日では左右双
方からの独裁政治に対抗しつつ、問題となっているのである。[23]

（3）自由主義と功利主義

　近代の自由主義を鼓吹した思想家たちの多くは、「功利主義」
（utilitarianism）に着目した。[24]功利主義の考えを社会規範の形成の
ために不可欠な要素とみなした。以後、功利主義は自由主義と不即
不離の状態を保ちつつ、自由主義の道徳・社会哲学の基礎として摂
取されてゆく。いわゆる功利主義の立場とは、人間の欲望が満足さ
れるところに最高の価値を認め、それの最大化に人間社会の営為の
目標を定める。今日では選好（プレファレンス）と呼ばれる「快苦
の原理」（ベンサム Bentham, Jeremy、1748-1832）によって、人間
の欲望が追求され、そうした選好の社会的総和が「社会の幸福」、
すなわち「善」とみなされる。[25]

　功利主義の哲学に触れる場合、まず二つの区分がいる。概して「功利の原理」は正義についての主張を根拠づける「一般的福祉」の説明として用いられる。また権利の主張に際しての道徳・義務論の基礎として考えられている。われわれにとって、そのような議論上の区分と同様に、この原理が自由主義思想と密接な関係にすることから生じる諸問題の整理が必要となろう。

　政治哲学としての自由主義論は、功利主義の推論や倫理性の導入なしには展開しえなかったからである。そこから功利性の原理と正義の関係、すなわち功利性は権利および平等と相容れないかという根本的な問題が提起され、それらをめぐって「相対立する見解」が闘わされてきたのである。例えば、J. S. ミルの場合、かれは「功利の原理」から「自由の原理」を導き出すのに成功したように思われるが、他方で「一般福祉」を促進しようとすると、「自由の原理」は「自由の分配の規整」を狙う「公平の原理」と衝突することが起こりうる。

　こうしたミルの自由論のはらむ問題性についてJ. グレイは的確な指摘を行なっている。すなわち「ミルの企てが一般的福祉にたいする功利主義的関心を、自由の優位性およびその平等な分配についての自由主義的関心と調和させる企てであった以上、その企てははじめから失敗を運命づけられていた。というのは、結局功利主義的な危害予防の政策がつねに不自由ということから生じてくる配分における公平の制約を重視することは全くありそうもないものとなるにちがいないからである。[26]」

　現代の自由主義の論議とは、かつてミルが苦しんだ理論問題に関する新たな角度からの取組みといってよく、いずれにしろこの功利主義哲学の解釈とその批判に一つの特色がある。このように、功利

主義が自由主義思想の哲学的基礎を提供してきたとするその基礎理
論に対する批判や反論があるのは当然といえる。幾度か繰り返され
てきたこの種の論争が今日、思想領域における新たな基礎理論の構
成などの知的作業によって、いわゆる「政治哲学の復権」と呼ばれ
る現象を引き起こしている。[27]

Ⅲ. 価値の多元化と自由の根源的意味～
　　自由主義の二つの側面

　最近の多くの自由主義者によれば、「自由」概念＝基本原理は
「寛容」である、という。すなわち、他人への寛容―異なる価値観
を認め合うこと、多様性の尊重である。異なった価値と人生を認め
合うことに「現代の自由」の本質と意味を見出す。もっと進んで、
「多様なるものの共存」という思想の中にこそ、「自由」観念の最
大なる価値を認めるのである。他者の承認と多様性の共存に自由概
念を見出すのであれば、自由概念は世界を平和に導くという論理に
展開する。[28]

　自由という価値が、I. バーリン（Isaiah Berlin）の「消極的自由」
の意味を含めれば、自由という価値は決して問題解決とはなりえな
いであろう。[29] 世界には多様な価値観があり、さまざまな信条の
中で人々は生きている。「寛容」による共存（自由）が可能の場合
もあるが、異なる価値や信条を自分の価値・信条と真剣に対比すれ
ばするほど共存は難しくなる。例えば、宗教的信条におけるキリス
ト教、イスラム教、ユダヤ教、仏教など寛容による共存は単純では
ない。ヒューマニズムの観点のみでは表層的な寛容は可能であって
も、いわゆる文明の衝突は不可避であろう。

（1）多様な社会に即した「寛容」のあり方

　自由主義の最大の徳目は寛容である—イギリスの政治哲学者ジョン・グレイ（John Gray）の言葉である。[30]ジョン・グレイによれば、この自由主義的寛容には二つの系譜があるという。一つは、寛容の実践が最終的には単一の理想的な体制に収斂していくと考える系譜。もう一つは、寛容の実践を個別の状況に応じて平和的共存を目指す政治的過程そのものとして理解する系譜である。グレイは、前者を捨て後者を純化する道を説く。[31]

　しかし、なぜ単一の理想的な体制を目指してはいけないのか。それは善というものが多様な歴史に根ざすさまざまな生活様式に根ざしたものであり、それらの多元的な諸善のすべてを調和させることが論理的に不可能だからである。ジョン・グレイのこの論理は、よくある共同体主義の立場で自由主義を批判しているかに聞こえるであろう。決してそうではない。なぜなら、善が文脈づけられるところの生活様式は一人の人間のなかにさえ多数のものがしばしば矛盾をはらんだまま共存しており、個人や、ましてや共同体といった単位で一対一の整合的な対応があるわけでは全くないからである。

　ジョン・グレイの議論は、自由主義が陥りがちな、いわば〈寛容の強制〉（多くの場合、それは、自文化中心主義に汚染されている）の矛盾を回避しつつ、社会の多様化が進む時代に自由主義を再生させる方途を探るものである。単一の理想的体制が論理的にはありえないとしても、現実の政治的過程において相対的な善悪の判断はできる。かくして、グレイの主張は、自由主義と無原則な相対主義とを区別するギリギリのラインである。

　こうして、ジョン・グレイは、今日の価値多元的状況において自

由主義は普遍的価値の実現を支持することを放棄し、多様な価値観の平和的共存の条件の追求に努めるべきである、と主張する。最近の現代の自由主義としてのリベラリズムに関する議論は三つに区分される。①「自由」に対して普遍的な価値を認めるリベラリズムの普遍主義、②リベラリズムを否定する価値をも包摂しうるバーリンなどの価値多元論との整合性をもたないという批判、加えて、③積極的自由に基づく自己決定の推奨が消極的自由を重視する古典的な自由主義がある。[32]

　19世紀の自由主義の敵は国家だった。しかし今日の自由主義は無秩序をこそ恐れるべきだというのが新ホッブズ主義を標榜するグレイの時代診断である。確かに「自由主義の修辞に突き上げられた理想主義が無秩序を引き起こす病理」は、現在の私たちの眼前の光景でもある。その病理への処方がグレイの言う通り、妥協的な共存への合意の積み重ね以外にないならば、私たちに求められている政治的器量は不安なほど大きい。

　近代的自由の発想が「私的領域」に対する不可侵性が基底にあるとすれば、他者からの拘束や介入を受けず意思決定できることである。かかる視角からすれば、バーリンもグレイも自由概念における「消極的自由」の意味が重要性を増してくる。そして、価値とは主観に基づくものであるならば、人生の価値や生活の信条（宗教的信仰／政治的イデオロギー／道徳観）が、どのようなものであろうとその内容の優劣よりも選択しうる「自由への権利」優先されるべきであろう。

　この点で、ジョン.ロールズ（John Rawls）は、名著『公正としての正義』（1979年）において価値（善＝good）に対する正義（Justice）の優位性を説いた。（図表1-1・参照）[33] ジョン・ロー

ルズは、『正義』（*A Theory of Justice*, Harvard University Press, 1971, revised ed. 1999）において従来の倫理学を主に支配してきた功利主義に代わる理論体系として民主主義を支える倫理的価値判断の源泉としての「正義」を中心に据えた理論を展開する。ジョン・ロールズは「正義」を「相互利益を求める共同の冒険的企て」である社会において「諸制度がまずもって発揮すべき効能」だと定義する。社会活動によって生じる利益は分配される必要があるが、その際に妥当で「適切な分配方式（方法）を導く」社会的取り決めが「社会正義の諸原理」になるとした。[34]ここでの「正義」（Justice）とは、権利（right）に近く、人々の間での平等なる自由の保障を「自由な権利」とすれば、自分で選び取る自由な権利こそ大切なものとなる。

図表1-1　リベラリズムの論点

リベラリズムの論脈	主要な論者
正義論	J. ロールズ
自由論	I. バーリン

出所：濱 真一郎『バーリンの自由論』勁草書房　2008年、p.7、より引用作成ただし、表現は一部修正加筆。

（2）デモクラシー論における「自由」の二つの概念〜
市場的自由主義と社会的自由主義

　近代における自由の概念は、他者の意志にではなく、自己自身の意志に従って行為すること、として捉えることができる。この自由概念が封建的な身分制からの解放という思想を導き、ヨーロッパにおける市民革命を育んだ。社会契約説では、政府による統治がその正当性を獲得するのは、社会契約に対する被統治者の同意によると

された上、社会契約を破った政府に対してはこれを覆す権利（革命権）があると説かれている。

　自由は、また他者の自由とも衝突する。他者の自由を尊重せず勝手な振る舞いをしてはならない、という考え方は、J. S. ミル『自由論』の中で表明され、今日他者危害の原則として広く支持されている自由観である。また、エーリッヒ・フロムは、ナチズム・日本軍国主義が台頭していた1941年に世に問うた著書『自由からの逃走』[35]の中で、民主主義社会において自我を持てぬ（消極的自由はあっても積極的自由を実現できない）大衆が、その孤独感・無力感から、他者との関係、指導者との関係を求めて全体主義を信奉していると記した。

　Liberalismは、もともと中世の終わりから近代の始めにかけて絶対王政や専制主義、国教会の宗教独占に反発して、「市民（人々）の生活や経済活動の自由」が謳われた時の考えが出発点である。たとえば、ピューリタン革命・フランス革命・アメリカ独立戦争……。Conservatismと対立する、このliberalismというイデオロギーにはpassiveなものとpositiveなものがある。[36]

　前述の現代デモクラシー論者の代表、H. テイグステンのスウェーデンでは、liberalismの中にもmarket liberalism（市場自由主義）とsocial liberalism（社会的自由主義）という二つの路線がある。Market liberalismは訳の「民間主体の利潤追求の自由を擁護する政治的イデオロギー」である。

　Passive/positiveという区分からすると、これはpassive（受身的概念）により近い。Social liberalismは、これとは対照的に「国民の福祉を保障するための国家による介入も容認する」の考え方（能動的概念）をより強調したものである。

　つまり、スウェーデンでは自分の人生を自分で決めるという自由も、社会的な権利を行使する自由もどちらも経済的な条件の整っている人にとってはその価値を存分に享受できる、と考える。しかし、そうでない人にとっては何の意味も持たないということになる。ここには、低所得水準の人や何らかの形でハンディを負った人などが含まれる。そのため、social liberalismの考え方では、政治的な決定を通して自由をうまく行使しきれない人の生活条件を改善し国民一般に一定レベルの自由享受の水準を維持していこう、ということになろう。例えば、教育をうけて自分の好きな職業に就くという自由を行使できるようにするために教育補助金を大学生に供与することで親や本人の所得に関わらず大学教育を受けることができるようにしたり、子供を持って家族を形成するという自由を職業人生と両立させることができるように公的な育児手当の供与と育児休暇の権利の保障するなどである。挙げればキリがない。つまり、自由を享受するための前提条件を「政府による介入」によって保障しようとするものである。

　このように、スウェーデンにおけるsocial liberalismやpositive liberalismに従えば、政府による経済や社会への介入もれっきとした自由主義ということになり、他人や政府の介入から逃れるというmarket liberalismやpassive liberalismとは相対するということにもなる。このように、同じliberalismでも「何の自由を強調するか」によって様々な見方ができるのである。[37]

（3）グローバリゼーションの構造と法則

　最近のグローバリゼーション論議に直接、関連するタームは新自由主義である。グローバリゼーション現象（その構造と法則）との

関連で、新自由主義について言及しておきたい。

　従来の自由主義（古典的自由主義）が信条や表現の自由を重視し、いわゆる「国家（権力）による強制からの自由」を強調（アダム・スミスの市場論＝古典的自由主義）する精神論を含むのに対して新自由主義はかかる「精神的自由」には関心を持たず、ひたすら経済的自由競争を重視、時にはそれを絶対視する（市場至上主義）。そこから生まれる具体的な施策（政策）は、「小さな政府」、すなわち民活による効率化・活性化とサービス向上を主張する、ことになる。

　新自由主義に基づくグローバリゼーションの構造と法則について今、世界で起こっている内実から解明してみたい。現代世界の政治経済組織において次のような「構造と法則」が存在する、といわれる。強者と弱者、例えば国家と国民、超大国と小国、企業と従業員,等々……。そこでは強者と弱者の間にナッシュ関数[38]が機能し、例えば強者と弱者が一体になるに自己完結の組織化が起こり、自己と非自己の識別と排除が起きる。即ち、強者と弱者の間に弁証法演算が成立、強者を生きさせることは弱者を死に廃棄することであり、これが所得・消費・欲望の楽しみとして行われる。強者を自己とし、弱者を非自己とする、これが国家の構造と法則である、と。然も楽しいライフスタイルの「癒しの中」で行われる。

　この弁証法演算の最適化は、民主主義と市場主義をトリック・メディアとし、民主主義と市場主義の祭典を行い、強者による弱者の支配が強化される。これが現代国家の無政府システム装置＝新自由主義の「競争の原理」である。このプログラムは自己完結であるから放っておいても自動的に演算される。オートメーション化された国家システムである。[39]これが現代（21世紀型）グローバリゼー

ションの実体である。世界を一体化と称して弱者を快適に消費する。ここに「豊かな癒し」が成立する。それは弱者を支配下におくことで快適に消費する装置である。癒しと癒しに消費される人々〜ここにも自己完結の弁証法が成立する。「癒しと楽しいライフスタイル」このシステムは無政府システムを強化しながらそれを隠蔽する機能を果たす。癒しは癒しに使われるものを快適に消費することだからである。癒しを行うものは強者であり、癒しに消費されるものは弱者はであり、これが無政府システム、即ち新自由主義の論理である。理論理性の作った現代文明は、理論理性の無力に到達、権力と無力の不可避な内的弁証法に、自己破壊されている。この抜け方がG ë del合理性やナッシュ合理性である。[40]

　新自由主義に基づく経済は改革論の声と共に経済を競争でなくゲームと化す。しかも、スイッチ・ゲームである。何億人もの人々をボタン一つで運命を決める。新自由主義は、ボタン戦争であり、利益と損害を売買している。超高速・超高密度・超高精度化したマネーゲームであり、超高速・超高密度・超高精度にマネーゲームを展開させる。相手の顔は見えない。これが新自由主義の実体だ。然も利益は世界の損害のよって得る。新自由主義は電子的マネーゲームである。[41]

　利権経済の参加者全員の利益を最大化する戦略は、非利権者全員の損害を最大化する戦略である。これがグローバリゼーション、即ち国家利権主義は新自由主義の数学的構造である。ここでは、すべてが金で換算され、人間性の入る余地はない。市場主義を国家と国益、資本と利権、その結合を強化しつつ、人々が生きることを新自由主義が生きることに還元、それを推進し確立展開している。権力者側が最大の利益を上げる戦略は非権力者（無力な者）に最大の被

害を与える戦略であり、これが、いわゆるナッシュ関数としての弁証法であり、それが新自由主義として自動演算することであった。地球社会の権力オートメーション、まさにそれが新自由主義である。そして、グローバリゼーションの真相（構造と法則）であろう。

Ⅳ．デモクラシーの現代的意義とグローバリゼーション

　現代グローバリズムとは、一般論的に言えば、①帝国主義の流れを汲む国民国家の国益行動と、②グローバル企業の超国家的企業行動とが合成されたものである、と定義できよう。[42]また、現代におけるグローバリゼーションは市場経済体制の地球規模（全地球的）普遍化とIT技術の急速な発展による偏在化を基礎構造にして世界経済の国境と時間差なき一体化・平等化を実現しつつある、ともいわれる。同時に、その影響は人間生活における経済問題を大きく超えて、政治・軍事・文化生活のあらゆる分野にも及ぶことになる。そして、このプロセスは超国民国家的であり、その進行は歴史の必然であり不可避および不可逆過程であることを認識する必要があろう。

　ここでは、デモクラシーの現代的意義について、グローバリズム思想およびグローバリゼーションの現実との関連において確認しておこう。

（1）「グローバリズム」の思想とは

　グローバリズムとは、端的に言えば新自由主義による世界市場支配のイデオロギーである。[43]これは市場中心的な経済原則を地球社

会全体に貫徹して最大利益を獲得しようとするもので、自分たちが作った基準、たとえばアメリカン・スタンダードを世界に強いるものである。その結果、グローバリズムは地球上の格差をさらに加速する。

　また、経済的グローバリズムの立場すれば、地球温暖化に対する是正の努力に抵抗し、世界のリスク社会化をさらにすすめる。さらに、場合によっては政治行動を代替するという機能もつこともある。つまり新自由主義の原則を貫くことによって、本来なら自国の政治によって行なわれるはずの変革を外からの資本の力で行なわれるという事態もすでに多々発生している。ラテンアメリカや東南アジアでみられるように、世界資本にとって発展途上国の一つや二つを崩壊させることは簡単なことである。

　思想としてのグローバリズムはこれまで世界資本のそれ、つまり専ら経済的な主義と考えられてきたが、9.11事件以来、アメリカの単一行動主義が強化され、自己の主義主張を軍事力によって世界に強要しようという、いわば政治的グローバリズムが幅をきかせるようになった。社会主義国の崩壊によって軍事力はアメリカによって独占され、アメリカは世界の警察のようにふるまっている。そして己の気に入らないものを「悪の枢軸」と規定して、正当な理由もなしに国境をこえて進入し、その国の政治体制を崩壊させる。イラク戦争は政治的グローバリズムの典型的例証であろう。

　このような経済的、政治的グローバリズムが跋扈するようになると、当然それに対して反グローバリズムが生まれる。[44]グローバリズムに反対するNGOとそれを支持する民衆が集まって、世界貿易機関（WTO）やサミットに抗議活動を起こしている。2001年にイタリアのジェノバで開催されたサミットに対する抗議行動で死者を

出したことは記憶に新しい。グローバリズムが勢力を伸ばせば伸ばすほど反グローバリズム活動も活発になる。

　先にも述べたように、グローバリズムとグローバリゼーションとは区別して考える問題であるが、プロセスとしてのグローバリゼーションの基本的流れに対しても反抗が起きている。グローバリゼーションは人口や労働の流動化をもたらす。が、これに反発するグループは移民や入国外国人に対してははげしい増悪を抱き、移民排除をスローガンするポビュリズム右翼の運動を活発化している。この点はのちにのべるが、ここでも、また「第二の近代」に特徴的な現象である。

　このように、反グローバリズムは種々の形態をとってはげしい展開をみせているが、グローバリズムに反対し、またグロバリゼーションの負の側面に対抗しながら、もう一つのグロバリゼーションへ向かおうとするポジティブな運動がある。

　たとえば、ヨーロッパへのマクドナルドの進出は、フレンス農民の怒りをよびおこし、店舗焼き打ちのようなラディカルな運動を引き起こした。これに対し、イタリアのスロー・フード運動もマクドナルドのローマ進出を契機にイタリア北部でおこされた一つの文化運動であるが、これはその土地の自然な食材を大切にし、食事をゆっくりたのしむという運動である。その発生の契機はともあれ、運動はポジティブなものであり、地球大規模にしずかに浸透している。反グローバリズムとはちがって新しいグローバルなネットワークを形成しようというより明確な運動も色々な領域で試みられ、大きな影響をもちはじめている。遺伝子組み換え食品に反対する消費者運動、地球温暖化を防止するエコロジー運動など、地球レベルの連帯の動きはそのよい例である。

　このようなもう一つのグロバリゼーションをめざすポジティブな運動を、反グローバリズムと区別してここではカウンター・グロバリゼーションとよぶことにしたい。[45]

（2）新自由主義とグローバリズム

　前節で指摘したように、グロバリゼーションを推し進めている思想に「新自由主義」の理念が横たわっている。この新自由主義は、従来の自由主義（古典的自由主義）と異なり、信条や表現の自由を根底においた、いわゆる「国家（権力）による強制からの自由」（古典的自由主義）ではなく、自由至上論、すなわち経済的自由競争を重視、時にはそれを絶対視する市場至上主義となる。その具体的な施策は、「小さな政府」による、すなわち民活による効率化・活性化とサービス向上を主張する、政策論に発展する。[46]

　新自由主義の具体的施策は、1979年に発足したイギリスのサッチャー政権が導入した改革が出発点となり、アメリカのレーガン政権、さらに日本の中曽根政権に引き継がれてゆく。日本においては、その頂点が小泉―竹中の構造改革であろう。小さな政府と市場原理主義のもとでの自由競争―弱肉強食の社会進化論を展開させる。市場は本来、弱肉強食の世界であり、新自由主義は必然的に強者と弱者への二極分解に導く。新自由主義論者は、公平性より効率性を重視する傾向が強い。公平性の基準として、新リベラリストは「結果の平等」を重んじるのに対して、新自由主義者は「機会の平等」を強調する。また、効率と公平を軸に「新自由主義」と「新リベラリスト」の両陣営に属している彼らの間で政策論争が展開されている。[47]

　新自由主義の起源は意外に早い。19世紀からの古典的自由主義論

に対して20世紀に入り修正への動きとなる。産業革命の進展と経済の飛躍的発展の前に、巨像化した経済システムは政策のコントロールを超えて自立的に展開される。国家権力からの自由に基づく理念は通じなくなる。その代表的政策転換が、1930年代のルーズベルトによる政策転換〜国家の介入―「福祉国家的」政策であり、年金・失業対策、医療、労働等々、「大きな政府」による国家運営＝20世紀型福祉国家が実現する。

　しかしながら、この大きな政府は1970年代に至ると高福祉に対する財政上の課題など大きな問題に直面する。カーター政権（1976-1980）のアメリカはまさにかかる転換期に位置するものであった。この大きな政府（福祉国家的政策からの慢性的財政赤字と体質脱却への「政策パラダイム」として80年代初頭にアメリカではレーガノミックス、イギリスではサッチャーリズムが新自由主義の経済政策として世界経済を誘導することになる。⁽⁴⁸⁾新自由主義は、かかる背景によってグローバリズムの波と共に21世紀の世界を徘徊させている。

　最近のグローバリゼーションとグローバリズムの議論においてその中核的位置に置かれている。今、進行するグローバル化と評される現象は、まさに「個人の自由」あるいは「拘束からの自由」という精神運動が資本の国境を越えた運動とが重なった結末である。ここにイデオロギーとしての「グローバリズム」が成立する。新自由主義のもとで行政的規制からの自由、慣行からの自由、国家・国境からの自由という流れの中で「個人の自由」を実現できる、と考えられる。

　最後に、初期（古典的）自由主義と新自由主義の最大なる差異について整理しておきたい。初期（古典的）自由主義と新自由主義の

差異を、一言で表現すれば市場原理の下で自由競争を行う「経済主体の違い」である。古典的自由主義の時代には、経済主体は勃興期の産業資本であった。彼らにとって自由主義の主張は絶対的国家権力の支配に対して、資本主義の自立するための理論的根拠であった。これに対して、新自由主義の主張は経済主体としての多国籍企業や国際金融資本が国際経済、さらに各国国民経済に対する支配を強めることを正当化することを本質とする。この新自由主義の主張がアメリカ発であることは必然である。[49]

　世界最大なる資本主義国家であるアメリカ旗を圧倒する「多国籍企業と国際金融資本」を擁してレーガノミックスに代表されるような新自由主義の積極的推進者となる。そこでの行動は、古典的自由主義の時代のような国家と資本との間の鋭い対立関係はなく、むしろ逆に多国籍企業と国際金融資本による国際経済支配力を強めていること、が特質であろう。つまり多国籍企業と国際金融資本による行動＝国際経済支配力がアメリカの国益と合致する認識である。[50]これらの動きをグローバリゼーションという所与の動きとして世界に拡大するグローバリズムはアメリカが仕掛けた新自由主義に基づく戦略－国際経済政策の所産である、ことを認識する必要がある。

　前述でも指摘したように、かつてF. A. ハイエクが強く主張した「資本主義がデモクラシーを生み出した」のであるから、グローバリゼーションが原動力となってさらにデモクラシーはグローバル化に不可避なものになる、という信仰がある。多くの新自由主義論者の立場である。しかし、西欧デモクラシーとグローバリズムとは今後、どのような方向性と動向を引き起こすのであろうか？

Ⅴ．新自由主義と東アジアの現代的位相～
　グローバリゼーションの一つの検証

（1）現代グローバリズムとグローバリゼーション現象

　現代グローバリズムはグローバリゼーション現象によって市場経済体制の全地球的普遍化とIT技術の急速な発展による遍在化（ユビキタス）をもたらし、その基礎構造を土台にして世界経済の国境と時間差なき一体化・平準化を実現させつつある。その影響力は経済を超えて政治・軍事・文化のあらゆる分野にも及んでいる。そして、このプロセスは超国民国家的であり、その進行は歴史の必然であり不可逆過程であることを認識して対応しなければならない。

　一方、現代グローバリズムの進行に起因するさまざまな格差、地球環境問題、グローバル企業の超国家的行動による「負の影響力」がますます拡大すると同時に、貧困・疾病・飢餓・地域紛争やテロなどの"古くからの"問題は今なお未解決であるばかりでなく、ますます深刻化しつつある。これらの問題には、国連を核とする国際機関の集合体によるグローバル対応が本来期待されるのであるが、その意思決定メカニズム・組織・規約の陳腐化、官僚主義化、組織間の機能重複・競合といった問題から、グローバル化がもたらす新しい問題への対応能力の不足が顕在化している。また、IMF・世界銀行・WTOグループも、経済危機対応やグローバル企業（特に国際金融）の活動の監視や規制面での対応が著しく不十分となっている。[51]

　グローバリゼーションの進行に的確に対応する新しい世界の均衡の取れた発展と秩序を構築することがなにより大事であろう。その

ためには、国際機関を抜本的に改革し、その集合体が機能的に活動を行うことを目指さねばならない。その改革のためには参加諸国の民主的な権利と義務を明確化し、機能不全に陥る意思決定メカニズムからの脱却をはかること、参加国からの公平にして十分な資金拠出、円滑な業務執行を担保する組織、必要な人材確保などの観点から組織設計を見直し、再構築することが求められるのである。また、国際機関の構成は各国政府や政府間機関のみを代表とするのみならず、NGOや企業を"地球市民"としてその提案を適切な形で受け入れることで開かれたものとすべきである。

　そして、地球レベルで市民レベルへの透明性と説明責任を果たすためにITを最大限活用した活動を強化すべきである。そして、われわれは新たな国際機関の集合体に依拠して超長期の歴史的視点に立つ超国民国家的合意形成を行い、グローバル化時代に適合した世界新秩序（New Global Order）の建設を目指すべきである。現代グローバリズムに対して、その進展を先取りし凌駕する人類の英知を結集すべき時が到来したのである。[52]

（2）グローバリゼーションと東アジアの現代的位相

　「アジアの時代の到来」[53]という「夢」は97年の「アジア通貨危機」によって一変して、あっという間に消し飛んでしまった。アジア地域はむしろ「危機の始まり」であり、97年7月タイの通貨バーツの暴落がきっかけに、マレーシアのリンギット、インドネシアのルピア、韓国のウォンへと次々と通貨危機が飛び火していった。いずれも対ドル・レートで30〜40％下落、各国は「深刻な金融危機」に直面する。多くの現地企業が倒産、工場は閉鎖、操業中止に追い込まれ、輸入物資は一挙に値上がる。町には失業者があふれ、人々

の生活は急激に苦しくなった。株や証券投資で全財産を失った人も多いのである。

　東アジアに、こうした通貨危機はいかにして起きたのか。決して、東アジア諸国の「実体経済」が行き詰まったというわけではない。そうではなくてアジアの通貨市場に世界中から流入していたドル資金が一挙に大量に引き上げられたことこそが通貨危機の最大なる要因である。(54)かくして現在の外国為替市場では、実際の世界の貿易取引額の数十倍にあたる1日1兆5,000億ドルもの資金が取り引きされている。つまり、実際の生産活動や貿易活動とは関係のない、為替市場や金融市場での投機的な利得のみを目的とした大量の資金が、情報通信ネットワーク網にのって世界中を24時間休みなく飛び回っているのである。

　そして、ヘッジ・ファンドなどの金融ブローカーたちが銀行や保険会社、年金基金などから委託された巨額の資金を元手に為替取引や証券取引で賭に興じている。今や世界の金融市場は1つの「巨大なカジノ」と化していると言っていい。こうしたグローバル資本主義のカジノ化の深まりとともに、ロシア通貨危機やアジア通貨危機と経済危機が続発し、世界経済をきわめて不安定なものとしている。

　ところで、こうした「グローバル資本主義のカジノ化」が可能となったのは各国が金融市場を自由化したからにほかならない。例えば、外国人による株証券の取得や金融取引に制限や規制がかかっていると資金は自由に流れない。政府が取引に干渉・統制するような状況下では金融市場はカジノにはならない。市場は、自由に賭けたいときに賭けたいように賭けられなければ賭場にはならないのである。

　東アジア諸国の場合、貿易・投資自由化は80年代後半から急テンポですすめられてきていた。[55]円高ドル安が進行した85年のプラザ合意後、円高で輸出競争力を失い生産コスト削減と為替リスクを避けるために生産拠点を東アジアに移そうとしていた日本企業を受け入れるためであった。これをにらんだ東アジア各国は、競い合うように外資に有利な条件を与え、自国経済発展のテコにしようとしたのである。

　この「外資に有利な条件」のなかで、とりわけ重要なのが「ドル・ペッグ制」であろう。ドル・ペッグ制というのは自国の通貨をドルに連動させるシステムで通貨不安による資産価値低下を恐れる企業に配慮して導入されたものである。つまり、日本の投資家がタイに資本投資をしようとする。だが、タイへの投資は通常、当然バーツ立てであり、もし国際為替市場でバーツが暴落すればその資産は価値のないものになってしまう。「それでは困る」とタイへの投資を躊躇してしまうかもしれない。そこで政府が投資家に投資額を保障するためにバーツのレートをドルに連動させることを約束する。つまり、例えば１バーツ＝○○ドルと決め、バーツを持ってくれば必ずそのレートでドルと交換することを保証するということである。

　また、免税や政府によるインフラ整備など進出企業に対する優遇措置も駆使された。資本取引に対する規制は基本的に取り払い、最終的には短期の利ざや稼ぎのための投資まで各国政府は自由化してしまう。こうしたアジア諸国の自由化と規制緩和は欧米先進国からは評価が高かった。当然であろう。投資の条件がどんどん自分たちに有利な構造になっていくからである。しかし、かかる実体経済と結びつかない「金融投機」を自由化したことは、まさにグローバル

資本主義のカジノ市場化（新自由主義的グローバル化）であり、自国の防御壁も何ら設けずして自国経済に直結してしまった。

　グローバリゼーションという名のもとで、ヘッジファンドや欧米の投資銀行などが怒号のごとく乗り込んでくる。アジア諸国は自から進んで内堀も外堀も埋めてしまったわけである。東アジア諸国は、大量資金が世界中から集まり一時期はバブルに膨らむ。しかし、ひとたび資金流出し始めた時、アジア諸国通貨当局は売りに出たバーツを買い取らざるをえず、それができなくなった時、バーツやルピアは暴落する。まさに、ヘッジ・ファンドはそれを見越して各国政府の通貨準備をはるかに超えた売り浴びせと暴落後の買い戻しという市場操作によって労せずして巨万の利益を手にするのである。

　アジア経済は、こうした「97年の通貨危機」によって80〜90年代の経済成長成果は「バブル（泡）」と消え、失業者の群れと都市周辺のスラム、荒廃した農村と環境破壊だけが残った。これがまさしく冷戦終結＝米ソ二極構造から新しいグローバリゼーションへの転換によってアジア諸国が手にしたものである。[56]1997年の東アジア金融危機から10年が経ち同地域ははるかに豊かになると同時に貧困削減が進み、グローバルな役割もかつてないほどに大きくなっている。国民所得は危機以前の水準をゆうに上回り、中国、ベトナム、カンボジア、ラオスなど一部の国の経済成長は目覚しい。国際統計でみるかぎり、21世紀（2001年）以降、東アジア全域で1億人以上が最貧困状態を脱しているという統計がある。同地域は、20世紀末（1997-1998）の金融危機（アメリカ型新自由主義的グローバル化＝多国籍企業と国際金融資本による世界市場支配）に対して独自な制度構築戦略で立ち向かい、原因となった経済の脆弱性を克服した

結果、確実に世界全体の「中所得地域の仲間入り」を果たしつつある。同時に、この地域のめざましい進歩に伴い、対応を間違えれば成長を鈍化させかねない東アジア固有の「困難な課題」[57]が東アジアには潜在していることも忘れてはならない。

VI.　むすびにかえて

　本論の中で再三、繰り返し述べてきたが、自由論のなかでのグローバリゼーションの本質を次の点を見なければならない。すなわち、国家と経済主体の関連である。[58]国家権力と対立する経済主体（産業資本）が唱える自由主義（レッセフェール）に対して、新自由主義は国家と対立しない経済主体（多国籍企業・国際金融）活動が中心であり、むしろ新たなる市場創造と市場秩序を機能させる国家＝政府の力が不可欠である。ここでの国家＝政府の機能は軍事の世界展開、すなわち政治的不安定（政情不安）なる地域への軍事介入はそれ自体、グローバル市場を創造・維持することで多国籍企業化であり、帝国列強の先進国としての世界市場秩序維持である。国家＝政府の介入とセットとなった市場主義である。[59]

　とりわけ、多国籍企業と国際金融資本による世界市場支配は特定の旧帝国列強（アメリカ）の国益と合致する行動原理である。これらの点は、本章V.-（2）「グローバリゼーションと東アジアの現代的位相」の項を参照願えれば明瞭であろう。これらの動きグローバリゼーションという所与の動きとして世界に拡大するグローバリズムはアメリカが仕掛けた新自由主義に基づく戦略～世界市場政策の所産であることをわれわれは再認しておくことが必要となろう。

　本章の課題でもある自由論の立場から「デモクラシーとグローバ

リズム」の関連をみる中においても、現代グローバリズムとは政治と経済の合成物であることが再認できたであろう。すなわち、帝国主義の流れを汲む国民国家の国益行動（政治）と、グローバル企業の超国民国家的企業行動（経済）とが合成したものであることが明確になった。かかる状況下においてデモクラシー（自由と平等）の問題をどのように捉えるべきか本論の中心課題である。

　そして、グローバリゼーションの両輪（政治と経済）に加えて、さらに現代においては帝国列強による支配は経済力や軍事力（政治）による露骨な植民地支配は影を潜めて、「文化という面」での支配を強く有している。デモクラシーのグローバル化は進行するのか？─筆者の次のステップとしては、文化のグローバリズム問題を「ポスト・コロニアリズムの世界」に焦点をあて検証する中でグローバリズムのデモクラシー性と東アジアの現状について接近したい。[60]

【注】

(1)　フランス革命以降の人権論に関する古典的文献として次の書を参照。
高木八尺・末延三次・宮沢俊義編『人権宣言集』岩波文庫、1971年。

(2)　Bernard Crick , *Democracy － A Very Short Introduction,* Oxford : Oxford
University Press, 2002添谷育志・金田耕一訳『デモクラシー』岩波書
店、2004年p.162「善き統治」に必要なものとは？デモクラシーをあえ
て民主主義と訳さないで用いているのはその多義性ゆえである。B.ク
リックは、デモクラシーの歴史・意味について考察を重ね、最終章で
は「デモクラシーにふさわしいシチズンシップ」について述べている。

(3)　Herbert Tingsten, *The Problem of Democracy,* The Bedminster Press 1965
pp.49-、H. ティングステン『現代デモクラシーの諸問題』岡野加穂留・
代田郁保訳 人間の科学社、1974年（改訳版1982年）p.49-51。

(4)　R.ダール『民主主義理論の基礎』（未來社, 1970年／第2版, 1978年）。
アメリカ政治学会の会長（1966-1967）を務めたロバート・ダールに
は邦訳されたものだけで他には次のような著書がある。『規模とデモ
クラシー』（慶應通信、1979年－エドワード・R. タフティと共著）、
『ポリアーキー』（三一書房, 1981年）、『経済デモクラシー序説』
（三嶺書房、1988年）、『統治するのはだれか―アメリカの一都市に
おける民主主義と権力』（行人社、1988年）『現代政治分析』（岩波
書店、1999年）。

(5)　「競争は本質的に意見の形成の過程である。すなわち、われわれが経
済システムを一つの市場として考えるときに前提している、経済シス
テムのもつあの統一性と連関性を、競争は情報を広めることによって
創り出すのである。競争は、何が最も良く最も安いかについて、人々
がもつ見方を創り出す。そして人々が、少なくとも、いろいろな可能
性と機会について現に知っているだけのことを知るのは、競争のおか
げである」（Hayek, p.98）。
　　ハイエクに関する文献は参考文献が示す通り、数多い。資本主義と
デモクラシーへの観点からは次の書を参照。萬田悦生『文明社会の
政治原理―F. A. ハイエクの政治思想』慶應義塾大学出版、2008、山崎
弘之『ハイエク・自生的秩序の研究―経済と哲学の接点』成文堂、

2007。山中優『ハイエクの政治思想—市場秩序にひそむ人間の苦境』勁草書房、2007。

なお、人物形成史としてのハイエク像については次の書が有益である。森元孝『フリードマン・フォン・ハイエクのウイーン～ネオ・リベラリズムの構想とその時代』新評論 2006年。

(6) アルター・グローバリズム（Alter Globalism）とは、西欧的モダンを相対化しつつ別のモダンを目指す動きを意味する。西欧型モダンへの批判はもちろん、近代化というモダニズムが〈人間の共同性〉まで喪失させてしまったことへの反省から、それを救うために固有の聖なる次元に結びつくモラルを復権しようとする動きである。

(7) これらの視点については、次の拙稿を参照願いたい。羅瓊娟「制度と文化のグローバル化と特殊化～東アジア儒教文化圏管理思想の関連視座」『経営論集』No.17（作新学院大学経営学部）2008．3。

(8) アジア社会には西欧型デモクラシーは育たなかった。特に、「自由という思想」は文明的に育たなかった、といわれる。個人主義を謳う「欧米社会」では社会システムの基本は〈自由と平等〉であるのに対して、「アジア社会」では共同性に基づく人間関係の基本は〈権利と義務〉である。そこでは、自由ではなく権利が基本である。

欧米社会でも自由の前に権利を叫んでいた時代があった。しかし、権利の裏返しには必ず義務がある。権利を主張するなら同時に義務という責任も果たさなければならない。特に、独立心の強かったアメリカの民衆は、だれかに強制されたり、束縛されることを極端に嫌う。そこへイギリス本国が、義務だけを押しつける植民地政策で圧迫してきたため、その反動から「権利だけを求める自由」が叫ばれるようになった、といわれる。

(9) Herbert Tingsten, *The Problem of Democracy*, The Bedminster Press 1965-3 ： The Democratic ideology pp.49-82, H. ティングステン『前掲書』岡野加穂留・代田郁保訳 人間の科学社、p.49。

(10) Herbert Tingsten, *The Problem of Democracy*, The Bedminster Press 1965 pp.50-68 H. ティングステン『前掲書』岡野加穂留・代田郁保訳 人間の科学社、1974年（改訳版1982年）pp.50-69。

(11) J. S. ミル『自由論』塩尻公明・木村健康訳　岩波文庫　1971（2001）、
　　なお同書の訳出として光文社の山岡洋一訳、2006年がある。
　　　J. S. ミル（Mill, 1806-1873）の『自由論』は明治の文明開化の時代に
　　『自由之理』という題で訳されて日本でも有名になった書の一冊であ
　　る。ミルの自由論は古い本のようだが中身は極めて新しい。なぜなら
　　ば、彼の議論は民主主義社会がすでに出来上がっていることを前提に
　　した議論であるために、そこまで到着していないアジアの人間が読む
　　とこれを論じるのはまだ早いのでは、と思わせるような内容である。
　　つまり、自由が圧政からの解放と民主政治確立を意味していた時代
　　は、彼にとっては過去のものなのである。
　　　彼が言う〈自由〉とは世論（世間）からの〈個人の自由〉である。
　　つまり、「個人が自分自身だけに関することをどのようにしようとも
　　自由だ。それを、回りの人間（世論）はとやかく言う権利はない」と
　　いう自由である。ここに彼は〈人に迷惑をかけないかぎり〉という条
　　件をつける。そうであるかぎり世論も官憲も個人の生活に口出しすべ
　　きではないと言うのである。
　　　ミル曰く「個人は、他人の迷惑になってはならない」（岩波文庫
　　114頁）
　　　ミル曰く「個人は、彼の行為が彼自身以外の何人の利害とも無関係
　　である限りは、社会に対して責任を負っていない」（同189頁）
　　　なぜ「個人の自由が大切か」というと、個人の生活に規制を加える
　　ようになると個性が育たなくなり、そうなると天才も生まれなくな
　　り、その社会が発展しなくなってしまうからだ」と彼は言う（第三
　　章）。
(12) J. S. ミルの『自由論』（1859年）において、精神的自由を重視する自
　　由概念については、Gray, John and Smith, G. W. eds.　J. S. Mill, *On Liberty*
　　in Focus, Routledge1991（J. グレイ、G. W. スミス編『ミル「自由論」再
　　読』泉谷周三郎・大久保正健訳　木鐸社2000年）が有益である。周
　　知のごとく、J. S. ミルは、ベンサムの功利主義を引き継ぐにとどまら
　　ず，経済学をはじめとする社会科学全般に大きな業績を残した、とい
　　われる。そして、構想も壮大であり、その「質的功利主義」ともいう

べき主張は、いわゆるベンサムの「量的功利主義」や「快楽計算」を否定し，「精神的快楽」を重視する方向性を示す。そして、ミルは自らこのような「質的功利主義」の立場について、「満足した豚であるよりは，不満足な人間であるほうがよく，満足した愚かものであるよりは不満足なソクラテスであるほうがよい」と表現した。（『功利主義』（1863年）〜質的功利主義の展開、を参照）ジョン・スチュアート・ミルは、彼の著書『自由論』（1859年）においていくらか異なる思想系列に沿って思想や言論の自由に対し詳細な主張をしている。

彼は自分の主張を四点に要約している。『自由論』"On the Liberty"1859

① 抑圧された意見は実際問題として正しいかもしれない。

② たとえ正しくない意見でも何か真実を含んでいるかもしれない。

③ たとえ、ある問題の伝統的説明が真実であっても、それにもかかわらず、それは合理的基礎の理解なく受け取られる説明を偏見に堕しないような批判や討論を受けなければならない。

④ そのような説明は生命力を失う危険があること。それゆえに、既に発見された真実に関してさえも、誤りが広がることは許されなければならない。

すなわち、ジョン・スチュアート・ミルにとって、能力のある者は他人との競争を通じて自分の力と能力を保持するのと同時に、真実は偽りとの絶え間ない戦いの中で隆盛を極める,という視点からの自由論の展開である。（H. ティングステン「現代デモクラシーの諸問題」P67）。

また、『代議政体論』"Representative Government"においてデモクラシーあるいは代議政治は明らかに「理念として最善の統治形態」であるとジョン・スチュワート・ミルは書いている。すなわち、その形態はその確立と維持する必要なる諸条件が具備される時、最善なものとなる。人間の福祉に直接的な効果に関して、デモクラシーの優位性は二つの自明な理に基づいている。「第一は、すべての者と、いく人かの者の権利や利害関係は利害関係を持った人が自分自身で、それを擁護することができ、またいつでも擁護したいと思っている時には、

無視されるような恐れだけはないのである。第二は、一般的繁栄は
それを増進するために協力した個人的エネルギーの種類とに比例し
て、もっと高度の水準に達し、更に広く普及されるということであ
る」。J. S. ミル『代議制統治論』水田洋訳　岩波文庫　1997年。

(13) Gray, John and Smith, G. W. eds. J. S. Mill, *On Liberty in Focus*, Routledge1991
　　（J. グレイ、G. W. スミス編『ミル「自由論」再読』泉谷周三郎・大
　　久保正健訳木鐸社 2000年。

(14) Gray, John and Smith, G. W. eds. J. S. Mill, *On Liberty in Focus*, Routledge1991
　　（J. グレイ、G. W. スミス編『ミル「自由論」再読』泉谷周三郎・大
　　久保正健訳　木鐸社2000年。

(15) Hans Kelsen, "Vom Wesen und Wert der Demokratie", 1929。H. ケルゼン『デ
　　モクラシーの本質と価値』西島芳二訳、岩波文庫、1971年、p.29　お
　　よび『民主政治の真偽を分つもの〜デモクラシーの基礎』古市恵太郎
　　訳、理想社、1959年。

(16) H. ケルゼン『デモクラシーの本質と価値』西島芳二訳、岩波文庫、
　　1971年。H. ケルゼンは政治体制を論じる際に常に相対主義の立場に
　　立つ。特定の価値を絶対化することなく、多様な価値が多様に存在
　　することを認める相対主義的な世界観がデモクラシーには不可欠であ
　　る、とする。相対主義の立場では、特定価値を絶対化しないこと、す
　　なわち〈他者の自由を広く認める〉ということであり、自らに帰すれ
　　ば〈自分も他者から強制・拘束されない〉ということになろう。一般
　　に、リベラル・デモクラシーとよばれている思想体系である。相対的
　　なものの見方をすることをデモクラシーの大前提とし、そこから「自
　　由」および「平等」を前提とする議論が生まれる。

(17) 社会主義と民主主義に関する議論は、ロシア革命以降……特に、「自
　　由か平等か」という理念の対立はかつての自由主義と社会主義とのイ
　　デオロギー的対立の政治哲学的基盤となっていた。すべての国民が同
　　じ人民服を着て同じ毛語録を読む画一的平等社会もすべての人が受験
　　戦争や出世競争に奔走する画一的競争社会も画一的製品を大量生産す
　　る工業社会のパラダイムの内部にとどまってしまった。工業社会から
　　情報社会へと移行した現代、こうした工業社会のパラダイムそのもの

を乗り越えなくてはならない。

(18) Herbert Tingsten, *The Problem of Democracy* , The Bedminster Press 1965　H. ティングステン『前掲書』岡野加穂留・代田郁保訳　人間の科学社、1974年（改訳版1982年）p.32。例えば、初期の自由主義―マコーレイ（T. B. Macaulay. 1800-1859: 英国の詩人、歴史家、ホイッグ党員）―自ら思い描いたヨーロッパ的発想によって自由主義論を展開。

(19) Herbert Tingsten, *The Problem of Democracy*, The Bedminster Press 1965　H. ティングステン『前掲書』岡野加穂留・代田郁保訳　人間の科学社、1974年（改訳版1982年）　p.36-37。

(20) 世界の名著―13 キケロ/エピクテトス/マルクス・アウレリウ（13）鹿野治助（編）中央公論新社1968　p.33。

(21) H.ケルゼン「政治体制と世界観」『自然法と法実証主義』信山社、1999年、p.293-。

(22) 初期社会主義理論については、次のロバート・オウエン自叙伝が有益である。五島 茂訳『オウエン自叙伝』　岩波文庫、1961年。

(23) Herbert Tingsten, *The Problem of Democracy*, The Bedminster Press 1965 H. ティングステン『前掲書』岡野加穂留・代田郁保訳　人間の科学社、1974年（改訳版1982年）　世界の名著―13 キケロ/エピクテトス/マルクス・アウレリウ（13）鹿野治助（編）中央公論新社　1968　p.33。

(24) 功利主義はベンサムを出発点として多くの代表的人物を排出する。イギリスの法学者 J. オースティン（1790〜1859）やジェームズ・ミル（1773〜1836）、J. S. ミル（1806〜1873）の親子などがいる。オースティンは、かれの『法理学の領域決定』（1932）の中で〈功利主義をもとに法実証主義〉を展開し、主権者命令説を説いた。ジェームズ・ミルはベンサムが創刊した雑誌『ウェストミンスター評論』において〈功利主義の考え〉を展開して一般に広めていく。その息子J. S. ミルは、ベンサム以後の功利主義の最も有力な思想家であり、彼は快楽の強さだけではなく、質の違いについても言及した。

(25) ベンサムはあらゆる快楽をおなじように計算することができると考えたのに対して、J. S. ミルは「満足した豚よりも満足しない人間であるほうがよい」といい、快楽の質の違いを強調する。シジウィック

　（1838-1900）は、快楽から道徳を導きだすことを否定し道徳の基礎を直覚におき、その考えを功利主義に結びつけた。スペンサー（1820-1903）は、ダーウィン（1809-1882）によって提唱された進化論をあらゆる現象に適用し、功利主義と進化論の総合をめざした。

　また、アメリカのジェームズ（1842-1910）やデューイ（1859-1952）も功利主義に影響をうけている。J. デューイ／G. H. ミード著作集、No.11－J. デューイ［自由と文化－共同の信仰］河村　望訳　人間の科学新社　pp.251-301。

(26) Gray, John、*Liberalisms: Essays in Political Philosophy*, Routledge、1989ジョン・グレー『自由主義論』山本　貴之訳　ミネルヴァ書房　2001年。およびGray, John and Smith, G. W. eds.　J. S. Mill, *On Liberty in Focus*, Routledge 1991（J. グレイ、G. W. スミス編『ミル「自由論」再読』泉谷周三郎・大久保正健訳　木鐸社、2000年。

(27) 政治哲学の復権〜資本主義経済ならびに議会制民主主義の政治を軸とする「自由主義」―それは1990年代初頭の社会主義体制崩壊によって勝利した、といわれた。ただ、対抗軸を失った自由主義は今こそ、その自己克服・修正が求められている。自由主義は政治哲学の復権を目指してまさに近代思想史を見直し、自由主義の本質と限界を明らかにする必要がある。（藤原保信著作集『政治哲学の復権』金田耕一・田中智彦編、岩波書店、2007年、および寺島俊穂『政治哲学の復権―アレントからロールズまで』ミネルヴァ書房、1998年を参照）

(28) 多様性の承認とデモクラシー、すなわち他者の承認と多様性の共存に自由概念を持ち込む場合、〈寛容〉は極めて重要となる。今日、われわれの生活は国境を越えて「モノ・ヒト・カネ・情報」が激しく往来するグローバル化の恩恵なしには成り立たない。ただし、他方ではグローバル化は地球上における「貧富の格差」を拡大し、限られた資源をめぐる〈新たな争い〉を生じさせている。グローバル化する世界を制御すべき国際秩序は圧倒的な軍事力に基盤を置く米の一極支配の下で混迷を深めている。国連を中心とする国際社会の公共領域も空洞化している。国境を越えて、世界の全ての人権と文化的多様性が承認され、搾取や抑圧なく、自由に共存できる世界は如何にして可能である

か。グローバル化は平和をもたらすのか、それとも平和を遠ざけるのか。多様性の承認は自由概念にとってキータームとなる。

(29) バーリンの〈消極的自由/積極的自由の区別〉はすでに「現代の古典」となっている。この区別は二者択一的なものではない。彼の思想史研究や独自の価値多元論と結びついているのである。ラズ、グレイ、ガリボー、マルガリート、シュクラーらの流れをたどりつつ、バーリンが探求した「最小限に品位ある社会論」の再構成である。

(30) ジョン・グレー『自由主義論』山本 貴之訳　ミネルヴァ書房　2001年　pp.201-231。

(31) ジョン・グレー『自由主義の二つの顔』松野 弘訳　ミネルヴァ書房、2006年。

(32) ジョン・グレー『自由主義の二つの顔』松野 弘訳　ミネルヴァ書房　2006年、バーリンとその後継者たち〜正義を根源的価値としたロールズの系譜に対立する、個人の自律を重視するリベラリズムの流れ-消極的/積極的自由の区別の理由を問う。

(33) John Rawls, *Justice as Fairness: A Restatement,* edited by Erin Kelly（Harvard University Press, 2001）. 田中成明・平井亮輔・亀本洋訳『公正としての正義―再説』　岩波書店、2004年ジョン.ロールズ／エリン.ケリー『公正としての正義再説』岩波書店　2004年、特に第二部「正義の原理」pp.67-139。

(34) John Rawls, *A Theory of Justice* (Harvard University Press,1971, revised ed. 1999). 矢島鈞次監訳『正義論』紀伊國屋書店、1979年。

(35) E.フロム『自由からの逃走』日高六郎訳　東京創元社、1965年。

(36) 政治思想上、18世紀以前の自由主義理論においては各人がその行為にあたって外部からの干渉を受けない状態が「自由」であるとされていた。しかしながら，今日、自律としての自由―各人が何らかの行為を選択するその内面的な合理性が問われている。

　　二つの自由概念に関しては、アイザイア・バーリン（Isaiah Berlin）による『自由論』（1969）において、「消極的自由」と「積極的自由」という概念が本格的な論議が始まる。Isaiah Berlin, *Four Essays on Liberty,* London and NewYork: Oxford Univ.Press 1969. I. バーリン『自由

論』小川晃一、小池碕、福田歓一、生松敬三訳　みすず書房　1971年
（1979年新装版）。

　　①消極的自由―いかなる他者からの干渉も受けずに自分のやりた
　　　いことを行い，自分がそうありたいようにあることを放任され
　　　ている場合、その人が「自由」であるとみなすという考え方。
　　　「＊＊からの自由」というかたちに書き換えられる。

　　②積極的自由―自らが主体的に決定できる際にその人が自由であ
　　　るとみなすという考え方である。これはまさに、「自律」とし
　　　ての自由、もしくは自分が自分の支配者であるという意味での
　　　「自己支配」としての自由である。

　19世紀後半という時点において、T. H. グリーンがいわゆる「積極
的自由」を唱えた論理的根拠と構造とを明らかにすることも重要であ
ろう。それらの分析を通じて今日における「自由」と「国家」の関係
について明快な解答が求められる。このことは、「消極的自由」のみ
を唯一の真の「自由」の形態としたアイザイア・バーリン（Isaiah
Berlin）らに対する反論ともなるであろう。なお、T. H. グリーンにつ
いては、行安 茂・藤原保信『T. H. グリーン研究』（イギリス思想研
究叢書-10）御茶ノ水書房、1982年。若松繁信『イギリス自由主義史
研究―T. H. グリーンと知識人政治の季節』ミネルヴァ書房　1991年、
を参照。

(37) リベラリズムには、passive, positiveに対してsocial, marketの区分もある。

(38) ナッシュ関数とは、数学者のジョン・フォーブス・ナッシュ（John
Forbes Nash, Jr.）にちなんで名付けられたゲーム理論である。ナッシュ
均衡（Nash equilibrium）はゲーム理論における非協力ゲームの解の一
種であり、いくつかの解の概念の中で最も基本的な概念である。ナッ
シュ均衡は、他のプレーヤーの戦略を所与とした場合、どのプレーヤ
ーも自分の戦略を変更することによってより高い利得を得ることがで
きない戦略の組み合わせである。ナッシュ均衡の下では、どのプレー
ヤーも戦略を変更する誘因を持たない。したがって、ナッシュ均衡は
必ずしもパレート効率的ではない。その良い例が、囚人のジレンマで
ある。

(39) 市場主義は、単なる経済行動ではなく、新自由主義のもとではオートメーション化された国家システムに組み込まれた構図を表現する。

(40) Gëdelの不完全性定理は、思考空間の自由性に制限を掛けるものだろう。現実と行為に言葉を入れた時、現実と言葉に断層が発生、概念で橋渡しの能力との間に亀裂が発生、これを論理で橋渡しした。また、不完全性定理とは、クルト・ゲーデルが1931年に発表したものであり、数学基礎論における重要な定理の一つである。第1不完全性定理〜自然数論を含む帰納的に記述できる公理系が無矛盾であれば、証明も反証もできない命題が存在する。第2不完全性定理〜自然数論を含む帰納的に記述できる公理系が、無矛盾であれば、自身の無矛盾性を証明できない。『ゲーデル　不完全性定理』林晋／八杉満利子訳・解説、岩波書店〈岩波文庫〉、2006年。高橋昌一郎『ゲーデルの哲学―不完全性定理と神の存在論』（現代新書）講談社、1999年。

(41) 新自由主義論者は、原理的な市場にフェアが絶対的な存在を認識している。世界市場は今や、多国籍企業の支配と国際金融の投機的な仕組みによって一国経済を崩壊させることができるグローバリゼーションが時代の流れである。市場フェアは、ある種の神、信仰の対象になっているとしか思えない。神からこれだけの恩寵を蒙っている多国籍企業が一生懸命政策担当者をオルグして回っているような状況である。

(42) 本稿では、新自由主義という世界市場支配のイデオロギー思想とはどのようなものであるかを検討することが一つの目的であるが、今の日本はすっかりとこの思想に繰り込まれて進められ入るようである。そのことはそのようなことを心配すると思われる数多くの著書が出版されているのである。いくつか表題（書名）を以下にあげておく。「拒否できない日本」「売られ続ける日本買い漁るアメリカ」「主権在米経済」「アメリカに食い尽くされる日本」「日本は略奪国家アメリカを棄てよ」「暴かれた「闇の支配者」の正体」「アメリカに使い捨てられる日本」等である。いずれもアメリカの日本支配に対する忠告の書といえよう。グローバリズムは地球上の格差を加速する作用がある、との指摘のごとく日本の最近の格差の広がりを見てもうなづけるものがあろう。

(43) 従来、自由主義とは、信条や表現の自由を重視し、いわゆる「国家（権力）による強制からの自由」を強調（アダム・スミスの市場論）する点に力点があった。これに対して新自由主義はかかる、いわば〈精神的自由〉には関心を持たず、ひたすら経済的自由競争を重視、時にはそれを絶対視する。〈絶対的自由〉（市場至上主義）に傾注する。そこから具体的な施策（政策）は、『小さな政府』による、すなわち民活による効率化・活性化とサービス向上を主張するのであるが、市場は本来、弱肉強食の世界であり、必然的に新自由主義は強者と弱者への二極分解に導く思想である。

(44) A. ギデンズ（Anthony Giddens）は、避けて通ることができないグローバリゼーションについて、リスク、伝統、家族、民主主義の変化＝いわゆる「暴走する世界」について冷静かつ的確に論じている。ギデンズは、グローバリゼーションは〈特定の国家戦略〉（よくいわれるアメリカ世界戦略）によって推し進められるものではなく、通信・交通技術の発達により進んだものである。科学技術に伴う自然的・必然的な流れである。したがって、その流れには「逆らう」ことはできない。そして、近代に成立した社会諸制度〜「国家」「家族」「デモクラシー」も形態は維持されつつも中身（内実〜機能と役割）－は大きく変容して従来型思考では考えられなくなった、と再考を求める。特に、デモクラシーの内容はその形態は維持されつつも中身（内実〜機能と役割）－は大きな変化をもたらす。A. Giddens , Runaway World 〜 How Globalization Reshaping Our Lives、ギデンズ『暴走する世界〜グローバリゼーションは何をどう変えるのか』佐和隆光訳　ダイヤモンド社、2001年および, The Third Way-The Renewal of Social Democracy , Polity Press 1998 『第三の道─効率と公正の新たな同盟』日本経済新聞社、1999年。

(45) カウンターグローバル化については、篠原一『市民の政治学〜討議デモクラシーとは何か』岩波書店（岩波新書）2004年、および 同『歴史政治学とデモクラシー』岩波書店 2007年、参照。

(46) 新自由主義の理念については、ハーヴェイ・デヴィッド『新自由主義〜その歴史的展開と現在』渡辺治訳 作品社、2007年。

(47) ハーヴェイ・デヴィッド『ネオ・リベラリズムとは何か』本橋哲也訳
　　　青土社、2007年 およびHolden Barry、Global Democracy – Key Debates：
　　　Routledge 2000.『全球民主Global Democracy』何哲欣訳、韋伯文化社、
　　　2006年。
(48) 新自由主義の政策パラダイムとしてのサッチャー主義およびレーガノ
　　　ミックスについては多くの文献がある。
(49) 「グローバル資本主義のカジノ化」が可能となったのは各国が金融市
　　　場を自由化したからにほかならない。例えば、外国人による株証券の
　　　取得や金融取引に制限や規制がかかっていると資金は自由に流れな
　　　い。政府が取引に干渉・統制するような状況下では金融市場はカジノ
　　　にはならない。
(50) 多国籍企業と国際資本は、グローバリゼーションの概念に「新自由主
　　　義的な価値と意味」とを与える。ゴードン・ムーア『過剰と破壊の経
　　　済学〜「ムーアの法則」で何が変わるのか?』（アスキー新書）イン
　　　テルの創業者ゴードン・ムーアが1965年に提唱した法則。この「ムー
　　　アの法則」は、単にＩＴ業界に影響を与えているだけではなく、世界
　　　中のすべての人がコンピューターとネットワークでつながる現代にお
　　　いては、産業構造や経済システムそのものを破壊し創造するほどの威
　　　力を持っている。グローバル資本主義社会の未来を展望している。
(51) 1999年、国連は人間開発報告書を出している。内容は、「グローバリ
　　　ゼーションと人間開発」。そこには「グローバリゼーションによっ
　　　て世界の最も裕福な20％の人々は急激な発展を遂げたが、それ以外の
　　　人々にとっては破滅がもたらされた」と書かれている。最も豊かな世
　　　界の20％の人々が地球の生産物の86％を支配し、その一方で最も貧し
　　　い20％の人々の手に入るのはわずか１％に過ぎない。またグローバリ
　　　ゼーションは世界の多国籍企業をさらに巨大化させ、一企業の売り上
　　　げが多くの国のGDPを上回っている。情報技術と文化的な影響をほと
　　　んど支配しているのはアメリカである。いまや、「アメリカの最大か
　　　つ唯一の輸出産業は航空機でもコンピューターでもなく、文化・娯楽
　　　である。映画とテレビ番組を世界中に輸出している」と報告書は記し
　　　ている。この報告書が書かれてから10年がたった今でもその波は一向

に弱まることなく、むしろさらにメディアと多国籍企業の後押しによって促進されているのが現実である。競合するさまざまな人間社会において勝者と敗者が生まれるのは今に始まったことではない。これについては数年前に、生物学者のジャレド・ダイアモンドによる『銃・病原菌・鉄』（草思社）というきわめて興味深い。〈20世紀の技術革新の賜物〉だと思いがちのグローバル化が実は古代からの現象であったことがわかる。

(52) David Held, Democracy and The Global Order : From the Modern State to Cosmopolitan Governance, Polity Press 1995デヴィッド・ヘルド　『デモクラシーと世界秩序〜地球市民の政治学』佐々木　寛他訳　NTT出版　2002年。本書は、著者が提示する「コスモポリタン民主主義」が実現可能かどうか、は別として議論展開にはなかなか説得力があり一読の価値はあろう。

(53) 1980年代の東アジア諸国の隆盛については、儒教文化圏との関連で取り挙げられ、多くの文献がある。これらの諸点の総括として代田郁保「アジア的管理思想の構図」『管理思想の構図』第三部、税務経理協会（2006年）が詳しい。なお、筆者自身も言及している。本稿：註（7）の論文〜羅　瓊娟「制度と文化のグローバル化と特殊化〜東アジア儒教文化圏管理思想の関連視座」『経営論集』No.17（作新学院大学経営学部）2008年。

(54) 1997年アジア金融危機の発端となったバーツ危機については、ヘッジ・ファンドの領袖ジョージ・ソロスによるバーツの「売り浴びせ」による為替操作がきっかけになったことは余りにも有名である。1997年、世界の民間投資家（主にアメリカのヘッジファンド）が突然、東アジアの5カ国（タイ、韓国、マレーシア、フィリピン、インドネシア）から資金を引き上げ始めた。しかも莫大な額の資金である。実際、1997年と1998年の2年間に同地域から引き揚げられた資金は実に1000億ドル以上に上った。この額は同地域のGDPの約5％に相当し、その結果、これら5カ国で景気後退、大幅な通貨安、インフレ率急騰、株式市場の暴落が起った。数カ月のうちに失業者の数が急増。インドネシアでは少なくとも80万人、タイでは150万人、韓国では約135万人増

えました。通貨価値の下落同様、労働者の賃金も落ち込みました。
1998年末までに実質賃金は韓国で12.5％、タイで6％低下した。

　最近の「ヘッジファンドの動き」に関する関心として、ジョージ・
ソロス『ソロスは警告する～超バブル崩壊＝悪夢のシナリオ』徳川家
広訳　講談社、2008年、および神谷秀樹『強欲資本主義～ヴォール街
の自爆』文藝春秋、2008年。

(55) 東アジア金融危機を招いた要因はいくつもある。域内の銀行や企業が
〈外国通貨建ての短期対外債務を過剰に負った〉ことが大きな脆弱性
を招いた。これはひとつには為替レートがあまりにも長い間、効果的
に〈ドルに連動していた〉ことで「まやかしの安心」感が生じて対外
借入が促進され、それが金融・企業セクターにおける為替リスクへの
過剰なエクスポージャにつながったためである。タイをはじめ域内の
多くの国々での景気過熱を抑えることができなかったことも大量の対
外債務と不動産・株式市場のバブルを招いた。健全性規制と金融当局
の監督が手ぬるかったために銀行の融資ポートフォリオの内容が急激
に悪化したことに対処できなかった。

(56) 本論においても論じてきたように、アジア諸国、とりわけ東アジア地
域は1997年～98年、グローバル化の波によって経済の混乱と低迷が続
いた。これらの現象は「ヘッジファンドの動き」と直接、関連するも
のであるが、自国経済発展のために「ドル・ペッグ制」を取ってきた
アジア諸国の金融政策にも大きく起因している。諸外国の投資を誘導
するためにドルの保障を前面に出したものである。ヘッジファンドや
欧米投資家の無責任行動とともに、それを受け入れる基盤を自から作
ったアジア諸国当局にも責任の一端があろう。

(57) 東アジア固有の〈困難な課題〉とは、純粋に経済問題ではなく、文化
的対立の構図である。東アジア地域においては政治的・文化的・歴史
的な意味でASEAN（東南アジア）のごとく経済共同体樹立が難しく、
強力な一つの経済圏の形成ができない。東アジア地域はグローバル化
の影響の一方で中華思想（中心－周辺思想）により各国の経済的統
合を妨げている。歴史的経過が加わり、東アジア固有の課題となって
いる。

(58) 国家と経済主体の問題は、新自由主義の本質を解く鍵となる。すなわち、世界最大なる資本主義国家であるアメリカは〈多国籍企業と国際金融資本〉を擁してレーガノミックスに代表されるような新自由主義の積極的推進者となる。そこでの行動は古典的自由主義の時代のような国家と経済主体（資本）との間の鋭い対立関係はなく、むしろ逆に国家は多国籍企業と国際金融資本による国際経済支配力を強めていることが特質であろう。つまり、多国籍企業と国際金融資本による行動＝国際経済支配力が、まさにアメリカの国益と合致する認識である。これらの動きに関連して、グローバリゼーションという所与の動きとして世界に拡大する21世紀型グローバリズムはアメリカが仕掛けた新自由主義に基づく戦略－国際経済政策の所産である、ことを認識する必要があろう。

(59) グローバリゼーション（地球化、地球規模化）という用語は、1990年代にアカデミズムの世界、とりわけ社会科学の世界を急激に席巻した。時代を画した大きな要因は冷戦の終結および計画経済の破綻で、政治のグローバル化と市場経済の偏在化（市場の地球的規模）に拍車をかけ、冷戦の崩壊は軍需通信技術の民間への開放を促しグローバリゼーションを加速させた。しかし、その言葉の登場からまだ期間が短いことと電波の広がりと速さのためにグローバリゼイションという言葉は多用な切り口で語られ、様々な次元で議論されている。

(60) 筆者の次の課題は、東アジアのグローバリゼーションの具体的諸問題への言及である。いまだ論点の整理が追いつかない状況にある東アジア舞台におけるグローバリゼーションについて、様々な角度（政治・経済・文化など広範にアプローチ）からその現象と本質を解明しよう、とするものである。具体的には、「アジアの近代化」と東アジア諸国におけるグローバリゼーションの比較研究であり、次の三点を柱としている。

　　　　①東アジア、とくに日本・中国・韓国における西洋文化の受容過程の検証
　　　　②西洋文化の受容に伴う〈伝統文化の持続と変容の姿〉の検証
　　　　③東アジアから世界に発信できる〈近代化と伝統文化相克〉の理論化

第二章
資本主義とグローバル化

　20世紀末、アメリカ経済(アメリカ型グローバル・スタンダード)を自由競争原理に基づく市場経済の先導的モデルと位置付け、世界各国経済はそこに収斂していく、というグローバリズムは今でも支配的な言説である。それに対し、「グローバリゼーションのもとに21世紀の世界は市場型資本主義に向かって収斂しているどころか、多様な資本主義が共存・競合しているのである」という論議も増えたと言える。前章の課題でもある自由論の立場から「デモクラシーとグローバリズム」の関連をみる中においても、現代グローバリズムとは政治と経済の合成物であることが再認できたであろう。すなわち、国民国家の国益行動(政治)と、グローバル企業の超国民国家的企業行動(経済)とを合成したものであることが明確になった。[1]

　とりわけ今日、崩壊した社会主義国がいわゆる市場経済へと移行し、またグローバリゼーションの進展によって世界各国が市場的均一化に向かうかのような言説が流布しているなか、真相を見きわめるためにも、経済システムの「One・Best・Way」論やそれへの収斂論に対抗して、「資本主義の多様性」論や比較経済システム論が多様に花咲きはじめた。[2]かかる状況下において資本主義とは何かは今後の課題として、とりわけ重要になってくるのは資本主義の空間

的可変性を認識したうえで、並列的・相対的な歴史認識に終わるの
でなく、時間的可変性の認識をいかに獲得するかであるのがこれか
らは中心課題になろう。

　2008-2009年の金融危機は沈静化したかに見えるが、真の問題解
決には至ってはいない。現在の資本主義が抱える問題は株主至上主
義・市場万能主義という「純粋資本主義」社会のあり方にある。フ
ランス経済学者ミシェル・アルベールの著書「資本主義対資本主
義」（1992年刊）[3]で提示した概念で、ドイツなど欧州諸国に見ら
れるライン型という資本主義の形態である企業は主に金融機関から
資金を調達し、株主だけでなく従業員・取引先・顧客・社会など
利害関係者を幅広く重視する。そして終身雇用・年功序列制を採用
し、賃金格差は比較的小さく雇用は安定している。社会福祉を重視
し、政治的には大きな政府を志向する。それに対してネオアメリカ
（アングロサクソン）型資本主義は、企業は株主のために存在し、
経営者の役割は株価を最大限に高めることであるという株主至上主
義がある。株主至上主義に求められる経営は、はっきり言えば、短
期的な株価上昇のために持続可能性・公平性・社会的連帯性を犠牲
にする。次に、ミルトン・フリードマンに代表される経済学のシカ
ゴ学派がここ数十年の間提唱してきた、いわゆる新自由主義の「市
場万能主義」がある。この説では、市場を最大限にまで自由にする
ことが個人の自由と社会の繁栄につながるとする。しかし実際は、
市場原理の力には限界があり、自由市場のみでは持続可能性・公平
性・社会的連帯性が確保できないのである。[4]

　資本主義経済は、20世紀末グローバリズム又はグローバリゼー
ションの展開により進み、グローバル資本主義という位相を迎え
て、今までにもう長い時間がたっている。グローバリゼーションは

地球規模で経済取引が統合されるような状況を意味しているが、国民経済という国家が独立して、経済取引を行なう社会的分業（市場の区分）を無意味にすることになる。その結果、経済取引はコスト負担を求める種々の規制を取り払う環境を求めることになり、規制緩和が地球規模で進行した。経済システムの同質化が進むのであるが、そして法制、税制、制度、市場は規制のない部分までも標準化されていくのである。従って、各国の経済システムのいかなる部分が標準化されるかが重要であることになる。その基本の整備は法制であるが、その上に構築される制度や市場の同質性が先行していくことであり、しかし前述アルベールの提示のようにヨーロッパ大陸のライン型資本主義とネオアメリカ型資本主義が両極となりつつ、グローバリゼーションを作り上げている。ところが、アメリカの国民通貨でもあるドルをキー・カレンシー、国際通貨として使用するという意味でドル本位制が確立しているので、ネオアメリカ型資本主義がグローバル資本主義として成立していると理解される。通貨面ではヨーロッパ大陸のライン型資本主義は1999年にユーロを導入し（ユーロ現金は2001年から）、ドルのキー・カレンシーに対抗している。[5]

　資本主義経済は各国固有の文化をも反映しており、企業経営とくにコーポレート・ガバナンス、金融システムなどで種々のコンフリクトをもたらしている。ステークホルダー型資本主義対ストックホルダー型資本主義、市場型金融システム対銀行型金融システムなどで議論される背景にはこのような課題があるからである。勿論グローバル資本主義に対する批判があるのも、資本主義に対する見方が異なることでもある。そこで、資本主義論をいかに整理するかは、グローバリゼーションの整理の中では不可欠の課題である。

　最近、企業価値を捉える上で、企業の社会的責任を重視するライ
ン型資本主義のもつ重要性から資本主義の再理解が重要であると認
識するに到り、2000年3月のリスボン宣言（21世紀ヨーロッパの政
策綱領）では、「人々こそがヨーロッパの主要な資産であり、欧州
の諸政策の焦点でなければならない。人々に投資し、行動するダイ
ナミックな福祉国家を発展させていくことによってこそ、ヨーロッ
パは知識経済の中で地位を確立することができる」[6]としたが、こ
の人的資産の重視、企業の財務のみではない資産を重視する観点を
明確にするものと理解できるからである。言い換えれば、企業は単
に利潤で表される主体ではなく、人的結合体であり、その非財務構
造こそ企業の重要な価値を意味するという企業価値の認識になるか
らである。

Ｉ．資本主義とは何か

　資本主義とは何かという問題に入る前に、まず確認しておくべき
ことは「資本主義」という用語である。重田澄男の著書『資本主義
とは何か』により、資本主義の定義は「資本主義とは、資本家や企
業が賃金労働者を雇って利潤獲得を目的として行う近代社会特有の
生産の形態、ならびにそれを基礎とした経済構造および社会体制」
（古典的）。[7]つまり、近代資本主義の成立の一つ見解は「資本循
環＝利潤追求の社会的容認」への動きであるともいえる。
　資本主義の要素は私有財産、自由企業、市場メカニズムであり、
その制度を支える四つのシステムとは①自由競争②市場経済③資本
（株式）④企業と市場である。「資本主義」は、しばしば用いられる
「市場経済」とほぼ同じ対象を指しているが、対象への見方を異に

する。どちらも、何よりもまず、近代以降に成立した特定の歴史的個体又は体制としての経済社会ないし国民経済を指している。資本主義の「人々の欲望を拡大する」というメカニズムに対して、市場経済は社会的分業に基づく「経済の仕組み」が「自由・公正・透明性」の原則に従う、所謂「私有財産制」と「個人責任」による自由競争のメカニズムである（近代的法手続きと営業権の自由）。F. ハイエク、M. フリードマンによれば、「市場経済」は効率性のメカニズムではなく、リベラリズムのメカニズムであり、とりわけ市場の本来的機能とは、第一「自由競争を通じての最適な資源配分」機構とし、第二「比較優位」の発見と機会の提供、第三「自由と責任」(リスクとリターン)の個人への委任である。[8]

　「資本主義」と「市場経済」の解明には山田鋭夫の『比較資本主義分析とは何か』に拠れば、「市場経済」の意味が、近代経済社会を多くに市場関係のみで特徴づけようとするのに対して、資本主義の方は市場関係と賃労働関係の双方において把握しようとする。市場関係以外に賃労働関係の観点を保持するということは、経済社会をたんに自由平等な諸個人の合理的選択の場とみるのでなく、社会関係における非対称性や権力関係（文化的な面）を見すえるということであり、無時間的な普遍法則の世界としてみるのでなく、一定の不可逆的な歴史的時間のうちに不確実な未来に向かって進んでいくものとみることを意味する。また市場経済の語には、場合によって経済領域が他の社会領域から独立して存立するかの背後仮説が潜みがちであるが、資本主義というときには、そのような経済領域ないし市場領域の排他的独立性は含意されていないと述べている。[9]

図表2-1　人類の歴史と経済

経済システム・社会システム・政治システムの相互関係とその発展		
原始社会	無階級社会	非商品経済
奴隷制社会	階級社会（奴隷主対奴隷）	商品経済
封建制社会	階級社会（封建領主対農奴）	商品経済
資本主義社会	階級社会（資本家対労働者）	商品経済
共産主義社会	無階級社会	非商品経済
市場主義社会	新しい能力社会	知的財産経済

（1）資本主義の本質

　現代の社会においては、全体にわたって物質的な豊かさを達成し、その上に急速な情報化・技術革新によって、経済発展は加速し続けている。しかし、現代社会は自由貿易により、経済的不平等のスケールはグローバルからドメスティックなものに拡散する。英国の研究者Richard G. WilkinsonとKate Pickettは、収入格差の大きい国では、健康と社会の問題（肥満・精神疾患・殺人・収監・薬物濫用）の割合が高く、社会的財（平均寿命・教育レベル・他人の信頼・女性の地位・社会的流動性）のレベルが低いことを発見した。それの理由は、現代社会が資本主義経済によって全面的に包摂され、支配されているからであるといってよいであろう。近代資本主義は、18世紀末のイギリスにおける産業革命によって生誕した。流通過程だけでなく生産過程にまで利潤が追求され、生産コストを抜本的に低減し、機械的大量生産の工業が出現したのである。資本による生産はたちまち社会的生産を征服し、それが数十年にして近隣諸国から世界に広がり、資本主義社会が形成されたのである。

　市場経済における商業は、暴力や強制なしにモノを獲得する方法であり、相互の自発的同意の基礎となる。また、商業は人格的支配従属関係から人々を解放し、自由の気風を強めてきた。そして利益は、長期的視点に立つものであり、いわば理性によって高められ抑制された自己愛の情念ということになる。「利益だけは決して裏切ることはない」という信頼感が強まり、それが経済的利益追求を是認するまでに至った。このようにして自分の利益を追求する人間は着実で誠実で一貫した行動をとると見なされることになる。こうして18世紀のイギリスにおいて、マンデヴィル、ジェイムズ・スチュアートを経て、アダム・スミスにおいて利益の追求が、利己心の原理として経済学の基本命題となったのである。そして自らの利益を追求することに予測の可能性と信頼性は市場経済の特有な利点である。従って人々の自由とプライバシーを守ることができて、市場に特有な平等性をもたらすようになった。取引の相手をその人間の属性や強弱などで選ぶのではなく、比較的公正平等に対応するという面もみられる。お金さえあれば皆平等に定価どおりでやり取りができるようになった。[10]

　新古典派経済学により市場競争において、社会的厚生が最大限になるような資源配分がおこなわれ、市場への貢献に応じた所得分配も自動的に実現される。従って、情報が市場参加者に分散しており、情報コストを最小にすることができる。また、労働、資本の移動や、新規参入者が自由であれば、市場内外の環境条件の変化に応じて、柔軟に対応できることも市場の特徴である。市場における競争は、人々のエネルギーを最大限に発揮させ、創意と工夫を引き出すことで経済の活性化と成長をもたらす原動力ともなっている。市場における競争は励まし合い競い合ってによって人を鍛え上げ、

人の能力を向上させる。ハイエクによると、「市場競争は社会的実験の場であり発見の手続でもある。一般に競争においては、誰が勝者になり誰が敗者になるか前もってはわからない。競争した結果はじめて誰が勝者か、また何が有益かがわかる」。[11]こうして自由な競争が良いもの、正しいものを選びだし、新たなものを生み出していくプロセスにもなっている。以上のことが計画経済では不可能であり、かくして政府の規制や独占は資源配分を歪めることも発生し易いであろう。

　市場経済では、参加者たちがサバイバルのため、自己鍛錬を強制し、勤勉、節制、自己責任など市場の倫理にかなった人格を形成していく。自己本位な性格では通用しないし、弱さや思いやりなども克服しなければならない。資本主義経済においては、人々の収入を維持し増加させるためには、企業が利潤をあげながら成長していくことが必要不可欠であり、そのためには市場が拡大しなくてはならない。こうして留まることのない無制限な経済成長が現代資本主義の基本的原動力となっており、それが社会的に是認され国の基本的政策目標となっているのである。結論として資本主義の成立する条件には、商品生産と商品交換が一般化しており、自己の労働力を商品化する賃金労働者の存在が必要のである。一言に「資本主義」といっても時代や国によって体制には差異性があるが、資本主義の本質を解明するため、以下のような特徴を整理してきた。[12]

①基本は「効率的な生産システム」＝企業と市場経済システム

　企業間関係、企業・国家間関係、国家間関係を含む総体としての生産システムを経済システムという。経済システムの効率化が社会のあり方（社会システム）を規定するが、人間関係が営まれる社会

システムにおいて人間の発達があると次の時代を担う新しい人間た
ちが既存の社会システムを打倒するために立ち上がり、さらには社
会のあり方を規定していた「経済システムの改造」にも取り組み始
めるのである。

②商品経済生成の条件

ⅰ）生産手段の共同所有から私有への転化：生産物の私的取得、
　　余剰の商品化、商品生産・商品交換。

ⅱ）分業の発達(社会的分業と技術的分業)：生産物の交換→物々
　　交換から商品交換→貨幣の生成発展。

③商品と交換 （モノと商品）

ⅰ）人々の欲望を満たす性質(使用価値)を持ったモノが交換の場
　　(市場)に持ち出された時、モノは商品に転化する。

ⅱ）商品は使用価値を基礎として他の商品と交換される性質(交
　　換価値）。

ⅲ）交換価値の大きさは非所有者がその商品をどれだけ必要とす
　　るかに依存し、それは貨幣(商品交換の発達の過程で最終的
　　に金になった)によって表現される （価格）。

ⅳ）価格は「人々の欲望構造」全体の中でのその商品の位置に
　　よって決まる（相対価格）。

④富の追求と生産力の発達

　余剰生産物（富）を増大させる方法の開発が生産力の発達を促し
た。資本主義経済は商品経済の最高の発展段階である。産業革命に

よる結果は生産手段の所有からの労働力所有者の完全排除である。労働力の商品化とは、身分制からの自由とし、生産手段の所有・占有からの自由でもある。

図表2-2　生産力発達の阻害要因

基本的生産手段	生産力発達の阻害要因	
土地・人間	非人間性と奴隷	奴隷反乱
土地・道具	身分制と農奴	市民革命
工場・機械	無所有と労働者	社会主義革命

⑤生産手段の開発競争

＜資本の増大（利潤追求）＞

生産手段　Ｐｍ

貨幣　──　商品　　　　　　……　生産　……　商品　──　貨幣
G　　　　　W　　労働力 A　　　　P　　　　W′　　　G′＝G＋△G

⑥自由と平等による価値観

ⅰ）「機会の平等」：アングロサクソン型（チャンスの平等：個人差＝格差→不平等）の例

ⅱ）「結果の平等」：ライン型（結果・保障の平等：生活上＝平等→不自由）の例

ⅲ）新しい類型の資本主義

⑦資本主義の修正・改革

　市場の創造と新しい資本主義─外に向かう資本主義から内に向かう資本主義への動きであり、社会政策・社会改良など各種社会保障制度の導入、所得の再分配（モノ生産）という市場の創造である。

　上記の資本主義の基本的性格をまとめて見れば、私有財産制、自由企業による生産、労働市場を通じた雇用、労働及び市場における競争を通じた需要、供給、取り引き価格の調整、契約の自由という特徴を明確に搾り出すことができた。但し、以上のうち、どの特徴が資本主義にとって本質的なものであるか、どの特徴が偶有的なものであるか、については必ずしも意見が一致していない。基本原理としては生産手段を持つ資本家が、生産手段を持たない賃金労働者を使用して利潤を追求する社会システムである。[13]

（2）資本主義の問題点

　資本主義の思想的根拠は、アダム・スミスの利己心(self-interest)の原理であろう。スミスによれば各個人は、自己の利益のみを考えて経済活動に努めればいいのであって、他人の立場に配慮する必要はないという。そして法とルールを守るかぎり、市場での自由競争こそが「見えざる手」に導かれ国富を増進するのであるから、政府は市場に無用な干渉をしてはならない。ただし、市場の自由な競争を保障するため、犯罪や独占などから市場を守らなければならない。いずれにしても、スミスの利己心の肯定は、資本主義の核心思想となったが、他方では、これが現代社会にマイナス効果をもたらす原因ともなったといえるのであろう。

　資本主義を支えるもう一つの理論はマルサス主義である。マルサスは、当時のイギリスの福祉制度である「救貧法」に反対して『人口論』を著した。多数の貧民に生存を保障するのは社会的に大きな負担であり、また、労働者の勤労意欲を阻害する。しかも、いくら救済しても貧民は減らないといって、社会にとって仕事のない人（不要な人間）の自然淘汰を主張した。このマルサスの考えは、そ

の後、ダーウィンの『種の起源』をへて、ハーバート・スペンサーやウイリアム・サムナーなどの「社会ダーウィニズム」へと受け継がれていく。自然界における生存競争と同じように社会においても生存競争を通して、弱者は淘汰され、適者が生き残ることで社会は進化する、と。競争による破壊は必要不可欠なものとなり、ルールを守るかぎり競争相手を消去することは正当なこととなる。こうして生存のための激烈な競争、消耗、破産、解雇、失業、物の破壊、伝統や習慣の破壊などが進歩の名のもとに是認される。資本主義の市場競争原理を正当化する理論だが、弱者や貧しい人々にとっては残酷な理論である。

　また、資本主義の思想には、主の哲学であるのは、19世紀初期功利主義の提唱者J・ベンサムから[14]、19世紀広範にW. S. ジェボンズをへて新古典派経済学に受け継がれた欲望と快楽の哲学である。ベンサムは「自然は人類を苦痛と快楽という、2人の主権者の支配のもとにおいてきた。われわれが何をしなければならないかということを指示し、また、われわれが何をするであろうかということを決定するのは、ただ苦痛と快楽だけである。」と主張する。W. S. ジェボンズは「最小の努力を持って欲望の満足を最大化すること」が経済の問題だとして、人間の欲望は無限大であり、その欲望を最大限に満足させること、すなわち「効用の最大化」こそが経済の目的だとする新古典派経済学、また資本主義のイデオロギーを作り出した。こうした倫理観のない快楽の追求、欲望の満足のみを求める生命体としての人間観は人間の精神的価値を貶める方向になると考えられるのであろう。

　利己心の原理から導き出される資本主義の特徴は、人間の手段化・モノ化である。お互いに自分の利益のみを考えて交換する。す

なわち、交換の相手は自分の利益のための単なる手段にしか過ぎない。お互いに相手を手段として利用しているに過ぎない。自分に利益がないとしたら交換を拒否すればいい。相手の窮乏や切実さは全く無視していいし、そのことに責任を取る必要はない。これはジョン・ロックによる「権利と所有権の絶対化」によって保障されている。

　人間の手段化、モノ化が問題となるのが、企業と被雇用者との関係である。企業にとって雇った人間は、自らの利潤獲得のための手段であり、他の生産要素と同じく「モノ」に過ぎない。利潤に貢献できない人間は、モノとしての価値がないとして排除される。他方、利潤に貢献できる「雇用可能な人間」は、これを手段として徹底的に利用しつくす。ここでは利潤獲得のための効率性のみが評価の基準である、資本主義で生きていくためには、自らが事業主になる以外、企業に雇われて収入を得なくてはならない。

　従って自らを企業のための手段として徹底的に自己鍛錬し、専門知識や能力を身につけ、企業の求めに応じて人格を変革し、自己本位を矯正していかなければならない。こうして、人間としての他の様々な可能性を伸ばすことを犠牲にして、もっぱら企業にとって有用なモノに徹する方向にのみ一途に邁進する以外に生きる途はない。人的資本、知的資本などといわれるのは、いずれも儲けのための手段としての価値を意味しており、モノ化した人間のことであるといえよう。

（3）アメリカ主導の資本主義

　アメリカ主導の資本主義は冷戦終結という歴史的大転換とITという飛躍的な技術革新を背景に、アングロサクソン型の新自由主義を世界的に波及させつつ、時代の一つ段階を画する勢いを示した。[15]

それは社会主義との対抗関係の中で自ら自己改造を遂げた福祉国家に代わる新しい資本主義の到来をあたかも示したかのようにも受け止められていた時もある。しかし、2008年9月15日のリーマン・ショックにより金融危機、アメリカ主導のグローバル資本主義はその虚構性と危うさが広く認識されるにいたった。リーマン・ショックがアメリカ主導の資本主義の歴史的限界を画すものとなり、そのことによってアメリカ主導の資本主義の特徴が明らかになったといえよう。では、アメリカ主導の資本主義は資本主義の歴史的発展プロセスのなかでどのような位置にあるのであろうか。加藤榮一の段階論に学び、以下のように考えている。[16]

図表2-3　資本主義の歴史的発展段階

第一段階＝市場原理型資本主義の発生、形成、確立期

	1733　　　　　　　1820　　　　　　　1870		
萌芽期	形成期	発展期	解体期
重商主義政策	第1次産業革命	自由主義政策	世紀末大不況

第二段階＝福祉国家型資本主義の形成、確立、変容

	1914　　　　　　　1945　　　　　　　1970		
萌芽期	形成期	発展期	解体期
帝国主義政策	福祉国家の雛型形	成高度経済成長	スタグフレーション

第三段階＝グローバル資本主義

1980　　　　2008			
萌芽期			
米主導のグローバル資本主義			

　資本主義を否定して実現された社会主義に対抗して、資本主義が自ら社会主義的要素を取り込んで自己改造を遂げた福祉国家の歴史的意味を無視してはいけない、これを軸にして資本主義の歴史的発展段階を考えられている。こうした段階規定についても、また福祉国家の解体についても勿論異論がある。しかし、2008年世界金融危機（サブプライム・ショック、リーマン・ショック）がアメリカ主導の資本主義に及ぼす影響をその歴史的特性として明らかにするためには、アメリカ主導の資本主義が資本主義の歴史的発展プロセスの中でどのような位置づけかを明らかにしておかなければならない。

　アメリカ主導の資本主義は政策イデオロギーにおいて新自由主義を継承している。新自由主義はミルトン・フリードマンに代表される新古典派経済学と不可分な関係にあり、「平等」より「競争」に優先地位を設けている。平等に重きを置く福祉国家に対してフリードマンはそれは労働意欲、投資意欲を減退させ、成長抑制的になると考えている。新自由主義が特定の国民的支持を得るに至ったのは、スタグフレーションによって高成長に終止符がうたれたことによって、福祉国家の高負担問題が顕在化し、福祉国家自らが産んだ新中間層によって福祉国家の下での高負担と予算執行の非効率に対して、その不満が蓄積されていったことを背景にしている。さらに1988年のゴルバチョフの新ベオグラード宣言から1991年のソ連邦消滅にかけての東欧・ソ連における社会主義体制の崩壊、1995年の中国の「社会主義市場経済」宣言によって、資本主義の勝利が喧伝され、社会主義に対抗する必要性そのものが払拭され、福祉国家からの脱却が新自由主義的政権から発せられるようになった。

　また、福祉国家の解体は社会主義の崩壊、新自由主義の隆盛によってだけでなく、グローバリゼーション、とりわけ「産業グロー

バリゼーション」によって促進された。多国籍企業あるいはグローバル企業の途上地域、とりわけ中国を中心とする東アジアへの生産移管を契機にこれら地域の工業化が推進され、先進資本主義国の工業優位は漸減し、とりわけ価格競争力においては歯がたたなくなる。こうしてグローバリゼーションの下で福祉国家は高コスト化し、それに資本家的に対処するため、労働市場の流動化が規制改革を通して推し進められていった。こうして福祉国家はまずスタグフレーションによってその存続性の根拠が薄弱となり、社会主義の崩壊によりその必要性が薄まり、グローバリゼーションとりわけ産業グローバリゼーションによってその解体が促進されることになった。それに新自由主義が一時期取って代わる勢いを示したものの、サブプライム・ショック、リーマン・ショックによって、これもその限界性が明らかになったのである。したがって今後、我々は福祉国家も新自由主義もそのまま選択することができなくなったと考えられるのである。こうした作業を踏まえなければ、21世紀の世界金融危機後の世界、東アジア国々の方向性も明らかにすることもできないであろう。

Ⅱ. 資本主義経済システムの転換 ～「資本主義対資本主義」

　1989年のベルリンの壁の崩壊、1991年のソ連邦の崩壊を受けて社会主義は衰退したが、そのような状況を受けて、フランスの保険会社経営者で、EU委員会の高官も務めたミシェル・アルベールが「資本主義は、史上初めて、いま本当の勝利をおさめている。それも全面的勝利である」という語で書き始また、その著書『資本主義

対資本主義』というタイトルは、「資本主義対社会主義」という概念が、もう既に過去のものとなったことを象徴して衝撃的であった。[17]

　「資本主義は多層のもので、……イデオロギーではなく、実践なのである。」とし、アメリカやイギリスに典型的な、個人の成功と短期的利益追求、市場重視を特徴とする「ネオアメリカン（アングロサクソン）型資本主義」のほかにも、「経済的に有能で社会的にもより公平になりうる型がある」として、ドイツ・日本型ないしアルペン型・ライン型、そして第三の類型としてフランス・スペインに見られる合成型を挙げている。ベルリンの壁の崩壊以降、共産主義と資本主義という構図はなくなり、1990年末にドイツのコール首相の勝利とイギリスのサッチャー首相の辞任で典型的なように、ネオアメリカとラインの2つの資本主義の対立による「新たなイデオロギーの戦い」が始まったとする。

　アルベールによれば、新自由主義・市場原理主義とも呼ばれるネオアメリカ型資本主義は、「力強く、率直で、妥協のない、まさにプロフェッショナルな資本主義」であるのに対し、ライン型は「複雑な、すこしばかり軟弱で、不透明、さらには、一種の善意に満ちたアマチュア主義体制の中で、金融面で束縛を受けつつも社会の要求にも応じねばならず、将来に向けての焦りを感じる一方、過去の遺産といったものが厳然として存在」すると整理している。一見優れていそうなネオアメリカ型ではあるが、短期的利益追求でかつ個人主義の徹底と社会保障の限定と競争の徹底などがもたらす「今、アメリカ社会を特徴づけている新興富豪と新興貧民との間の亀裂は、近い将来、東側諸国でも、大規模に、そしてさらに厳しい勢いで再現される」という弊害を持つとアルベールは考えている。

　アメリカの影響を受けるまいと対米批判を重ねる中で、ヨーロッパ各国も、自国の資本主義モデルの特徴と意義をより深く理解するようになった。21世紀の世界で重要なテーマになると思われる資本主義のあり方を考える上で、欧米論争の内容とヨーロッパ型の資本主義モデルを理解しておくことが有益である。アルベールによればそれは、アメリカ流市場原理主義とヨーロッパ流福祉国家路線の対立である。この対立は基本的な経済思想からインターネット・ビジネスのルールづくりまで広範に及んでいる。ヨーロッパの福祉国家モデルはグローバル化とデジタル革命が進む時代にこそ、その真価を発揮するのであり、世界的な経済統合によってヨーロッパがアメリカ化することなど有り得ないと、ヨーロッパの知識人たちは確信しているからである。[18]

図表2-4　ミシェル・アルベールの資本主義の分類

資本主義の分類	国家	特徴
ネオアメリカン（アングロサクソン）型	アメリカやイギリス	個人主義、自由主義（市場重視）、短期的利益を求める
アルペン型・ライン型	ドイツ・日本	集団主義、社会的（公平）、長期的利益を求める
合成型	フランス・スペイン	ネオアメリカン型とライン型の合成

（1）ライン型資本主義

　ライン型資本主義とは、コンセンサス重視、企業に所属している共感、自社愛、共同責任などの長期的契約と協調関係が特徴であるが、同時に銀行型資本主義ともいわれる。ドイツの銀行は、預金・貸出のほかに、債券市場や株式市場にも介入し、経済情報ネット

ワークを管理し、金融、産業、商業に関する情報を企業に提供して
きた。そのため、銀行と顧客との間には、永続的な相互協力の精神
をもった関係が結ばれることになる。アルベールは、このような銀
行型資本主義の長所を次のように列挙する。①取引先企業の長期的
発展に配慮する。②安定的な大口株主の存在が、非友好的な乗っ取
りから会社を防衛している。③経営は、相互の納得の上で、相互に
面識があり、頻繁に会合を持っている少数の人々が動かしている。

　これは「永いつきあい」とリレーションシップによって共存共栄
を図ろうとする意図があり、それを支援する政策がライン型資本主
義にはあった。かつての西ドイツは、工業規格を制定して大がかり
な品質管理をする一方、中央と地方の格差を解消するための国土整
備政策、大企業と中小企業の競争条件を平均化するための中小企
業への貸付けや税金などの優遇政策、衰退産業である石炭・鉄鋼の
保護政策などをとってきた。アルベールによれば、ライン型産業を
支える仕組みは、①生産に対する特別な配慮（品質の改良、生産性
向上、経費削減）、②後継者養成を前提とした職業教育、③高水準
の民生用研究開発(R&D) 投資と官のサポート、である。アルベー
ルはこのような資本主義経済を社会的市場主義経済(socialmarket
economy) という。[19]そこで指摘されたドイツ経済の特性は、ほとん
どそのまま日本にもあてはまる。日本では、政府が工業規格(JIS)
を定め工業製品の質的担保を図ることや、自動車産業の保護・官民
共同の研究開発プロジェクト「超LSI 技術研究組合」（1976年）設
立などの産業政策、中小企業・農業など向けの専門金融機関を設立
して情報劣位である当該分野を育成した金融行政などがあった。さ
らに、日本では、銀行を頂点とする企業集団が相互に株式を持ち合
い、それらを軸とする各種経済団体と政府（省庁）の関係は緊密で

あり、とくに金融業との関係は深いものであり、政産官のトライアングルともいわれた。

　このような企業と企業、金融と企業がその長期にわたる関係（リレーション）を重視し、その信頼関係の構築に基づくのがライン型資本主義なのである。アルベールは、ライン型資本主義のほうがネオアメリカ型よりも「相対的にずっと競争力がある」にも関わらず、ネオアメリカ型資本主義のイメージ面・メディア活用の面などが、資本市場の活用による容易に大きな利益を得ることなどをアピールしたことを指摘し、優位性を持ったとしている。

　さらに、「ライン型が拠り所としている社会的コンセンサスは、組合離れや集団組織に共通する危機的な状況とは、かけ離れてしまっている。長期利益に向ける配慮も、少なくとも表面的には、今の瞬間を欲張るように消費するという傾向と相容れない。組織や共同体としての企業という考え方はライン型資本主義の土台となっているので、それを凌ぐ勢いの強烈な個人主義とは共存できないのである。株式投機に対する不信のまなざしや、遅々として変化のない幹部の昇進プラン等は、時代遅れである道徳観念の匂いがする。社会保障や労働者にたいして確保していることが自慢の安全も、ヒーローや冒険といった生活にたいする流行りの夢とまったく合致していない。」と指摘して、社会が市民に与える安定性（病気、失業、家庭崩壊等の災害からの防衛）、社会内不平等の是正（最下層への援助）、社会の解放（市民が社会経済の階級を昇っていくための可能性）などの点で、ライン型資本主義の優位性が存在するにもかかわらず、それらが評価されにくいことを論じた。そして、「ライン型より、ネオアメリカ型のほうが非効率であることがわかってきたこの時期に、……ライン型が後退を始めている」と慨嘆した。しか

し、ライン型資本主義諸国には、①社会が比較的平等であること、
②共同体の利益が、個人の利益より価値があるとされ、企業、自治
体、協会、組合等が保護し安定をもたらす機構になっている、が特
色として存在することから、「社会民主主義の従兄ともいえるもの
であるから、超自由主義の感性とは真っ向から衝突する」ともいえ
る。しかし、多国籍企業に典型的なように、2つの資本主義を総合
させる方向も重要という整理をしている点も興味深い。アルベール
はその著の最後で「ネオアメリカ型は、現在のために、断固として
将来を犠牲にする」ので、「アメリカ合衆国よりも優れたヨーロッ
パ合衆国を創ろう」と締め括っている。

図表2-5　ヨーロッパ型資本主義の多様性

	特徴	対象国
自由主義国家	個人の収入を審査して福祉を給付。全員への福祉給付はしない。社会保障費の受け取りは少額。個人の自己資金による福祉設計を公的福祉が補完。	アメリカ、カナダ、オーストラリア サッチャー時代のイギリス
集団帰属主義的福祉国	家社会保障費の受け取りを法の規定で確約。公的福祉制度が教会などの社会的パートナーによる福祉と合体していることが多い。	ドイツ、フランス、オーストリア
自由放任型だが集団帰属主義に傾斜	本来の社会原理は自由主義型。1997年以降、労働党政権下で集団主義的国家へ傾斜。	1997年以降のイギリス
社会民主主義的国家	全員への福祉給付原則を採用。高水準の福祉。社会的改革を政府が目標として強調。個人の収入の多寡と今後の収入増加見通しによって福祉給付の水準を段階的に決定。	北欧諸国 サッチャー政権以前のイギリス

出所：福島清彦『ヨーロッパ型資本主義』2002年、p.57。

（2）資本主義の三つの段階

　アルベールは資本主義を大きく三段階に時代区分する。第一段階は、18世紀末に始まる「資本主義の最初の段階」とは、市民革命後に「専制国家の従来の支配に対抗するために商業と産業の自由をうち建てた」「国家に対抗する資本主義の時代」である。第二段階は、19世紀末に始まる「資本主義の第二の時代」とは、「初期の資本主義の厳しさに人間味を加えようと努力した」「国家の枠組みの中での資本主義の時代」である。第三段階は、20世紀末に始まる「資本主義の第三の段階」とは、「あらゆる場所での国家の力を避け、市場が自由に動き、社会が創造的エネルギーを発揮できるようにする」「国家の代わりとしての資本主義の時代」であると言う。そして、「今われわれは、『資本主義の第三段階』に入ったところである。国家の代わりとしての資本主義の時代である。実際にすべてが始まったのは1980年、サッチャーとレーガンが、ほとんど同時に選挙に出た時であった」と言う。

　かつて、私たちにとって資本主義の三段階論といえば「原理論・経済政策・現状分析」の三段階論であったが、現状分析の時代を1980年以降とすれば、なぜネオアメリカ型の資本主義が優位になっていくのか、資本主義の第三段階とはどんな時代なのかを現状分析してみれば、アラン・コッタの『狼狽する資本主義』においても同様であったが、それは情報化と金融化と国際化の進展に特徴づけられているとアルベールは言う。「金融界の論理は二つある。一つは、国家や国境は無視して広がっていくものであり、つまり国際化の論理である。金融には、国内市場は狭すぎてもう間に合わない」「金融のグローバリゼーションは、超リベラル資本主義を普及させる」

「先進国の経済が世界的規模で動くようになって、国家はゲームから締め出されてしまった。政府の方針が何なのかは無関係なのであり、国家に社会的政策を期待しても、ほとんど見込みはない」。[20]

　1980年代アメリカでレーガンが大統領になって新自由主義を始めた。そしてフランスではミッテランが大統領になって、地方分権や自主管理や社会的経済セクターをもって資本主義の代案を創りだすかと思われた。しかし、ミッテランの国有化政策は失敗し、然も世界でも最高レベルの社会保障の下で老人が余裕な退職生活を送ることができるが、社会保障制度の赤字は増し、福祉切り下げの提案に対して、労働者は大規模なデモやストライキを頻発させている。アルベールが言うように、資本主義が第三段階に入ることによって「自らが危険な存在になったこと」は否定できないが、その中でフランスは、1986年以降、公共企業の大幅な民営化計画を打ち出し、EC統合＝「ヨーロッパの公的権威に保護された市場社会経済、つまり一種の連邦組織を作ることではなく、単に統一された市場を作ること」をすすめてきた。

　おそらく、EU（ヨーロッパ連合）への道、統一通貨と統一された市場を作ることは、資本主義の第三段階におけるヨーロッパ諸国の道なのであろう。最後にアルベールは「一つの資本主義の形態から別の資本主義へと移って行くとき、必ず、想像を越える深い変化が伴ってくるものだ」「ネオアメリカ型は、現在のために、断固として将来を犠牲にする」「選択の道は二つある。その一つは---彼らの運命が、基本的に何にかかっているかを理解することができず---決意をしない道だ。もう一つの道は、欧州合衆国を建設していく道だ。アメリカ合衆国より優れたヨーロッパ合衆国を創ろう」と言う。[21]

　福島清彦の指摘によれば、多くのヨーロッパ人は、アメリカのよ

うな市場原理主義をヨーロッパが採用してはならないと考え、アメリカとは異なる社会モデルを守り抜くために欧州統合を推進し、ヨーロッパ人にとって欧州統合は、ヨーロッパ型資本主義を堅持し、アメリカ型に変わる一つの世界標準として確立するための重要な戦略としての意味を持っている。[22]

　ミシェル・アルベールによれば、「資本主義対社会主義」の戦いが資本主義の全面的な勝利に終わった跡に見えてきたのは、資本主義内の分岐・対立である。アメリカを中心としたアングロサクソン型経済とヨーロッパを中心としたアルペン型経済とに資本主義を細分化し、冷戦時代には模糊としていた資本主義の系譜を明快にして論じた。前者は、個人の能力と努力の差によって貧富の格差は拡大し、後者では共同体的平等主義が極端な格差を押しとどめる。アルベールは、前者こそが徹底的な効率性・経済合理性を追及するにもかかわらず、後者が明らかに経済実績において優れていると評価し、親近感を寄せている。アルベールはフランス人であるが、大きくドイツ対アメリカという図式を用いながら、フランス資本主義のアイデンティティを問い直すというのが本来の目的なのだろう。[23]

Ⅲ．資本主義の進化と多様化

　現在、市場原理で動いている資本主義の国々では、国内でも国際間でも、所得格差の問題などが発生するのである。従って重要なことは、市場原理の適用範囲を無制限に拡大することではなく、自国と世界との調和がある発展という目標に向けて、そして市場原理を機敏に要領よく活用していく知恵であり、制度づくりな態勢であ

る。しかし、各国ごとに資本主義の有り方は異なっているし、そして各国の歴史によって資本主義のあり方も異なるのである。過去20世紀のテーマは資本主義か社会主義かであったが、今日21世紀を通じるグローバルな基本テーマは資本主義のあり方である。これは資本主義各国にとって重要な研究課題になるともいえる。

　資本主義のあり方は、決して不動の状態、固定された状態にあるわけではなくて、きわめてダイナミックな形で変化していくというものである。前述のミシェル・アルベールが指摘したように、「資本主義対社会主義」の戦いが資本主義の全面的な勝利に終わった跡に見えてきたのは、資本主義内の分岐・対立である。アメリカを中心としたアングロサクソン型（さらにはネオアメリカ型-米国、カナダ、英国）経済とヨーロッパを中心としたアルペン型（さらにはライン型-ドイツ、スイス、日本も含む）経済とに資本主義を細分化し、冷戦時代には模糊としていた資本主義の系譜を明快にして論じた。

　では、東アジアの資本主義の発展には儒教の影響はどうとらえたらよいであろうか。東アジアの儒教型資本主義の経済発展はおもに儒教文化に負っているとする金日坤[1992]の説である。彼の議論の要点によれば、科学と技術の進歩に支えられた経済発展によって構築された近代の欧米文明は、欧米の個人主義文化によって作られた。文化とは人間の集団的な能力、思想、価値観であり、文明はその文化によって作られたシステムである。システムとしての資本主義とその経済論理が普遍性を持ったとしても、個別性或いは特殊性としの文化が異なれば、その資本主義の論理は抵抗なく根を下ろすとは限らない。欧米のシステムを受容し学び実行に移すためには、それを実行に移す集団的能力＝文化が必要である。

　また、レギュラシオン学派は、基本的に資本主義が矛盾している
という立場に立つ。にもかかわらずマルクスが予言したように資本
主義が崩壊しなかった理由として暗黙的な調整（レギュレーショ
ン）を認識する。資本主義はひとつではないと異を唱える。製品市
場競争、賃労働関係、金融部門、社会保障、教育の各セクションの
相互作用をクラスター分析することを基本とし、政治学、経済学、
社会学を横断的に資本主義諸国を分析する。下記のように五つの資
本主義モデルを類型化する。[24]

①市場原理型資本主義:アングロサクソンモデルとも言われる。
　金融部門の発達による民間保険項目の充実であるが、福祉国家
　を不要とする。

②福祉国家型資本主義:北欧モデルとも言われる。金融部門の未
　発達が福祉国家の必要性を促進する。また賃労働関係における
　同一労働同一賃金と福祉国家による積極的労働市場政策をとる
　が、雇用の流動性を促進する。製品市場競争における貿易依存
　度の高さは、安易な賃金上昇を回避するための同一労働同一賃
　金へと繋がった。

③コーポラティズム型資本主義:大陸ヨーロッパモデルとも言わ
　れる。金融部門の未発達に対して、中程度の福祉国家と中程度
　の雇用保障で対応する。

④自営業型資本主義:地中海モデルとも言われる。金融部門の未
　発達が強い雇用保障を促進する。強い雇用保障が大企業におけ
　る雇用拡大を阻害するため、自営業者の増加を促進する。

⑤大企業型資本主義：アジアモデルとも言われる。金融部門の
　未発達に対して大企業が終身雇用の提供と福祉国家の代行(企
　業福祉)を促進する。株式市場が非活性なことは、株主が企業

　　経営から排除されることを推進し、これが上場企業の長期戦略
　　(終身雇用等)を可能にした。また、社会保障の未発達は個人貯
　　蓄の増大を促し、これが間接金融による株式市場の不活性を促
　　進する。

　21世紀の資本主義のあり方とは、とりわけ今日の世界各資本主義
国の特徴はどうであろうか。まず比較的同質な発展段階や発展水準
が似た国別グループ内でのそれから分析すべきではないのであろ
う。世界各国を大分類するならば、多様な分類がありうるが①先進
資本主義諸国（又は主要OECD 諸国）、②移行経済諸国（旧又は残
存の社会主義諸国）、そして③開発途上諸国（これ自体が多様で
あって、第3世界・第4世界、アジア・アフリカ・ラテンアメリカ）
の3区分については、一般的である。図表2-6のように中国・日本・
ドイツ・アメリカの資本主義がもつ特徴を整理してみた。

IV．むすびにかえて

　資本主義の形態は、決して固定された状態ではなくて、きわめて
ダイナミックな形で変化していくというものである。結論において
いくつかの点を次のように整理した。まず、危機を繰り返して資本
主義が衰退していくという一方的な論理ではなく、危機ごとに大き
な変化を起こして資本主義が変容していく。第二、経済のグロー
バル化は現実ですが、一方では政治の分野は、ナショナルなレベル
にとどまっている。そういう意味では、デモクラシー問題の矛盾が
存在する。第三には、金融による経済成長の問題である。金融によ
る経済成長は可能かというと、それは経済が好況と不況を繰り返す
ような大きな不均衡を引き起こしていくことになる。そして第四に

図表2-6　中国・日本・ドイツ・アメリカの資本主義がもつ特徴

	中国	日本	ドイツ	アメリカ
技能	国家固有の技能/一般的技能	企業固有の技能	産業固有の技能	一般的技能
技能育成	学校教育デュアル・システム	企業内教育訓練	デュアル・システム	学校教育
生産組織	国営事業と企業の技術者中心	多能工中心のフレキシブルな生産	熟練工中心の高品質生産	管理者・技術者中心の大量生産
雇用	短期雇用/長期雇用	長期雇用	長期雇用	短期雇用
労使関係	強い国営事業	弱い企業別組合	強い産業別組合	弱い産業別組合
賃金	職種別賃金	企業別の年功賃金	職種別賃金	職種別賃金
外部資金調達	銀行借入/株式・社債の発行	銀行借入	銀行借入	株式・社債の発行
銀行との関係	長期的で密接/短期的	長期的で密接	長期的で密接	短期的
企業統治	所有者による統治	経営者による統治	経営者と従業者による共同統治	株主による統治
株式の所有者	機関投資家と個人/法人	法人	法人	機関投資家と個人
株式保有期間	長期的/短期的	長期的	長期的	短期的
公的福祉	大きいが職業別格差がある	小さい	大きいが職業別格差がある	小さい
公的福祉不足の補完	家族と国による福祉サービス	家族と企業による福祉サービス	――	市場による福祉サービス

出典：八木紀一郎・宇仁宏幸『図解雑学・資本主義のしくみ』（ナツメ社）一部修正

は、人間の基本的なニーズと現実の資本主義が充足するニーズとの間に矛盾が生じてきている。それは究極的には人間中心的な経済成長の概念の必要性に行きついていく。

　さらに、現代自由民主の社会に於いての状況であるが、20世紀後半の情報革命からもたらされたコンピューターとインターネットによる知識と情報が普及し、ネットワークで以ってすべての人が自由にアクセスしやすくなっていく。つまり透明性が強まっていくと、従来そうした知識や情報が一部の人だけ握られていたのが、今は迅速で国境なく広く広まるようになる。しかし、こうした知的な財産が共有されていくことで、かえって社会主義的な面も強まってくるという矛盾が存在する。これこそデモクラシー（民主主義）の問題である。自由市場的な経済成長は、一般の賃金生活者が政治的な代表権、投票権を持って政治に参画し、政治的な権利、経済的な権利を民主社会においては獲得することが可能であったが、いま今日の問題は、代表制民主主義が衰退して弱まっているというのが先進各国の特徴であり、政治的なエリートと庶民、民衆の間にデモクラシー(自由と平等)という価値観の乖離が起こってしまっている。

　山田鋭夫『さまざまな資本主義-比較資本主義分析』の解説に拠れば、われわれはアマーブルが設定した2つの軸に、「資本原理」と「社会原理」とでも呼びうる人類社会＝人類史の2大原理を読みとることができる。前者は自己増殖する価値の運動世界であり、これは自らを普遍化し世界化しようとする。後者は人間と自然との物質代謝と社会的連帯の世界であろう。Polanyi（1957）を引き合いに出せば、「経済的自由主義の原理」と「社会防衛の原理」に相即する。前者は革新と不安定の世界であり、後者は安定と停滞の世界だ

ともいえる。歴史的個体としての資本主義では資本原理が圧倒的に優位に立つにいたったが、それでもなお社会原理が死滅したわけではない。資本主義を含めて人類社会は、この両原理の対抗と補完の弁証法のうちに律動をあたえられてきた。[25]

　資本主義の研究において、経済学では制度面、経営学では組織の観点から分析されることが多いが、真の問題解決のためにはマクロの制度と組織のルールの両レベルからの変革が必要であり、両観点からの考察が重要である。本論の資本主義研究は、英米型資本主義を全面に否定するのではなく、現在の資本主義の再構築を目的としている。アメリカの会社は全て不健全な経営に陥っている訳ではなく、アメリカおよびアメリカ企業を批判することでもない、英米型資本主義と言われている1970年代から普及した市場万能主義・株主至上主義のもたらす弊害を分析し、日本型の経営とアメリカ型の経営から学ぶことにより、資本主義の再設計の方向性を明らかにすることを目指す。

　ギデンスの「第三の道」は24ヵ国語に訳され、大反響を生んだ。それは、市場原理の本質をよく理解したうえで、市場原理の力が強まる時代に、なおかつ「人間の顔をした資本主義」を作っていくには何が必要かについて、一つの思想的な方向を示した著作だったからである。古典的な社会民主主義と市場原理主義を止揚したものが「第三の道」であり、資本主義と社会主義の中間に「第三の道」があるということをギデンスが明確したものである。

　ギデンスによると、古典的左翼と市場原理主義の対立は、冷戦時代の東西対立の世界を前提とした社会思想の対立であった。政府の力を信じ、政府の需要管理と規制力を強めようとするか、政府を小さくしてあとは市場で自然均衡に任せた方がよいと考えるか

が、左翼と右翼の違いであった。左翼は弱者や貧困者への福祉充実によって所得格差を減らそうとしたが、右翼は所得格差の拡大や失業者の増加もそれが市場の自然な作用によるものであれば是認した。

　これに対して、古典的な左翼と右翼の欠陥を克服した「第三の道」は平等と自由を重視するが、まず個人が自立し、責任を自覚したうえで、民主政治に参画していくことを求める。そのうえで、新時代の資本主義の精神の中心は、民主的な家庭から始まり、個人の自立と家庭の擁護、民主化のさらなる推進、市場の活用と抑圧によって、分権化を進め、透明度の高い政府を作っていくのが「第三の道」であるとする。

　この論理体系は儒教の教えである「修身斉家治国平天下」をさせるものであったが、個人の自立と強い家庭づくりが新しい社会の基本になることを指摘している点は、地球的な視野で行動する国民形成をはかるのが、新世紀の第三の道であると重要な意味を持つのである。

　現実には企業は歴史的経緯によって制約されており、経済合理性のみに基づいて設計されているというわけではない。合理的制度に向かって発達してきた結果として現在があると考えることには無理がある。それぞれの社会で固有の条件があり、それに即して制度化されていったと考えた方がよい。もちろん、社会の間で相互に交渉が始まると、文明要素としての会社制度が伝播し、より効率的な生産をもたらす制度に収束していくケースも存在する。そのために、企業制度が徐徐に高度になると考えることが可能であるわけだが、それだけで説明できるわけではない。その社会の固有性と世界的な共通性をかんがえなければならない。

図表2-7　ギデンスが描く新しい市民社会の構図（歴史的経緯）

古典的左翼 （社会主義または社会民主主義）	市場原理主義 （サッチャー主義またはネオ・リベラリズム）
1. 社会・経済生活に対する国家の全面的干渉 2. 市民社会に対する国家の優位 3. 集団主義 4. ケインズ型需要管理と企業中心主義 5. 市場の役割制限（混合経済または社会的経済） 6. 完全雇用 7. 強い平等主義 8. 包括的な福祉国家が揺り籠から墓場まで市民を保護 9. 直線的な近代化 10. 生態系への低い関心 11. 東西対立の世界に安住	1. 最小限の政府 2. 市民社会の自治 3. 市場原理主義 4. 道徳的権威主義と強い経済的個人主義 5. 労働市場は他の市場と同様、自然均衡 6. 不平等を甘受 7. 伝統的ナショナリズム 8. 安全網としての福祉社会 9. 直線的な近代化 10. 国際秩序に対する現実的把握 11. 東西対立の世界に安住

新世紀の市民社会 （第三の道、The Third Way）	
基本的な価値観	**政策目標**
1. 平等 2. 弱者の保護 3. 自己統治としての自由 4. 責任のない権利はない 5. 民主主義のないところで当局の権威はない 6. 世界的な複数主義 7. 哲学的には保守主義	1. 急進的な思想を持つ中心部 2. 新しい民主主義（敵のない国） 3. 活発な市民社会 4. 民主的な家庭 5. 新しい混合経済 6. 包容力のある平等性 7. 積極的福祉 8. 社会資本に投資する国家 9. 地球的な国づくり 10. 地球的な民主主義

出所：福島清彦『ヨーロッパ型資本主義』2002年、p. 180。

　制度として見ると、現在の会社制度に至るまでにおそらく四つの重要な制度的飛躍があったといってよい。一つは古代に始められた共同出資である。大規模な投資の場合に十分な資金を確保できるために成立したものであり、多くの地域で自然発生的に行われた。第二の制度的飛躍は、法人の成立である。多くは中世において、自然人ではない社会システムが集合的に財産を保有したり、契約の当事者となることができるような制度が発明された。三番目はの飛躍は有限責任である。出資者は出資の範囲だけの責任負担をすればよいという制度は、大規模な資本を集積することを可能とする。第四の飛躍は特許主義から準則主義への移行が株式会社の普及に寄与したことである。[26]

　この枠組みが成立したことによって、会社という枠組みが世界を変えていった。制度としての枠組みだけではなく、規模の拡大によって、産業社会は「豊かな社会」を実現していく。しかも、国際市場が成立して、自由な企業活動が容易に国境を越えるようになる。国境の中だけで経済行為が完結していた状態から、国際市場での企業活動が増大するようになると、国際資本としての性格を帯び、国民国家の利害とは関係なく行動するようになる。この状態で、国民経済という概念が次第に揺らいでくる。このように、国を超えた国際市場が成立しており、それがどこの国であっても許されるという状況にあると、それぞれの国の企業制度がある程度の共通基盤を持たなければならない。その意味では、国際市場における共通の枠組みが設定されなければならないが、それをどのように設定するかは依然として不透明である。国際的なルールを作ろうとすると、それまでの各社会で発達してきた制度の差異を調整する必要に迫られる。

　グローバル化が急速に進展するなかで文化の多様性を認めつつ、社会・経済システムの「ファームウェア」とでもいうべき会社制度を構想していくためには、こうした視座からのアプローチも求められていくべきであろう。

【注】

(1) 「グローバル企業」Globally Integrated Enterprise(GIE)とは、グローバル化する世界に対応するための企業の新しいビジネスモデルである。2006年IBMのCEOサミュエル・J. パルミサーノが使用した用語で、従来の多国籍企業モデルを変革するものとされる。パルミサーノは企業による国際化の対応モデルを、以下の3段階で説明した。

　　国際企業(International Corporation)：19世紀のモデルであり、大半の機能は本国の本社に集中しており、海外の子会社は現地での販売や現地特有の製造など一部機能のみ行う。企業のリソースは、本社中心である。

　　多国籍企業(Multinational Corporation、MNC)：20世紀のモデルであり、各国の子会社がある程度の自立性と各地域固有の機能を持ち、本国の本社機能は共通機能に絞られる。企業のリソースは、多国籍（マルチナショナル）である。各地域での市場、顧客の要望、文化などへの対応力が向上し、世界レベルではサプライチェーン、購買、人事などの事務管理部門で相違や重複が発生したり、世界レベルの対応の遅さなども発生しうる。

　　グローバル企業(Globally Integrated Enterprise、GIE)：21世紀の企業に求められるモデルであり、世界（地球）全体で一つの会社として全体最適化を繰り返す。企業のリソースは、グローバルである。企業の各機能は、コスト、スキル、環境などにより地球上のどこにでも配置でき、また変更できる。この新しい企業組織では、全てが結合され、仕事は最適な場所に移動できる。このためには知識・情報などの地球規模の共有が必要だが、ITによって実現できるとする。

(2) 「比較制度優位」という論点は、国際競争下における優位産業ないし産業特化という角度からではあるが、システム比較を再びマクロ・パフォーマンス比較へと連結させる試みでもあろう。それゆえVOCアプローチは、パフォーマンス（統計）―システム（制度構造）―パフォーマンス（比較優位）の円環のうちに、各国の類型化を志向していると言えるかもしれない。比較資本主義分析の対象である主要OECD諸国の比較をめぐって、その何を比較すべきかに関して、研究上の関心

は歴史的に変化してきた。最も原初的な、そしてきわめて妥当な出発点は、経済パフォーマンスの比較であろう。かつて青木昌彦が「実物的局面に関する比較経済体制論の代表的な方法は、統計的手法に基づくものであろう」と述べた。代表的な指標としては、GDP、1人当たりGDP、生産性、経済成長率などがある。それによれば1人当たりGNPの各国間関係は観察条件のいかんで変化し、確定的な方向を見出せないという。

　生産性であれ生活水準であれ、一般にこれらの計量的比較は、対象とする国や時期の範囲をどうとるかによって、収斂化が検出されたり発散化が検出されたりしており、普遍妥当的な歴史法則としての収斂化ないし多様化のトレンドは論定されていない。というわけで、比較資本主義論の関心は定性的比較へと重点を移すことになり、いわゆるシステム比較へと移行する。ここに「システム」とは、広くは「メカニズム」（レギュラシオン的用語でいえば「蓄積体制」に近い）と「制度」（同じく「制度諸形態」「調整様式」に相当）を包含していようが、事実上は制度ないし制度構造に力点が置かれる。つまり一国の資本主義ないし国民経済が、すぐれて諸制度の集合として、有機的に絡みあった諸制度の総体として表象されたうえで、各国の相互比較と類型化が試みられてきたのである。

　このシステムは、しばしば「制度的枠組み」「制度構造」とも呼ばれているが、いずれにしも比較資本主義分析はシステム比較ないし制度構造比較へと分け入ることになった。そういう視角からする代表的な研究潮流としては、比較制度分析（Aoki 2001）、資本主義の多様性（VOC : varieties of capitalism）アプローチ（Hall and Soskice 2001）、ガバナンス・アプローチ（Crouch and Streeck 1997）、レギュラシオン・アプローチ（Amable2003；Boyer 2004）などがある。

(3)　ミッシェル・アルベール『資本主義対資本主義』(1992.5.25 竹内書店新社) アルベールの書物は、その邦訳が2008年に新装版で出版されたように、原著は1991年の出版ながら近年注目を浴びている。

(4)　「公益資本主義研究について〜21世紀にふさわしい資本主義の再設計〜健全な企業経営と公益」東京財団政策研究部2010年2月。

(5) 国際為替市場で中心に扱われる通貨のことをキーカレンシー（基軸通貨）と言う。基軸通貨としての機能を果たすには以下の条件が必要とされている。軍事的に指導的立場にあること（戦争によって国家が消滅したり壊滅的打撃を受けない）、発行国が多様な物産を産出していること（いつでも望む財と交換できること）、通貨価値が安定していること、高度に発達した為替市場と金融・資本市場を持つこと、対外取引が容易なこと。歴史的には、イギリス・ポンドやアメリカ・ドルが基軸通貨と呼ばれてきた。第二次世界大戦後はアメリカがIMF体制の下で各国中央銀行に対して米ドルの金兌換を約束したことおよびアメリカの経済力を背景に米ドルが名実共に基軸通貨となった。欧州単一通貨・ユーロが将来的に米ドルと並ぶ基軸通貨に成長するとの見方もあるが、2009年現在では対外取引の80%以上が米ドルで行われていることから、実質的な基軸通貨としての地位は揺らいでいない（ユーロは約10%）。

(6) 2000年にEU首脳はサミットにおいて、リスボン宣言またはリスボン戦略と呼ばれる戦略的な政策目標を設定しました。これは、「2010年までに、欧州において、より良い職業をより多く創出し社会的連帯を強化した上で、持続可能な経済成長を達成しうる、世界中で最もダイナミック、かつ、競争力のある知識経済を発展させる」という目標を掲げたものです。現在、欧州は科学・技術にもとづいた社会経済の再生をしようとしています。実際にEUは2010年までに域内総生産に占める研究開発投資の割合を3%に引き上げることを目標としています。

(7) 重田澄男『資本主義とは何か』青木書店1998年。資本主義の基本性格を追究する。

(8) 「いまやすべての人びとが、生活や所得で同一の水準になければならないとか、競争の決勝戦において同一線上に並ぶようにしなければならない、……このような『結果の平等』は明らかに自由と衝突する」（Friedman［1980］、邦訳206ページ）そこで、「社会保険制度を次第に解体していけば、人が雇用を求める意欲を減退させるように機能しているこの制度の効果を消滅させていくことになり、結果的により多くの雇用が発生する。したがって、国民所得も、現在よりは増大する

ことになるであろう」（Friedman［1980］、邦訳197ページ）。

(9) 山田鋭夫『さまざまな資本主義-比較資本主義分析』藤原書店　2008年と『比較資本主義分析とは何か』東京経大学会誌　第259号を参照。

(10) 今村（2007：465-7, 531-3）は、平等と等価という2つの正義（同等性）概念を調停し統合すべき概念として、「公正（衡平）」としての正義という概念を展望し、また歴史的に検証している。それは「等価が生み出す格差を解消し、等価の正義の実質を質的平等へと限りなく近づけて、2つの正義の事実的同一化をはかること」とされる。こうして今村は、「量的等価性を質的同等性へ接近させること」のうちに人類史の羅針盤を置く。

(11) ハイエクは現在20世紀を代表するリバタリアニズムの思想家の一人とみなされているが、本人は古典的自由主義者 (classical liberal) を自称し、「自生的な秩序においては、個人の私的領域を守る必要がある場合にのみ強制は正当化されるのであって、強制的に個人の領域を侵害することがあってはならない」と述べている。

(12) 資本主義というからには、資本をどう定義するかにかかっている。問題なのは、資本というのは、会計的な概念だと言う事である。しかも、会計的概念にも期間損益主義と現金主義とがあり、資本は、期間損益主義から派生した思想だと言うことである。会計的に資本を言うと資本は、出資金と利益からなる。故に、資本主義においては、利益と資本の定義が根底を成すのである。

(13) マルクスは、資本主義の抱える矛盾を指摘し、資本主義は崩壊せざるをえないと論じた。しかし、レギュラシオン理論は、資本主義の矛盾的な性格には同意するものの、その矛盾にもかかわらず資本主義が一定期間安定するのはなぜかということに関心を持つ。その際、レギュラシオン理論では、安定した時代の資本主義における合意や制度に注目し、分析を行うのである。このような認識は、「市場均衡」に関心を集中してきた新古典派経済学とは大きく衝突するものとなっており、新古典派とは対照的に、レギュラシオン理論は、「制度諸形態」に焦点をあて、資本主義の動態を解明する。

　レギュラシオン理論ではマルクス経済学の立場を継承し、経済は賃

労働関係を重要な柱とする生産体制（「蓄積体制」）により規定され
ると考える。ただし、マルクス経済学においては下部構造である「蓄
積体制」に応じて、社会保障制度・経済政策といった上部構造である
社会制度が一方的に規定されると考えるのに対して、レギュラシオン
理論においては、ある蓄積体制は、その蓄積体制に応じた経済・社会
制度（「調整様式」）が成立し、その調整を受けることで初めて十分
に機能すると考えられており、蓄積体制と調整様式の関係は相互的な
いしは補完的である（ただし、蓄積体制が経済におけるもっとも本源
的な要素であるとする立場には変わりは無い）。これは政府の機能を
重視したミハウ・カレツキやケインズ経済学の影響によるものと考え
られる。

(14) ベンサム『道徳および律法の諸原理序説』山下重一訳、中央公論社
「世界の名著」38巻1967年。

(15) 宮嵜晃臣「米主導のグローバル資本主義の終焉と日本経済」2009 年10
月24日、第2回檀国大学・専修大学合同研究会にて発表した報告（経
済理論学会第57 回大会報告用に寄稿した予稿「解体する米主導のグロ
ーバル資本主義下の日本経済」2009年9月）を参照。

(16) 加藤榮一『現代資本主義の福祉国家』、ミネルヴァ書房　2006年。

(17) フランスのミシェル・アルベールは、著作『資本主義対資本主義』の
なかで、現在の資本主義の型を米・英のアングロサクソン型と北欧・
独・日などのライン型とに大別し、アングロサクソン型は短期収益、
株主、個人の成功を優先するのにたいし、ライン型は目標における長
期的考慮、資本と労働を結びつける社会共同体としての企業を優先す
る。現在、ライン型と日独型もアングロサクソン型化しつつあるよう
であるが、イギリスの社会学者ロナルド・ドーアは、日独型の長期的
な資本の関わり方や取引関係のもち方も経済発展に有効であるとして
いるが、もっとも大切な国全体の技術革新システムについて、「アメ
リカ型では才気あふれる大学院生と個人的な利益追求に明け暮れるベ
ンチャー企業とベンチャーキャピタル、その成果を実現化する株式公
開によって、技術革新が進められる傾向があるのにたいし、日独型で
は大企業の研究開発、資金供給、商品化によって技術革新が進められ

る傾向がある。どちらの型が優位性を示すかは分野によって違うであろうが、一回限りでなく積み重ねられた学習と発明がものをいう分野では日独型が勝るのではないか」と述べた。

(18) 1986年、マクドナルドがイタリアに進出し、ローマのスペイン広場に1号店を開いたが、アメリカ資本のファストフード店に対する反発は大きく、この際に起こった反対運動が、伝統的な食文化を評価する「スローフード」運動に発展した。やがて食文化のみでなく、生活様式全般やまちづくりを見直す動きに広がった。

(19) 社会的市場経済（Social market economy）は、経済思想もしくは経済政策のひとつ。資本主義による市場経済を基本としつつも、国家や政府、公企業といった公共セクターによる社会的な役割を重視することを特徴とする。具体的には中間層や中小企業の自立支援、所得再分配、失業対策としての完全雇用、住宅（特に公営住宅）供給、各種社会福祉・社会保障充実などの政策が挙げられる。なお、中国の社会主義市場経済とは似て非なるものだが、改革開放政策（特にその初期）の参考にされたとも言われる。

(20) アルベールは資本主義が社会発展に貢献することができるのは、国際法の規則と倫理にしたがうという状況の基で可能であると伝えている。

(21) 実際にこの論文の後、1993年にマーストリヒト条約が発効となり、欧州連合(EU)が設立された。EUの統一通貨としてユーロが1999年に仮想通貨として導入、2002年に現金通貨として導入された後、2008年金融危機やその後のEU加盟国(スペイン、ポルトガル、ギリシャ、イタリア、アイルランド)の債務状況など問題は多々あるにせよ。

(22) 福島清彦『ヨーロッパ型資本主義』講談社現代新書2002年、p. 59-60を参照。

(23) 彼が主張する資本主義のベースにあるのは工業化社会である。工業主体の産業構造のみ着目したならば、日本もドイツも国土や資源の問題を考えると国家的プロジェクトで工業化社会が戦後復興の第一義であったろう。フランスをはじめとしたラテンの国々やさらには中南米、アフリカは必ずしも資本主義＝工業社会ではない。農業や水産業も含めて資本主義を問い直すとき、さらなる大切な核が見出せる。

(24) レギュラシオン理論（仏 théorie de la régulation）とは、1970年代にロベール・ボワイエ、ミシェル・アグリエッタのようなフランスの官庁エコノミストたちによってつくられた経済学の理論。レギュラシオン理論の文脈における「レギュラシオン」は英語と異なり「規制」の意味ではなく「調整」の意味で用いられている。ここでいう「調整」は労使間の賃金交渉（個人交渉／団体交渉）、年金・医療等の社会保障、政府による裁量的財政・金融政策といった、社会全体を通じた経済主体間の利害調整のあり方を示しており、政府による「規制」のみを単純に示すものではない。「レギュラシオン」を「規制」ととらえ、「規制緩和」に反対し、政府による「規制」を重視する立場とするのは誤解である。

　　レギュラシオン理論ではマルクス経済学の立場を継承し、経済は賃労働関係を重要な柱とする生産体制（「蓄積体制」）により規定されると考える。ただし、マルクス経済学においては下部構造である「蓄積体制」に応じて、社会保障制度・経済政策といった上部構造である社会制度が一方的に規定されると考えるのに対して、レギュラシオン理論においては、ある蓄積体制は、その蓄積体制に応じた経済・社会制度（「調整様式」）が成立し、その調整を受けることで初めて十分に機能すると考えられており、蓄積体制と調整様式の関係は相互的ないしは補完的である（ただし、蓄積体制が経済におけるもっとも本源的な要素であるとする立場には変わりは無い）。これは政府の機能を重視したミハウ・カレツキやケインズ経済学の影響によるものと考えられる。

　　この考え方で1920年代〜1960年代の資本主義を俯瞰し、1920年代までは熟練労働・低賃金・生産部門生産中心を特徴とする「外延的蓄積体制」が、自由競争市場を前提とした「競争的調整様式」によって調整されていたとする。

(25) 資本原理と社会原理の対抗と補完という、この社会＝歴史認識は、今村仁司が『社会性の哲学』に遺した最後の言葉と響きあう。今村は「贈与体制」と「交換体制」を対比しつつ、それぞれにおける正義を「平等」（存在そのものにおける同等性＝相互扶助）と「等価」（不

平等の枠内での量的同等性＝成果と功績に応じた配分）として抽出する。そのうえで今村が、「これまでの諸社会は……2つの正義（平等と等価）を何らかの仕方で結合してきた」「人類史は図式的にいえば贈与と交換の組み合せの運動であった」「人間の社会……は2つの相反的原理を構成要素として含んでいる」（今村2007:465, 450, 546）と語るとき、われわれそこに、資本的なもの（等価原理）と社会的なもの（平等原理）の対抗と補完という社会＝歴史認識を読みとって然るべきであろう。山田鋭夫「比較資本主義分析とは何か」東京経大学会誌第259号を参照。

(26) ジョン・ミクルスウェイト、エイドリアン・ウールドリッジ著、日置弘一郎・高尾義明　監訳『株式会社』講談社 2006年。日置弘一郎・高尾義明の「解説」p.255-264を参照。

第三章

東アジアの文化的位相と中華思想の変遷

Ⅰ．東アジア文化圏と管理思想の伝統と革新

　現代のアジアは、冷戦後のイデオロギーの権威喪失や情報・商品等の世界的同時化を受け、伝統的な「国民国家のあり方」や「国民としての自己認識」が揺らいでいる。現代アジア論では、アジア内部から出された西洋文明へのナショナリズム的な対抗言説としての非西洋的価値、すなわちアジア的価値―儒教文化像を拠り所としてきた。とくに、1980年代～90年代半ばにかけては東アジア共通の議題であるかのように、「儒教文化圏」（または「漢字文化圏」）を中心概念として議論が展開された。[1]

　そこでの儒教文化圏論の特徴は、個人主義・法律万能主義が問題になった西欧社会に対する西欧知識人内部における問題意識を土台とした「アジアの一貫性」というオリエンタリズムに基づいて発生した点であろう。儒教文化圏論の問題は、M・ヴェーバー『プロテスタンティズムの倫理と資本主義の精神』のアジア版として儒教を東アジア諸地域の社会的環境のなかに合目的的に読み込んでいった点にあった。

　そのマックス・ウエーバーの東西宗教比較に基礎を置く「欧米とアジアの文化的差異」の視点から100年―今や、東アジアは世界の加

速的経済成長のモデルにとどまらず、世界の工場および巨大市場となっている。それを可能にした台湾・韓国・日本および改革解放後の中国等の「東アジア諸国企業文化」比較研究が活発となる。成長著しい東アジアの成長要因には数多くの論点が論議されてきたが国家開発独裁（政府主導型経済政策）と並ぶ重要な視点である社会組織原理（儒教文化）の論究が最優先されてきた。「儒教倫理と経済発展」という設定～儒教と経済発展との関係が結びつけられる時、アジア的経済合理主義を生み出すエートスの問題を社会科学のレベルで捉え直そうとする動向が主となった。これは、かつてM.ウェーバーが西欧近代資本主義成立期にみた経済合理主義にかかわる宗教の役割（社会システム再構築における民衆の精神構造の役割）の問題にも通じるものであろう。

　ただ、従来の儒教文化圏研究では、儒教文化が東アジアの近代化・資本主義経済発展に効率よく働いた理由（近代化を促進する儒教文化）として扱われ、最大なる特質である儒教文化の権威主義的政治システムや官僚制度の硬直化などの問題に対する視点や分析は十分であったであろうか？さらに、研究プロセスにおいて、次第に東アジアに宿る儒教文化なるものが必ずしも一様でないことが確認されて儒教文化圏という概念そのものが文化類型の区分として適用可能な一般的モデルたりえない、という主張もあらわれる。すなわち、儒教文化圏（漢字文化圏）論は東アジアの文化類型論としては不十分であるという共通認識の発生である。[2]

　同時並行的に、97年のアジア経済危機を挟み、東アジアでは儒教文化圏を基盤とする経済共同体もアジア基金の一つも作れず、一体、東アジア＝儒教文化圏とは何か？という問題提起とその虚像イメージから脱却して新しい視点からの構想が主張されるに至った。

ここでは80年代の東アジア＝儒教文化圏という抽象的な概念ではなく、中華思想と周辺諸国に分有されたシステム（中華思想分有）によって東アジアを説明する論理設定がみられるようになる。ここから東アジアの文化圏としての未熟性とその対立構図を説明される。儒教文化圏に代わる中華思想分有論である。

　本章は、東アジアの現代的位相をアジア華夷思想、中華思想分有論、儒教文化圏の三つのレベルから検証する。そして、究極は東アジア文化圏の同質性と差異性の論点からアジア諸国比較研究であり、その比較研究を通じて企業文化のグローバル化と地域の特殊化の意味を問う。80年代の儒教文化圏研究と最近の新たなるアジア文化圏研究の動向をふまえて改めて東アジア地域における「制度と文化」の外在性（グローバル化）と内在性（特殊化）について検証したい。それは筆者のアジア的管理思想（アジア諸国の企業制度と経営理念）研究に関する展開の部分をなすものとなろう。[3]

II．80年代東アジア論と儒教文化圏の研究視座

　今、なぜアジアなのか？そして、近代における「東アジア文化圏」とは？さらに東アジアの地域の経済的・社会的発展の文化的同一性とはいかなるものとして規定できるであろうか？中国・朝鮮半島と日本およびインドシナ半島ベトナム地域は、地理上の概念だけではなく、共に東アジアを形成する一つの文化圏を形成してきた。この東アジア文化圏では漢字文化や儒教精神といった共通要素を持ちつつも、それぞれ異なった要素を持っている。[4]本章では東アジア文化圏の成立と発展および諸地域における文化の異同一般と儒教資本主義について考察する。

（1）東アジアの位相

「東アジア」という一国を超えた広域な地域について歴史や文化を検証する場合、文化圏形成の要因の検討が不可欠であろう。「東アジア文化圏」を提唱した西嶋定生教授によれば、東アジア文化を構成する要因は四つである。すなわち、中国に起源する①漢字文化、②儒教、③律令、④漢訳仏教、である。[5] そして、東アジア文化圏とは究極的には漢字文化圏である、と指摘する。北東アジア～これらの地域では、漢字を媒介にして学術文化・制度・思想の伝播、儒教思想、政治制度としての律令、漢訳仏典に基づく仏教が浸透していった。孔子に始まる政治理念（儒学）および家族道徳を規制する思想体系＝儒教を何らかの形で受容してきたのである。

東アジア文化圏＝漢字文化圏の規定は日本・中国はともかく、現在の韓国・北朝鮮・ベトナム等の諸国を見る限り異論があろう。まず、この点に若干ふれておこう。

朝鮮半島では、朝鮮固有のハングル語が一般書籍、新聞、雑誌等はもちろん日常生活レベルにおいても使用され、漢字を用いることは稀である。このハングル語も15世紀中葉に表音文字として創製され公布されたもの、といわれているが、その後も公的文書はすべて漢字・漢文で表記されてきた。公文書にハングル語が使用されるのは1894年以降である。[6]

ベトナムもローマ字表記が一般化されつつあるが、東南アジア大陸部の言語の多くが、通常インド文化の影響を強く受けているのに対して、現代ベトナム語は例外的に日本語・朝鮮語・チワン語などと同様に中国語および漢字文化の強い影響を受けている。ベトナムにおいてベトナムのローマ字表記もこの地にカトリックの布教が

始まる17世紀末（フランス統治）からといわれ、かつ使用者もごく一部の者であった。一般人にローマ字表記が普及するのは20世紀になってからであり、正式に国語を表記する文字となったのは第二次大戦後（1945年）以降である。それまでは公文書すべて漢字であった。今でも語彙の60％は漢字語であり、新聞論説・学術雑誌の記述は漢字表記が70％を超えるといわれている。[7]

　このように、現代では漢字を使用しなくなった朝鮮半島やベトナムにおいても漢字文化（漢字を媒介にして学術文化・制度・思想の伝播、儒教思想、政治制度としての律令、漢訳仏典に基づく仏教）のなかでの長い歴史を生きてきたことが理解できる。ここに漢字文化圏としての地域性を東アジア文化圏と位置づけることも無理のない考え方であろう。

　東アジアを冠してこの地域の歴史や文化、すなわち文化的同一性を主張する試みは、特に70年代後半以降におけるアジアNIES諸国および80年代中葉からのASEAN諸国の台頭（経済成長率）によって活発になる。欧米先進工業国の経済成長を遥かに凌駕しつつあるという現状認識からの東アジア社会への関心が高まった。同時に、これまで近代化＝資本主義化にとって否定的要因と捉えられてきた東アジア文化圏としての「儒教文化」が経済発展の要因として再評価されたのである。[8]

　アジアの文化的近似性によって「アジア型資本主義」なる特質をさぐる手段として儒教文化圏の定義が必要となった。西欧型資本主義システムに対置するアジア型資本主義を儒教資本主義として把握することが従来の社会科学のレベルで可能であるかの試論である。この試論はウエーバー的経営資本主義とは異質な資本主義をなす儒教文化圏（日本および成長著しいアジアNIES諸国そしてASEANおよ

び中国）における「経済制度」と「企業文化」の接点をみつける作業
となった。

　東アジア社会および儒教文化圏における非経済要因、すなわち、
中国・日本およびアジアNIESの経済発展に寄与するところの精神
構造が注目しはじめた。なぜ、20世紀末において東アジア〜儒教文
化圏のみが経済発展を遂げ、その成長率も欧米先進諸国のそれをは
るかに凌駕する勢いを見せたのか。そこでは、儒教の倫理観と秩序
維持の文化が個人主義的欧米型資本主義文化をシステム上で優位に
作動するプロセスで近代西欧に生まれ、世界をリードしてきたキリ
スト教文化に基礎を置く西欧型資本主義経済デモルの終焉と儒教型
資本主義経済モデル化の提唱となったのである。[9]

（2）東アジアと儒教型資本主義

　現代経済システムの発展モデルまで押し上げた「儒教型資本主
義」とはいかなる特質を有するものとして整理できるのであろう
か。企業文化論として多く議論があるが、ここでは代田郁保教授の
論点を援用して整理してみよう。[10]
　　①国家開発独裁〜経済運営における政府の役割（政府主導型経済
　　　発展）
　　②伝統的集団本位の価値観〜儒教文化の生活観
　　③教育体系における独自性〜和の精神と平均的人材の育成
　　④競争の原理と共生の原理の融合
　第一点の「国家開発独裁」〜政府主導型経済モデルは個別企業の
自助的努力により経済発展を遂げてきた西欧型資本主義に対してア
ジア諸国の儒教型資本主義では経済政策として政府主導力の強さは
歴然としている。アジア諸国の輸出志向型工業化戦略は国家レベ

ルでの戦略であるが、この政府主導の戦略実行には「徳ある者」
（官僚・政治家）に方針に従う、という儒教文化が極めて有効に作
動した。

　次に、第二の集団本位の価値観である。家族を社会構成の基礎単
位として地域・企業・国家へと個を自制して「集団」に高い価値観
をおくことである。同時に、この集団主義的志向は全体主義へ導か
れるものではなく個は対象（組織）との心理的一体化によって自己
存在を認識する、いわば、「自己認識の場」として全と個は高い次
元で価値が統合されている。企業という機能結合体も儒教文化圏で
は一つの生活共同体なのである。

　第三の教育体系の独自性は、「結果の平等」を模索する中で、か
つての「中国科挙」にも似た激しい受験戦争による立身出世主義が
展開されると同時に、一方では教育体系そのものが究極には「人間
集団の生活能力」が最も尊重される人材教育である。

　第四に、「競争の原理と共生の原理の融合」は、まさに儒教文化圏
に固有な精神文化から生まれたものである。欧米的自助精神では、
社会ダーウイン主義進化論のごとく自然競争原理に勝ち残った者
（経営者）は競争に敗れた者（労働者）を支配・管理するのは当然
であり、競争原理は「能力の優劣」を証明する「土俵」である、と
する。ここでは競争原理は自然原理として神聖化される。一方、ア
ジア儒教文化圏では企業間競争による合理性・効率性を徹底追求し
ながらも、個人間（労使間）では相助性・共生性が強く相互依存の
意識が高く作動する。これらの儒教社会の一般的構図を列挙すれば
次のごとくである。[11]

図表3-1　儒教社会の一般的構図（特徴）

```
（イ）社会においては「権利」より「義務」に中心的重きがおかれる。
（ロ）「法の支配」よりも「人間もしくは徳による統治」に重きがおかれる。
（ハ）時には過酷な競争をともなうほどに「教育」に重点がおかれる。
（ニ）「過去と現在」が鋭い一体感でとらえられている。この一体感により長期
　　　的な献身にすべての人の注意を喚起する。
（ホ）「物質的な所有物や蓄積」より「人間性ある社会と秩序」に高い価値観を
　　　置く。
（ヘ）経済・技術・科学に対するユニークな認識―技術の実用化への高い関心。
　　　すなわち、科学的な大発見に対する興味よりもロボット学に見られるよう
　　　な多様な技術の融合の可能性に多大な関心を示す。
（ト）実用的に制度を運営したり、問題に対応するための改革姿勢に優れて
　　　いる。
（チ）西洋化と個人主義に結び付けられる「精神的汚染」の害悪を避けることに
　　　深い関心が寄せられる～全と個の統合問題。
```

R‐リトル／W‐リード『儒教ルネッサンス』より（一部修正）

Ⅲ．アジア的資本主義と儒教文化管理思想への再認

（1）儒教の宗教性と礼教性

　価値システムとしての東アジア儒教型資本主義はその原点たる
「儒教の教義」がどのように受容され、生かされてきたのであろ
うか。

　しばしば、儒教は倫理・道徳としてのその礼教性が強調され、宗
教性については無視されてきた。儒教ではなく儒学としての捉える
方法である。しかしながら、上記に挙げたような東アジア諸国にお
ける文化的近似性を鮮明にするには礼教性とともに人々の心の深層
に生きる宗教性を把握する作業が必要用件となろう。

　つまり、儒教の「礼教性」のみに儒教文化の経済発展を起因させ

ることは表層的な把握の仕方となり、社会構成の本質を理解できない危険性を孕む。なぜならば、一般論的に指摘される「礼教性の儒教」＝礼教性的規範は今日のアジア社会では形式上崩壊したとみてもよいからである。現代の中国・台湾・韓国・日本を見渡しても国家への忠誠心は実質的にもはや存在しないし、戦後の民主化過程でのアジア的個別主義（欧米的個人主義ではない）浸透によって「組織本位」価値観は若者を中心にほぼ解体しつつある。[12]

　にもかかわらず、上記のごとく東アジア諸国が一つの文化圏として儒教文化の位置づけが可能であり、伝統的「集団本位」の価値観（共同体思想）を共有し、現代企業の経営理念として家父長制的な「秩序・和」をはじめ儒教の礼教性が強く支配している。その他、社会の隅々に儒教倫理を体現させた制度や慣行が根強く残存している。かかる情況もひとつの儒教的礼教性に映るものであろうが、その礼教性を支えている基礎は人々の心に生きる儒教の宗教性である。[13]

　アジア的合理主義の特質を権威主義と統合シンボルの存在という二点から捉え、その接点を再認しておこう。東アジア諸国の経済システムにおける成功を社会組織原理によって説明する論旨がある。日本研究で有名なR. ドーア（R. Dore）の見解もその一つであろう。[14]その核心は権威の正当性＝儒教的権威主義の土壌を有する東アジア社会では相助共生的で組織＝集団への依存心が強く、かつ帰属意識が強い。この共同体的思考によって後発的工業化過程における急速な20世紀型産業技術の導入に際しても効果的利用ができた。組織内「権威」への信頼は組織効果のみでなく企業間取引費用の軽減にもなり、国際競争力の強化にも寄与したという見方である。とりわけ儒教文化のリーダーたる日本はその成功の機関車的存在である。

　では、アジア共通の文化的価値とは？それは儒教権威主義とアジア的合理主義であろう。「徳ある者」への尊敬（信頼と依存）および集団主義志向の中での「相助共生」の論理は西欧社会（キリスト教社会）とは異質なアジア的合理主義を生み出す。一見、非合理な思考と行動が、実は合理主義を生み出す高い価値を有している。すなわち、個人が社会（組織）との心理的一体化によって自己存在証明を獲得するプロセスで全と個が統合機能を果たす構図である。

　この構図は明らかに欧米社会とは異なる精神文化を共有している。まさに、現代儒教の本質は「権威主義と統合シンボルの存在」という接点に見い出せるであろう。[15] 儒教権威主義が社会システムとして威力を発揮するのに必要なのは統合シンボルの存在とそのシンボルとしての権威者への信頼である。この点について検証しよう。

（2）儒教権威主義とアジア的合理主義の本質

　西欧的キリスト教社会では、権威とは個人の「内なる良心」である。直接に自己の良心（神）と対決しながら自己の行動を決定し、自己の行動を審査する。そこには精神の「自律」が極めて大切とされる。[16] したがって、社会関係形成原理もその権威の偉大さの評価が個の内なる自由で他人に頼らずその人だけのものであるような「個」（個人）が前提となっている。つまり、原罪という人間性への不信（信頼は神との関係のみ）が根底にあり潜在的な利害衝突は避けられず契約等の近代法手続によって「休戦」という形式が一般であり、権威の正統性は近代的法手続に依存しなければ生まれ得ない。M.ウェーバーによれば、真の権威とは自己の「内なる良心」ゆえに国家であれ、指導者であれ神によって造られた地上的なもの、いわゆ

る被造物の神を神聖視し、その権威を盲目・偶像崇拝する姿勢は退けられるべきものである。[17]

　一方、儒教社会では人間性善説（天道観）に立脚する故に社会関係形成は相助共生的である。自己の存在認識は神との関係での自己内部にあるのではなく、対象（人間・組織・集団）との心理的一体化である。それ故、自分より何らかの卓越性（シンボル的にも）を有していると信じれば、その個人・組織への依存心を高め、その依存心は信頼に転化する。権威者が仁徳であると認めているかぎり権威の正当性は維持され、ある種の信頼関係を構築する。ここから、儒教という伝統を社会基盤とする東北アジア社会では後発ゆえ急速な大量生産型産業技術の導入・定着に際しても、また技術面からの企業組織変革も極めて融合的に成功を収めることが可能であった、と総括される。[18]

　権威主義秩序は儒教的権威主義へと連なる。儒教権威主義とは儒教そのものの教義ではなく、儒教文化なる精神構造に深く根ざした倫理観を意味する。前述したごとく、儒教精神の本質は「書籍」を通じてひたすら教養を高めていくなかに「道に従う」人間を理想像として完成させる。そして、家から始まり国家に至る共同体思想は権威主義体系維持思想でもある。西欧近代型知識を前提にした教育制度のもとで点数主義選抜システムが整備され、競争原理が整備される。この登竜門を突破したエリート達による国家支配が強固に確立する。その原形は中国の科挙（官吏採用制度）であることはいうまでもない。[19]

　現存秩序を遵守すること〜「道に従う」儒教倫理の儒教権威主義と選抜方法として客観的普遍知識を最優先させる西欧社会をモデルとして競争原理とが結びつけられ、その選抜方法こそ社会階層格づけである。ここに、東アジアの競争原理の端りがあるとともにアジ

ア的合理主義をみることができる。つまり、一方では統合シンボル
としての権威主義体系があり、他方では近代西欧合理主義と科学的
知識を重んじる教育体系という一見矛盾にみえるシステムを見事受
容する生き方である。[20]

　この「現存秩序の遵守と道に従う」という倫理観こそM. ウエー
バーによれば歴史の変革作用に寄与しないアジア的宗教観である。
新しい社会の構築をめざすことのない停滞する社会モデルである。
だが、日本の工業化過程だけでなく、東アジア諸国の資本主義発
展においても儒教的倫理が「国家目標を短期間に実現させる最善
な道」となったのである。80年代後半より、東北アジア（韓国・台
湾・香港）の市場システムは「成長加速型市場システム」と評さ
れ、今やそれらは第三世界諸国にとっては発展途上国の経済近代化
＝経済発展パターンの一つのモデルとさえ捉えられている。

　国家主導＝政府政策に依存する国家開発独裁[21]は一般に発展途上
国においては非競争的既得権益集団が支配的な産業組織を形成して
しまう。つまり民間経済主体による競争的な経済組織は生成しない
ケースが多い。政府の産業政策と民間経済主体の旺盛な活力という
組み合わせが旨く融合して機能するか、が最大のポイントなのであ
る。東アジア諸国はまさにこの点に成功を修めた。

　国家という経済主体を中心に、国外には閉鎖的でありながら国内
では競争的市場システムをダイナミックに定着させるシステムが構
築できたのである。かかる全体の発展と個の発展を統合する精神風
土こそ儒教文化の特質であろう。[22]このような社会組織的特性はま
さに後発発展型および追い上げ型経済成長過程における国家・政府
の行政指導における有効性と必要性と絡ませて考えれば実に効果的
な風土であり、また的確な選択肢であったのである。

（3）「全と個の統合システム」としての組織原理

　東アジア諸国の経済的成功の要因には東北アジア＝儒教文化における社会基盤（社会組織）と国民の底流に流れる精神基盤としての儒教権威主義（指導者への信頼と競争的集団主義）が大きな潤滑油の役割を挙げなければならない。政治リーダーや官僚がめざす国家的目標と個人の動機づけに整合性を持ち得たのである。ここが西欧的個人主義とも身分的階層制や土地拘束制に縛られた他の低開発地域（イスラム世界や東南アジア）とは大きな相違点が認められる。[23]

　しばしば、アジアにおける政治未成熟性が指摘される。民主主義の未熟性である。しかし儒教精神に起因する一種の権威主義、「徳ある者」への信頼と依存は一見、主体なき人間像に映るが極めて賢明なる合理性の選択なのである。アジア的合理主義である。東アジア地域は二度にわたる外圧（19世紀西欧技術の導入過程および20世紀国家存命の危機）に直面したがそれはまさに東北アジア儒教文化が経験した父権的権威主義の危機であった。[24]

　それ故、この父権的権威主義という社会秩序を維持するためにも資本主義システムに固有な多くのリスクを私的企業に単独に負わせるのではなく、国家による保護政策のもとで経済発展＝国家開発独裁をめざすことになったのである。儒教文化経済の共通事項として、この権威主義と価値観の一元化は欧米の個人主義社会とは一線を画する。

　企業リスクの軽減と長期的企業成長の視点を持ち合せた企業間関係、いわゆる系列化も欧米型資本主義システムからみれば、マイナス要因なる市場システムとなろう。「継続的取引」による実質的な

企業グループ化によって一種の「弱小企業の保護」〜これも父権的権威主義による企業系列化である。そこには、欧米型市場システムにみられる企業間の競争市場メカニズム（例えば、大企業の部品調達に際する部品メーカーの入札など）はほとんど機能しない。欧米諸国からみてアジア市場が閉鎖的と映るのは製品輸入制限などの市場閉鎖性とともに、この商社・銀行を中心とする企業系列化（日本）や同族企業グループ（韓国）による生産過程における市場の閉鎖性である。

　西欧近代の視点からすれば儒教文化の社会組織原理は自立的個人の確立というイメージには程遠く、政治の民主化より経済の効率化が先行する前近代的組織原理であろう。だが、アジア社会での政治的未成熟[25]は儒教精神を中心として社会での諸個人の動機づけは抑圧されたものではなく、集団的価値志向のなかで個人は社会（組織）との心理的一体化により高い次元で統合されているのである。つまり、「相助共生」の論理である。

　したがって、個人主義的西欧型（キリスト教型）資本主義とは別のアジア型合理主義的資本主義が儒教文化に興隆してきたとみるべきである。そして、かかるアジア的資本主義は制度金融と株式市場という資本主義経済システムの、いわば「近代的センター」[26]を西欧諸国から発展モデルとして摂取・導入してきた点て共通性を持つと共に、この近代センターに地下金融や旧態依然とした前近代的慣行が融合するなかで政官財一体による「開発独裁」の社会発展パターンをとってきた点にも共通項をみることができる。

　したがって、成立過程から自然的市場原理はシステムとして重点が置かれず、企業集団＝企業グループが経済主体として独自な産業界の競争を展開させてきたのである。[27]この実態こそ、コーポー

レート・キャピタリズム（企業資本主義）として制度化された市場メカニズムのなかで成長加速的市場システムを構築させてきた内実である。

図表3-2　キリスト教社会と儒教社会

欧米キリスト教型社会	アジア儒教型社会
権　利	義　務
法による統治	人治・徳治による統治
物質的豊かさ	精神的豊かさ
競争と改革	権威と秩序
現在と未来	過去と現在
技術の開発	技術の実用化
個人主義	集団主義
評価一結果主義	評価一動機主義
機会の自由・平等	結果の自由・平等

Ⅳ．中華思想の分有と現代アジア文化の様相〜儒教文化圏と冊封体制

（1）東アジア文化圏研究の新たな課題

　儒教文化圏研究は80年代後半〜90年代前半にかけて二つの儒教研究の新しい視点を生み出した。第一の新視点は、従来のような「教義や学説の歴史的解読に見られる儒教」だけでなく、「当該社会の文化構造（社会制度）としての儒教」研究である。これは儒教文化の経済発展への寄与、いわゆるエートス問題である。第二の新しい視点は、オクシデント発のオリエンタリズムすなわち西欧からのアジア研究ではなく、アジア内部からのアジア論である。[28]アジア自身

のアジア論では、冷戦後におけるイデオロギーの権威喪失や情報・商品等の世界的同時化を受けて、国家・国民像の揺らぎに対応するために自らの国家および自己認識の場（拠り所）として「儒教」が論じ始めた。[29]

　従来、儒教や漢字を共有する諸国家によって構成される「東アジア世界」においては文化的にも政治的にも優越する中国が「中華」（華夏）として中心的位置を占め、諸国家の関係は中国を頂点とする上下秩序（冊封体制—冊封朝貢秩序）によって規律されると思考されてきた。それゆえに各国のナショナリズムの意識は希薄である、といわれてきた。[30]その東アジア世界は近代に至り〈西洋の衝撃〉に晒される。だが、より優越的な西洋文明の圧力に直面する過程で自らの「中華意識」の克服を迫られ、かつ西洋諸国の圧迫に対抗する過程で中国をはじめとする東アジア諸国においてもナショナリズムの自覚が漸く誕生したのである。[31]

　1980年代後半からのアジアNIESに加えて、1990年代には中国が改革開放政策後における目を見張る「大規模かつダイナミックな経済発展」、そして、その中国の急成長は周辺諸国—ASEAN諸国の経済発展を促すことになる。かかる東アジアの、その急速な成長と国際的地位の向上によって21世紀は、まさに「アジアの世紀」となるという有力な意見が多く提示される。いわゆる東アジア文化論—新たなる儒教文化圏経済発展論である。とりわけ、欧米諸国の東アジア経済研究では儒教文化圏との関連で大々的に論じられた。

　だが、最近の論調は多少異なってきた。実はこの地域の包括性をなすものが儒教文化そのものではなく、儒教を副次的要素とする「中華思想」の分有—「中華思想共有圏」—という概念であることを明らかにする論調である。そのことによって、オリエンタリズム

の陥穽からの脱出を図る、という視角である。これらの視角から、従来の東アジアを儒教文化圏と位置づける見方に対して、全面的な再考を求めているのである。

　70年代後半から80年代後半にかけてアジアNIES（新興工業経済地域）が隆盛の途上にあった頃、欧米に端を発する「儒教文化圏」論が日本を始めとする東アジア諸国に流布された。このオクシデント発のオリエンタリズムは東アジア諸国民にわずかばかりの矜持を与えたのである。しかし、儒教文化圏論はその後、速やかに退潮した、と批判が強まる。中華思想分有論については次節で取り挙げるが、儒教文化圏退潮説はいかなる理由によるものか……？果たして、儒教文化圏仮説は是なのか、非なのか。儒教がアジア世界の近代化の桎梏であったという伝統的見解が再び浮上しつつある。

　それには東アジアの社会的現実が寄与している。アジアNIES諸国の経済発展と同居するかのように儒教国家・北朝鮮の経済的低迷を説明しえない点、さらに儒教精神の中核である庶民蔑視、職業軽視、親族中心主義などは東アジアの近代化に利するはずがない経典をどのように理解するべきなのか？[32]文化的同一性（共通性）を有する地域であるならば、相互の文化交流がこれほどまでに困難にさせている理由は何か？儒教文化なる地域の差異性への関心を生起させる。

（2）東アジアと中華思想分有論

　東アジア論における最近の論議では、80年代に鼓吹された東アジア＝儒教文化圏という抽象的な概念ではなく、中華思想と周辺諸国に分有されたシステムから東アジアを説明する論理設定がみられるようになる。いわゆる中華思想分有論およびアジア華夷思想論であ

る。[33]今日の、東アジアにおける対立の構図（不調和）には必ず過去の日本帝国主義侵略行動に求める単純な見解が多いが、実は東アジア特有の国際関係は「華夷秩序の思考」に起因があるという中華思想分有論および華夷思想が有力となっている。[34]

　究極には、東アジア文化論の中核には儒教思想ではなく、華夷思想によって説明する流れが浮上する。「華夷秩序」とは中華思想の核心である。すなわち、黄河流域では他の地域に先んじて文明が発達した―そのために、この黄河文明の担い手たちは周辺の諸民族を文化的に劣ったものとして見下した。さらに、これらの周辺諸民族が黄河文明の担い手であった漢民族とは違った文化をもっていたこともこの見方を促進・増進させた。このために漢民族は自らを「華夏」と呼び、周辺の諸民族を①戎（じゅう）、②蛮（ばん）、③狄（てき）、④夷（い）などと呼んで周辺の諸民族を卑下した。自国中心主義の思想である。

　さて、ここでの中華思想論の中心は、歴史的展開過程で中華思想に基づく華夷秩序の原理が中国だけではなく東アジアの国々にも分有された、という点である。すなわち、日本、朝鮮半島の国々（高麗国・朝鮮国）、インドシナ半島ではベトナムの東アジア諸国はそれぞれ自国中心主義である「中華思想・華夷思想」を持っており、それをプロトタイプとして各自のナショナリズムを形成している。

　東アジアの対立の構図は、しばしば過去における日本の帝国主義的行動（侵略）に起因するという説明が有力であったが、それだけでなく中華思想‐華夷思想が根底にあり、この二重構造から論理展開されるのが通常となっている。二重構造：中華思想という古層の上に新層としての「抗日」民族主義が積み重なったナショナリズムである。近年、東アジア地域では、唯一の超大国アメリカへの反感

から東アジア共同体やアジア太平洋共同体へ形成の期待感を醸成している。しかし、東アジア地域に自然的連帯の条件があると考えるのは幻想であり、むしろ阻害要因としての東アジア・イデオロギーの「現在」を直視することが必要だろう。[35]

　この中華思想分有論の台頭によって、儒教文化圏論は表面上、下火となる。その理由は、研究プロセスにおいて、次第に東アジアにおける儒教文化が一様でないことが確認され、儒教文化圏という概念そのものが文化類型の区分として適用可能な一般的モデルたりえない、という論破によるものである。すなわち儒教文化圏（漢字文化圏）論は文化類型論としては不十分であるという共通認識の発生である。確かに、これまでの儒教文化圏（漢字文化圏）論は文化類型論としては不十分な結果に終わった。

　一方では、97年のアジア経済危機を挟み、東アジアでは儒教文化圏を基盤とする経済共同体もアジア基金の一つも作れず、一体、東アジア＝儒教文化圏とは何か？という問題提起とその虚像イメージが主張される。そして、80年代の東アジア＝儒教文化圏という抽象的な概念ではなく、中華思想と周辺諸国に分有されたシステムによって東アジアを説明する論理設定がみられるようになる。ここから東アジアの文化圏としての未熟性と対立の構図が説明される。

　儒教文化圏論を否定して中華思想分有論を積極的に展開する古田博司教授の論旨から現在の東アジアの思想的位相～中華思想分有論についてもう少し立ち入ってみたい。教授は、東アジア社会を支配する思想を「東アジア・イデオロギー」とよぶ。ここでの東アジア・イデオロギーとは、いわゆる「中華思想」のことを指す。中華思想とは自国を文明の中心と見做し周辺の国や民族を下位の者―野蛮な者とするイデオロギーである。こうした思想は世界の他の地域に

もみられるが、儒教文化圏とよばれる東アジアにおいて典型的にあらわれる。

　中華思想の特色は「礼」であり、「忠」とか「孝」といった儒教的な徳目を表現する「華夷秩序」であり、自国が最も高く他国を低くしとするところにある。この中華思想は、中国だけにとどまらず、周辺諸国にも分有されたところに東アジアの現状がある、と指摘する。[36]たとえば、ベトナムでは15世紀に北国（中国）に対抗する「南国」意識が高まりラオス、カンボジアなどに対する中華思想が広がった。朝鮮では17世紀に「小中華」意識が芽生え、さらに本来、野蛮人である満州族が清朝を立てる（1600初頭）頃になると自分たちこそ（文明的な漢族の王朝）明の「礼」を受け継ぐ「中華」だとの意識（小中華思想）が広まり、日本への蔑視が始まる。彼らにとっては日本の習俗などは悉く礼に反するものであり「夷狄」以外の何ものでもなかったのである。

図表3-3　中華思想の分有

中華思想諸国	時期	意識	観念の思想
ベトナム	15世紀	「南国」（中国―北国）	礼
朝　鮮	17世紀	「小中華」（中国―清朝の満州族）	礼
日　本	江戸末期	「皇国」	豊かな泰平

　江戸後期の日本にも「皇国」思想という形の中華思想が生まれた。しかし、それを支えたのは「礼」の観念ではなかった。夷狄王朝の交代と戦乱が絶えない中国に比して、豊かな「泰平」の御代がつづく日本こそ文明の中心である、との優越意識がその核心であった。平和と経済的繁栄を根拠とする優越意識の日本的特性は今日にも通ずるものであろう。

　「東アジア諸国は、個々が東アジア文化圏の中心であると自己規定し、個々の周囲の民族を夷狄視し、その習俗と文化を侮蔑して近現代に至るのである」そのような東アジア世界において中韓両国から見れば「礼無き野蛮人」であるはずの日本がただひとり近代化に成功し大陸に膨張したことは中華思想イデオロギーからすれば、ありうべからざる現実であった。

　そして、古田博司教授は東アジアにおける中華思想分有論として次のように結論づける。「中国はもとより韓国、北朝鮮、日本も含めて皆、自国中心主義である中華思想を持っており、それをプロトタイプとして各自のナショナリズムを形成している。したがって中華思想をはずさない限り、日本一国のナショナリズムを批判しても間尺にあわないのみならず、ナショナリズムの問題は解決し得ない」。[37]

V．むすびにかえて～
　　東アジア文化圏思想の新たな地平に向けて

　東アジアは、確かに今や現代世界の成長中心地域である。植民地支配からの解放以来の半世紀、苦闘を通じてこの地域諸国は熟練労働力を育成し、企業家的能力を蓄積し、官僚の行政的能力の錬磨を図りつつ今日の繁栄をつくり出す。この東アジア分析においては、その発展をもたらした経済的なメカニズムとは何かの議論とは別にそのメカニズムを動かしてきた人びとの意識や価値観、社会の組織や制度、イデオロギーや宗教、総じてそれぞれの社会の文化と伝統はどのようなものか、に焦点が当てられた。その中心に儒教文化圏論が据えられた。

　ところが、東アジア（北東アジア）は儒教文化圏という同一軌道を持ち合わせながら1997年のアジア経済危機を挟み、儒教文化圏を基盤とする経済共同体もアジア基金の一つも作れず、一体、東アジア＝儒教文化圏とは何であるか？という問題提起と、その虚像イメージが主張されるに至っている。[38]この問題提起（儒教文化圏の虚像イメージ）は、東アジアの文化的位相を「儒教文化」から解明せんとする筆者の今後の大きな課題となろう。筆者の、東アジア文化圏の内在性（地域特殊化）の解明には何より儒教文化の影響を視野に入れなければならない、という認識の点は不動である。

　本論で何度も強調した「徳ある者への依存と秩序維持」という儒教文化の影響は東アジアの国家独裁開発（政府誘導型経済発展）が特定支配者層のみでなく国民生活全体への効果をもたらしたのであるからである。ただし、グローバル化が深化し続ける東アジアにおいて、エスニシティ（Ethnicity）とナショナリズム（Nationalism）の交錯がますます顕著になる状況をみるにつけて新たな文化圏の地平を求めなければならないであろう。[39]

　西欧型資本主義あるいはウエーバー的合理的経営資本主義だけが資本主義の全てではない。同時に、日本型資本主義をはじめとするアジア型資本主義がシステムとして優れているとは限らない。またアジア諸国の経済成長が注目されつつも、制度・文化を基層とした日本型資本主義、韓国型資本主義、台湾型資本主義、中国型資本主義という多様性を認めることが２１世紀における社会科学の任務であろう。[40]その意味で、東アジアの現代的位相を儒教文化圏、アジア華夷思想、中華思想分有論の三つのレベルから検証することは有益であり価値あることであろう。

　さらに、約1世紀前にM. ウエーバー資本主義論の教え─（西欧

型）資本主義の根幹をなす三つのルール―①公正、②自由、③透明性―すなわち資本主義の健全な発展には「禁欲と節制という倫理性」が不可欠であるという分析＝教訓には今後のアジア型資本主義が成長してゆくための「試金石」となるであろう。その時、東アジア世界を統括するのは儒教文化なのか、それとも中華思想分有論なのか、そして、儒教文化管理思想とは、等々、「制度と文化」への接近において重要なキーワードとなろう。[41]

【注】

(1) ここでの東アジアとは、中国・香港・台湾・韓国・北朝鮮・ベトナム・日本の北東アジア地域をさす。同時に共に儒教影響圏という文化共有圏を意味する。すなわち朝鮮半島、日本列島、インドシナ半島のベトナム地域および中国は東アジアの地域名称であるだけでなく、歴史的にコミュニケーション手段としての漢字を共有し、それを媒介にして儒教・律令・漢訳仏教という中国に起源とする文化を受容してきた。西嶋定生教授はこれらの地域を「東アジア文化圏」と規定した。西嶋定生『東アジア史論集　東アジア世界と冊封体制』窪添慶文編　岩波書店 2002、を参照。

　　最近、これらの地域を「東北アジア」あるいは「北東アジア」と表現する場合がある。その理由は、『東アジア共同体』構想のなかでASEAN10カ国＋三国（中国・韓国・日本）という枠組みが浮上する。すなわち、東北アジアと東南アジアを一括して「東アジア」の連続体の地域とみなす考えである。本稿では、地理上の地域範囲だけでなく、儒教文化および漢字文化の両面からの地域として「東アジア」と定義する。

(2) 言語と宗教の違いから中・日・韓の文化の差にどのように反映されてきたのであろうか？李相哲氏によれば、孔子よりこの方、中国には公がない。家を一歩出ればすべては他人事。さらに現代韓国に生きる巫俗儀式、日本は東アジアの新参者。だから柔軟姿勢に終始する、と指摘する（李 相哲『漢字文化の回路―東アジアとは何か』凱風社 2004年、第2章以下）。日本は東アジアにあって曖昧かつ権力はいつも霧の中の構造、最終的には、東アジアで中国漢字文化を受け入れた。漢字文化の影響を受けた韓国と日本を検証している。

(3) 筆者の基本姿勢は、アジア諸国（とりわけ、東アジア）管理思想について「制度と文化」の変動メカニズムという問題設定からアプローチするものである。企業のグローバル化が進めば、スタンダード（基準）へ向かう外在化と地域・文化の特殊性に向かう内在化という二方面のベクトルが働く。この両面を東アジアの企業文化として鮮明にすることが最終目的である。その意味で、本稿は〈アジア的管理思想序章〉

として東アジア諸国に固有な文化システムを確認するものである。

(4)　東アジア文化圏（あるいは「東アジア世界」）と呼称することは日本で
はかなり一般化しつつあるが、アジア諸国ではほとんど使われていな
い。流通性のある言葉（用語）とは言い難いようである。言い換えれ
ば、「東アジア」の規定そのものが国際的に歴史や文化の対象とする
議論において必ずしも「自明な枠組みとはなっていない」（李　成市
「東アジア文化圏の形成」山川出版社、2005、p.2）

(5)　西嶋定生『東アジア史の展開と日本─西嶋定生博士追悼論文集』山
川出版社、2000年その他、西嶋定生『古代東アジア世界と日本』岩
波書店　2000年、を参照。酒寄雅志「華夷思想の位相」荒野泰典他
編『アジアのなかの日本史Ⅴ-自意識と相互理解』東京大学出版会
1993年。

(6)　朝鮮語は15世紀半ばまで自国を表記する[固有の文字]を持たず、口訣・
吏読など〈漢字〉を借りた表記法により断片的・暗示的に示されて
きた。このような状況の下で李氏朝鮮（朝鮮王朝）第4代国王である
世宗（在位1418年～1450年）は朝鮮固有の文字である〈ハングルの創
製〉を積極的に推し進める。その事業は当初から事大主義的な保守派
から猛烈な反発を受けた。1444年に集賢殿副提学だった崔万理らはハ
ングル創製に反対する上疏文を提出した。世宗はこのような反対派を
押し切り、集賢殿内の新進の学者らに命じて1446年に訓民正音の名で
［ハングル］を頒布する。（これらの議論については、塚本　勲『日
本語と朝鮮語の起源』白帝社 2006年、を参照）

　　公文書に初めてハングル語が登場するのは1894年である。1894年に
勃発した日清戦争 の結果、朝鮮が清王朝の勢力圏から離脱すると独
立近代化の機運が高まった。それ以前の開化期には民族意識の高揚と
ともにハングルが広く用いられるようになっていた。1886年に刊行さ
れた「漢城周報」は国漢文（漢字ハングル混用文）であった。ちなみ
に、1896年に刊行された「独立新聞」はハングル専用の新聞であり、
分かち書きを初めて導入した点でも注目される。公文書のハングル使
用は甲午改革の一環として1894年11月に公布された勅令1号公式式にお
いて公文に国文（ハングル）を使用することを定めたことに始まる。

(7)　東南アジア大陸部の言語は通常インド文化の影響を強く受けている
　　　が、ベトナム語は例外的に日本語・朝鮮語・チワン語などと同様に中
　　　国語および漢字文化の強い影響を受けている。現在のベトナムの北部
　　　は秦によって象郡が置かれて以来、中国の支配地域となった。「ベト
　　　ナム（Việt Nam）」は漢字で書けば「越南」であり、「越」は現在、
　　　浙江省周辺にあった国名でもある。広東省を指す「粤」と同音の類義
　　　語でこれらの南にある地域のために「越南」と呼ばれた。しかし、系
　　　統的にはシナ・チベット語族とタイ・カダイ語族ではなくオーストロ
　　　アジア語族に属すると解することが一般的である。この説に従えば、
　　　話者数でクメール語（カンボジア語）を上回るオーストロアジア語族
　　　で最大の言語ということになろう。また、中国語などの言語の影響を
　　　受け、声調言語になった。

　　　　ベトナムでは中国の支配を受けていたためにベトナムの古典や歴史
　　　的な記録の多くは漢文で書かれている。現代語をみても、辞書に登
　　　録されている単語の70％以上が漢字語（"từ Hán Việt（漢越語漢字：詞
　　　漢越）"と呼ばれる）といわれており、これらは漢字表記が可能であ
　　　る。対応する漢字が無い語については、古壮字などと同じく漢字を応
　　　用した独自の文字チュノム（字喃）を作り、漢字と交ぜ書きをするこ
　　　とが行われた。ただ、1919年の「科挙」廃止、1945年の阮朝滅亡とベ
　　　トナム民主共和国の成立などをへて漢字やチュノムは一般には使用さ
　　　れなくなる。これに取って代わったものは、17世紀にカトリック宣教
　　　師アレクサンドル・ドゥ・ロードが考案し、フランスの植民地化以
　　　降普及したローマ字表記「クォックグー（Quốc ngữ、国語）」であっ
　　　た。植民地期にはクォックグーはフランスによる「文明化」の象徴と
　　　して「フランス人からの贈り物」と呼ばれたが、独立運動を推進した
　　　民族主義者はすべて「クォックグー」による自己形成を遂げたため、
　　　不便性と非効率性を理由にして漢字やチュノム文は排除され、クォッ
　　　クグーが独立後のベトナム語の正式な表記法となる。現在、「クォッ
　　　クグー」を公式の表記法とすること自体への異論はまったく存在しな
　　　いが、高齢者や有識者の一部以外に漢文や漢字チュノム文を理解運用
　　　できる人材が少ないため、人文科学、特に歴史研究の発展に不安をも

つ知識人の間には、中等教育における漢字教育の限定的復活論があ
る。ベトナムの儒教的政治体制については、グエン・テ・アイン「儒
教的政治体制と西洋の挑戦〜1874年からのベトナムの場合」『思想 J.
N0.792』（1990.6）pp.272-283、を参照。

(8)　儒教文化の遺産〜アジアの経済発展との関係で、しばしば〈儒教の強
い影響力〉が論じられている。韓国、台湾、香港などのNIESでは、伝
統的に道教や儒教文化が生活規範として浸透している。儒教文化は、
現世の生活の浪費・快楽を戒めて将未の発展のための貯蓄を重視して
いる。ヴォーゲル教授は、『アジア四小龍』の中でアジアNIESの高い
経済成長の要因として、責任感の強い権威主義的なエリート官僚の存
在とそれに従う一般民衆、能力主義による試験選抜システムと、集団
社会の秩序維持システム（集団への忠誠と責任、個人的な行動の予測
可能性）、自己研鎮の目標などを上げているが、これらはまさに儒教
的な影響の遺産と考えられる。長期的な視野から現在の華美な消費を
戒め、貯蓄を重視する、さらに、教育に非常に熱心で勤勉で向上心が
強い、集団社会の人間関係を重視する、などの強い儒教的伝統が、東
アジアの急速な経済発展に密接に関連していた。政府主導で積年の貧
困からの脱出しようと懸命に努力しているアジアの国では、人々の行
動規範はどちらかといえば現世的実利的になる傾向がみられる。

　　人々の意識は、イデオロギーや政治的・民族的・宗教的な対立・葛
藤・紛争に巻き込まれるよりも、より寛大な態度でそれらの融和・調
和による安定・平穏を大切にし、さらに日常的な経済活動をより重視
し、より早く民生生活の安定と向上を図ることに主たる価値を置いて
いるようである。こうした現世的プラグマティックな行動規範は東ア
ジア地域だけでなく華僑の活動を通じてアセアン諸国でも広く見られ
るようになり、これらの地域の高い経済発展の礎になっている。儒教
文化の経済発展に与える積極的な評価に対しては、今後さらに慎重な
検討が必要である。

(9)　1980年代の儒教文化圏繁栄論の代表は、R-リトル／W-リード、バン
デルメールッシュ、金日坤の各氏である。次の書を参照。R-リード／
W‐リトル『儒教ルネッサンス』日経新聞1986、バンデルメールッシ

ュ『アジア文化圏の時代』大修館書店、1987、金日坤　『儒教文化圏
の秩序と経済』名古屋大学出版局 1984年、1990年代における文献と
しては次のものがある。 Rozlan, Gilbert（ed.）"The East Asian Region :
Confucian Heritage and lts Modern Adaptation" Princeton univ. press 1991. お
よび、De Bary、WI. Theore、"East Asian Civilizations : A Dialogue in Five
Stages" Harvard　U.P.press, 1991. Winchester,Silon、"The Emergence of a New
World Culture" Prentice-Hall; 1991。前掲の金日坤教授は1999年に『東ア
ジアの経済発展と儒教文化』大修館書店、を公表している。また、台
湾の儒教文化圏繁栄論（儒教文化と経済発展）について、劉述先『現
代新儒學之省察論集』中研院文哲所、2004年、pp.13-16。

(10) 代田郁保「アジア的管理思想の構図」『管理思想の構図』税務経理協
会、2006年、pp.203-205。

(11) Reg Little and Warren Reed , *The Confucian Renaissance ─ Origins of Asian
Economic Development*　R. リトル／W.　リード『儒教ルネッサンス～アジア
経済発展の源泉』池田俊一訳、サイマル出版会　1989年、pp.90-92。

　なお、近世日本（17世～18世紀）における儒教の思想形成（自己存
在と社会のあり方）に関する言及としては、佐久間正『徳川日本の思
想形成と儒教』ぺりかん社、2007年、が示唆に富み、極めて有益で
ある。

(12) 儒教倫理の価値観と権威主義との結び付きはアジア諸国の古来の文化
的伝統のなかで一枚岩ではなく、かなりの相違も見られる。曾昭旭
『傳統與現代生活─論儒學的文化面相』台湾商務、2003年。

(13)「儒教文化圏では、人々はキリスト教的「唯一絶対神」の恩寵を求め
るという他力本願的発想では生きてはいない。また仏教的輪廻転生の
発想もあるが稀薄である。原感覚による宗教性である」（代田郁保
「アジア的管理思想の構図」『管理思想の構図』税務経理協会、2006
年、p.226　および黄俊傑『東亞儒學史的新視野』財團法人喜瑪拉雅研
究發展基金會、2001年、pp.105-119。

(14) R. ドーア（Ronald Dore）には数多くの著書があるが、ここでは『日本
を問い続けて─加藤周一、ロナルド・ドーアの世界』岩波書店 2004
年、をあげておく。

(15) 「儒教権威主義」とは、儒教倫理が権威主義であるという意味ではなく、本論でも繰り返し整理しているように「徳ある権威者」への信頼を君子の道とするテーゼ（教え）が結果的に指導者への従順となる－この点が権威主義と結び付くことを意味内容としている。

(16) 代田郁保「アジア的管理思想の構図」『前掲書』税務経理協会、p.209。

(17) M. ウエーバーにとって、「日常生活の倫理的合理化」問題は、近代化過程における基礎前提である大衆的倫理革新を意味した。すなわち、民衆意識の内面化として最重要課題であった。（ユンゲル・ハーバーマス『コミュニケーション的行為の理論・上』河上倫逸、M. フーブリヒト、平井俊彦訳、第一部行為の合理性と社会的合理化」第2章「マックス・ウエーバーの合理化論」pp.210-）

(18) 儒教社会においては個々人の知的修養（学問）は、真理を追究し、好奇心を満たすというよりも精神修養の基礎として「家族・国家・天下」を安泰に導くためという倫理的・道徳的な側面を先行させるものであった。そのため、儒教社会では個人は天下国家を構成する基礎単位であるとの認識は希薄であり、家族を複数の人間関係によって成り立つ天下国家の基礎とするという考えが優先される。ここに、国家統治の基礎として家族間の規範や家長による統制を制度化した「家族制度」が生まれる。家族における夫と妻、父子、兄弟等における上下関係、男女の明確な区別がある。下位の者は上位の者に従う―こうして、「儒教の統治原理」―儒教的家族主義の原点が誕生する。

かかる儒教的家族主義が協調や謙譲の精神、目上のヒトへの尊敬、集団のなかでの義務感や自制心などを是とする教育の役割が徹底される。儒教が期待した個人から家族、家から国家、国家から世界への［家族主義］での世界了解の思想は東アジア社会の共通項であろう。理想とは別に、現実には儒教的家族主義は家族により利益独占一族による公権力の私物化のごとく、家族を地域や国家に拡大した利己心への変質など儒教の負の遺産も認められることも事実であろう。つまり、儒教精神は統治の基礎を個人の知的修養（学問・精神修養）に基づく秩序正義を家族主義に置いたために、近代に至るまで為政者（権力

者）によって利用されてきた側面も有する。個人より家族、家族より国家を優先させられた不幸の事例も数知れない程多い。しかし、儒教社会の理想とした世界観は決して否定されるべきものではない。（これらの議論は、串田久治『儒教の知恵』中公新書、2003年、第一章、および曾昭旭『傳統與現代生活—論儒學的文化面相』台灣商務印書館、2003年、を参照）

(19) 中国の科挙〜ここでの原形とは科挙制度が日本や他の東アジア（台湾・韓国・ベトナム）に存在したということではなく、エリート像の選抜方法において中国の「科挙」モデルをみるという意味である。中国の科挙については次の書を参照。宮崎市定『科挙〜中国の試験地獄』中公新書、1991。（本書は、『科挙』中国の試験地獄（改版）中央公論新社 2003年、文庫として刊行されている）。さらに、宮崎市定『科挙史』（東洋文庫）平凡社 1987年、および平田茂樹『科挙と官僚制』（世界史リブレット）山川出版社 1997年。

(20) アジア的合理主義は一見、近代西欧型合理主義とは相容れないといわれる。この点については代田郁保「アジア的管理思想の構図」『前掲書』税務経理協会、pp.212-214を参照。さらに、林啓屏『儒教思想中的具體性思維』台灣學生書局、2004年、pp.282-295。

(21) 東北アジアにおける「成長加速的市場システム」はアジアの社会組織原理＝儒教倫理とは相関関係にある、といわれる。この社会組織原理における儒教的伝統と共に、政府誘導型国家システム＝国家独裁開発は東アジアの経済システム構築に大きな役割を担う。政治エリートや官僚が作成する産業政策への信頼は儒教社会の共通項であろう。柔軟な政治体制と民間資本の連結体システムの確立こそ東アジア型成長加速的市場システムを創り出す。

(22) 儒教の本国中国における伝統儒教および新儒教（Neo-Confucianism）に関する議論はここでは割愛する。次の書が興味ある分析をしている。P. A. コーエン『知の帝国主義〜オリエンタリズムと中国像』佐藤直一訳、平凡社、1988.および黄俊傑『中華文化與現代價值的激盪與調融（一）』財團法人喜瑪拉雅研究發展基金會、2002年。劉述先『現代新儒學之省察論集』中研院文哲所、2004年、pp.127-143。

(23) カースト社会−身分的差別の明確な地域（南アジア）や土地所有の不平等性の地域（ラテン・アメリカ）では国家開発独裁は一部の者への富の分配となり、国内経済の発展には至らなかったことは歴史が証明している。（代田郁保「アジア的管理思想の構図」『前掲書』税務経理協会、pp.214-215、参照）。この点、東アジア諸国において地主層の支配力が国内経済政策過程で相対的に弱かった、と指摘するのはG. ラニス（Ranis, G.）である。G. Ranis and J. Fei, "Development Economics: What Next?" in Ranis and Schultz、(eds), *The State of Development Economics : Progress and Perspective*, Blackwe11, 1988.

(24) 従来から欧米における権威主義の定義とされてきたドイツ的権威主義と、日本的権威主義とは同じ〈権威主義〉という概念を使ってもその中身は大きく異なると考えられてきた。ドイツ人の権威主義はドライな権威主義—父性的・父権的権威主義と呼べるものである。これに対して、日本人の権威主義はウェットな権威主義—母性的、母権的権威主義ともいうべき内容である。すなわち、権威筋が中心となって主宰するウェットな輪—「グループ」（集団・組織）の一員になりたい、権威筋系列の一員でいることで権威筋が優先的に分有される便宜にあやかって身の安全を期したい。権威筋に身の安全を保証してもらい庇護してもらう一方で依頼心や甘えを満足したいという思いが強いのである。ただし、アジア諸国は二度にわたる西欧諸国からの外圧に対する国家存命の危機に際する対応は父権的な権威主義であった。

(25) アジア社会の政治的未成熟についてはさまざまな角度から論じられてきた。この政治的未成熟は直ちに民主化の未成熟とはならない。すなわち、アジア社会においては、近代的個人主義−身分関係から解放された個人ではなく、個人と社会的中間組織ないしは国家との連続性・統一性として捉えられる。この連続性・統一性は国家や組織の全体善を絶対視するものあり、個人の権利をめぐる紛争を国家が解決する法的メカニズム（法の共同体）に基づくものではない。個人は社会制度の単位=出発点にはなく、社会秩序の構成要素とみなされるのである。したがって、欧米的個人主義は「人格と機会の平等および政治的・経済的自由」を前提とする（そこには超越した力=神による制約が

ある）西欧型近代個人主義：individualism―自己利益を無限に合理的に追求する経済人モデルが成り立つが、このモデルはアジア型個別主義（アジア的集団主義）には馴染まないのである。（これらの視点は代田郁保「アジア的管理思想の構図」『管理思想の構図』税務経理協会、2006年、を参照）

(26) 近代的センター（金融システム）は日本を代表的にしてアジア共通項である。銀行支配が公然とするなかで、制度金融や株式市場など近代センターが整備されつつ、一方では地下金融の存在、未公開株の事前「分け前」さらに機関投資家への[損失補填]など証券市場の独自な習性・伝統が融合し機能している後進性は否定できない。後発発展論からする成長加速型市場システムを作り上げてきたアジア資本主義、またその推進役を勤めた間接金融制度自体も大きく変貌しようとしている。

(27) 代田郁保『差異の経営戦略‐企業の存立条件と組織管理』日刊工業新聞社、1991年、pp.56-59。

(28) 従来の東アジア＝儒教文化圏という見方に対して、全面的な再考を求めているのである。では、「中華思想共有圏」とは何か？70年代後半から80年代後半にかけてアジアNIES（新興工業経済地域）が隆盛の途上にあった頃、欧米に端を発する「儒教文化圏」論が日本を始めとする東アジア諸国に流布された。このオクシデント発（Occident～ラテン語で太陽が落ちる所の意―西欧を指す）のオリエンタリズムは東アジア諸国民にわずかばかりの矜持を与え、その後、速やかに退潮した、という立場から儒教文化圏研究への見直しが叫ばれることになる。

(29) いま、改革開放後の市場経済体制－現代中国で経営哲学として儒教思想は蘇（よみがえ）り、経営者の経営理念に「論語」を説く経営者が増えているという報道が多い。中国社会では、共産イデオロギーが国民への神通力を失った今、新たな精神的支柱が求められている。すなわち、改革開放政策－「市場」社会主義での高度経済成長は拝金主義や享楽主義が蔓延して、法治の未熟性も手伝って深刻な道徳荒廃が中国全土を覆っているといわれる。最近の、模倣品（イミテーシ

ョン）問題や杜撰な食モノ管理問題でも明確である。M. ウエーバー
が指摘するごとく市場経済の制度こそ「倫理」が強く求められるので
ある。共産主義思想に代わる国民統合や秩序回復、倫理強化のために
新たな精神的支柱として儒教思想を説く経営者が増えても何ら不思議
ではない。なお、中国政府は「社会主義市場経済」に続く新しい国家
理念（国家像）として2004年以降、「社会主義和諧（わかい）社会」
（Harmonious Socialist Society）を掲げて国家の中心的〈政策理念〉し
ている。

(30) 西嶋定生『東アジア史の展開と日本‐西嶋定生博士追悼論文集』山川
出版社、2000年、pp.28-32。

(31) 近代の衝撃（西欧の技術と制度）と中華思想の変容について古田博司
教授は、〈中体西用〉論—「洋務運動家」〜中国の矜持である「礼論」
を温存しつつ、失われたモノを再奪取する虚構で中華思想を補填、変
容させた、という。（古田、pp.66-69）「このグローバリゼーション
の時代において、しっかりとした国家観を持ち、日本が独自の自主的
な外交路線を明確にするのであれば、東アジア各国のナショナリズム
とそのプロトタイプである中華思想に真摯に向き合い、これを打開し
ていく必要がある。ナショナリズムを悪というのであれば、その最も
強烈な根源は東アジア自身の歴史的個性にあるのであり、地域統合を
妨げているものの正体は即ち、己自らに内在しているのである」（古
田博司『東アジア・イデオロギーを超えて』新書館、2003年、pp.263-
271。

(32) アジアの宗教については有史以来、仏教（大乗仏教と小乗仏教）、
イスラム教、ヒンズー教、キリスト教（プロテスタントとカトリッ
ク）、道教、儒教など実に多彩な宗教がアジアに導入され、現地の
伝統的な社会文化に融合して各国で共存、混在している。しかしなが
ら、韓国ではキリスト教徒が多いが、伝統的に「孝」と「忠」を中心
にした儒教文化の影響が今も強く残っている社会である。それに対し
て中国の儒教的な影響は「仁」と「恕」の重視という側面が強く出て
いるといわれる。東南アジアの中国人社会では仏教の影響が強く、
ASEAN（アセアン）では華僑社会を中心にして仏教徒が多い。さら

に、長い西欧文明の植民地主義的な侵略と苦い経験の中で欧米の植民
地主義的支配に対する反発は共通して強く、それに裏打ちされた共通
のアジア人意識が歴史的に醸成されている。こうした中でアジア地域
は様々な多様性を内に包みながらも、経済活動の相互依存関係を急速
に深めている。

(33) 古田博司『東アジア・イデオロギーを超えて』新書館、2003年、
pp.64-65、古田博司「東アジア中華思想共有圏の形成〜儒教文化圏論
の解体と超克」駒井洋編著『脱オリエンタリズムとしての社会知』ミ
ネルヴァ書房、1998、第2章、pp.39-85。

(34) 最近、再び、中国・韓国で華夷思想が盛んになっている。中国を文明
の中心とする「中華」思想の再考である。華夷思想および華夷秩序の
本質は次のごとくである。李朝・朝鮮では、明を倒した清がそれまで
夷狄と蔑視されたツングース系女真族による王朝であったことから
「李朝こそ『中華』の正当な後継者」とする「小中華」の思想が根付
いた。いずれも日本を東方の蛮夷の国「東夷」と見る。この考えに立
てば、近現代史における日本は「華」の文明を享受しながら、これを教
えた朝鮮を植民地とし「中華」に戦争を仕掛けた許し難い国ということ
になる。対日優位の思想であり近年の反日感情の支えとなっていると
いう。

(35) 東アジアにおける歴史的対立の構図について、古田博司教授は東アジ
ア問題の根は歴史的にきわめて深く日本の植民地政策（韓国・朝鮮）
や侵略戦争（中国）の歴史認識だけでは解決しない、と主張する。す
なわち、「中華思想共有圏」の本質を無視しては問題の解決はあり得
ない。中国の中華思想と周辺国主義が〈東アジアの不協和音〉の原因
である、とするのである。（古田博司『東アジア・イデオロギーを超
えて』新書館、2003年、pp.165-170）

(36) 中華思想と華夷秩序〜中国人が古くから持ち続けてきた民族的自負の
思想である。黄河の中流域で農耕を営んでいた漢民族はその文化が発
達した西周ごろから四隣の遊牧的な異民族に対して次第に優越意識を
抱くようになった。それが戦国時代から秦・漢にかけて、統一国家へ
と向かう時期に思想の次元にまで定式化され、〈中華思想〉とよばれ

る。みずからを夏、華夏、中華、中国と美称し、文化程度の低い辺境民族を「夷狄」（いてき）戎蛮とさげすみ、その対比を強調するので〈華夷思想〉ともよばれる。自国の優越性に対する強烈な自負と自信が中華意識となって結晶したものにほかならないが、それは天下において文化的にもっとも傑出した地理的に中央の地であるとの矜持（きょうじ）である。類似の発想は古代のバビロニア、エジプト、インドなどにも見いだされるけれども、それらと中華意識との違いの一つは王道理論（徳治主義）の介在であろう。王者（天子）の仁政が四方に波及して僻遠の夷狄も〈遠しとして届（いた）らざる無し〉、つまり、ことごとく中国に帰服するはずのものとされるのである。

　華夏の徳を慕って来朝する者は歓迎し通婚をも忌まない、開放的な世界主義（コスモポリタニズム）がある。そればかりか、礼や道義性において夷狄も向上すると、差別を撤廃して華夏社会に受容する。もし優れた華夏文化を身につけ、王道国家の実現に努めるならば出身が夷狄であろうとも華夏の一員として処遇する。〈舜は東夷の人なり、文王は西夷の人なり、…志を得て中国に行うこと符節を合するがごとし〉（《孟子》離婁下）すなわち舜や文王は夷狄ながら華夏として遇され聖人とたたえられている。しかし、王者の居住する王畿（千里四方）を中心にして、その外に500里ごとに甸服（でんぷく）、侯服、綏服（すいふく）、要服、荒服の五服（5地域）を配する（《尚書》益稷）のは、王化が段階的に僻遠に及ぶとする、中華主義の世界観にほかならず、僻遠の地が常にそのような状態をよしとして階層的支配に甘んじ、その文化を敬慕するとはかぎらない。夷狄の中には中国に匹敵する程の強大な国家が現れることもあり、華夏中心の世界秩序をこころよしとせず、朝貢しないだけでなく、反発して華夏の自尊心を傷つけることもあろう。華夏を侮り攻撃の矛を向けようものなら、中華意識はがぜん憤激し排撃的となる。〈夷狄、膺懲（ようちょう）すべし〉の攘夷論に転ずる。華夏は文化的に優越しているだけでなく、軍事においても夷狄を圧倒する大国であるべきなのである。

　だが、華夏の武力が劣勢で夷狄の鋭鋒にたえられない時、また危機や動乱の時代には熾烈な攘夷論がさまざまな形で屈折する。たとえ

ば、南宋は北中国を夷狄の金に奪われ、〈半壁の天下〉を余儀なくさ
れ金の封冊を受けたため、このとき大義名分を唱えて攘夷を叫ぶ声
が高まり、それが儒学や歴史学に大きな影響を与えた。朱熹（しゅき）
（子）も〈万世必報の讐あり〉と夷狄撃攘を力説し、その門流にいたる
まで朱子学派では華夷の弁別にとりわけ厳しい。西嶋定生『東アジア
史論集〜東アジア世界と冊封体制』窪添慶文編　岩波書店　2002年。

(37) 古田博司『東アジア・イデオロギーを超えて』新書館、2003年、
pp.45-62。

(38) 古田博司『東アジア・イデオロギーを超えて』新書館、2003年、
pp.63-113。

(39) エスニシティー（Ethnicity）とは、本来は文化人類学の用語。共通の
出自、慣習、言語、宗教、身体的特徴などに基づいて特定の集団のメ
ンバーが持つ「主観的帰属意識」や「その結集原理」を意味する言葉
である。いわゆる「国民国家（Nation、State）」理念の破綻とアメリカ
合衆国における公民権運動等の高まりとともに、国際政治学や国際経
営学の概念としても頻繁に使われるようになっている。ナショナリズ
ムとの関連ではエリクセン.T・ハイランド『エスニシティとナショナ
リズム』を参照、鈴木清史訳、明石書店、2006年。

(40) 西欧型資本主義と一線を画する儒教型資本主義を「文化論」としてでは
なく、「経済システム」（比較制度分析）として解明することは従来
の文化論に偏向した論議を乗り越える一歩となろう。

(41) 制度と文化〜佐藤郁哉／山田真茂留『制度と文化』日本経済新聞社
2004年儒教文化、わけても徳治主義は古代中国政治の理想モデルであ
る。原始社会では懲罰の概念はなく、もっぱら恩恵と恥辱だけで〈組
織の規律〉を維持したといわれる。すなわち、最大の恩恵（名誉）
は、君主と食事や相談に個別に同席することであり、恥辱（懲罰）は
「仲間はずれ」である。現代中国でのビジネス交渉において宴席が
重要な意味を持つことはよく知られたことである。文化の伝承であろ
う。これらの文化については、王元・張興盛他『中国のビジネス文
化』代田郁保監訳　人間の科学新社、2001「中国のビジネス文化と食
事」の項、pp.84-85を参照。

第四章
東アジアの経済倫理と管理思想

Ⅰ．中国的社会構成原理とその管理実践

　今、われわれに問われているのは21世紀型資本主義のあり方―運営方法―である。極論すれば、資本主義の経済倫理の問題である。元来、資本主義は利潤の無限追求のメカニズムを基礎に自由なる経済主体による競争が出発点である。かつ、その利潤が絶えず新しい資本となる無限の資本蓄積となる。マックス・ウェーバー（Max Weber）は、このような論理は人間生活からみて不自然な姿であるから、これが行われるためには本能的な人間の生活活動をこの方向に向けるだけの「厳しい訓練―倫理性」が必要である、と考えた。

　そして、その訓練をプロテスタンティズムとくにカルビニズムの倫理に見出す。勤勉な労働と倹約貯蓄の徳目が宗教によって至善とされ、経済と倫理が結び付けられることになる。こうして西欧世界では、19世紀以降、勤勉と節約の経済倫理によって労働者は労働の成果の分け前の乏しさを我慢し、資本家は利潤を消費せず投資して異常な資本蓄積を成就させることでヨーロッパは世界制覇（豊かな資本主義制度の確立）となった。[1]

　しかし、20世紀、二つの大戦を通じて大きな節目と転換期を迎え

る。すなわち、一方では、ウエーバー的資本主義的経済倫理を捨て社会主義の新しい秩序創造への動き、他方では、資本主義の能率を頼りとして体制維持しつつ、経済価値を他の文化価値の下位に置く福祉国家への道であった。どちらも「小さな政府」から「大きな政府」への国家体系と経済システムへの転換であった。そして、20世紀後半より、この双方を否定して再び、自由競争と市場の原理に強い信頼を寄せた新自由主義が世界の潮流となる。ここではふたたび「大きな政府」から「小きな政府」を標榜する資本主義の再現である。多くの国ではグローバリズムというイデオロギーのもとで、新自由主義が市場主義を携えて一気に主流となる。その結果が、2008年の世界同時不況であった。[2]

　本章では、「資本主義システムと管理思想」を前提に、すなわち市場社会の行方を土台として資本主義制度における経済倫理および企業倫理の問題（西欧型資本主義とアジア型資本主義）を企業行動論の立場から論究するものである。とりわけ東アジアの経済倫理—経済生活における倫理的・心理的規制の特質について言及してみたい。その場合、仏教・儒教・道教、そして石門心学の思想体系を経済倫理との関係で考察することになろう。そして「現代」市場社会において、いかなる経済倫理があり得るか。

　われわれは、かつてないほど高度かつ複雑なる市場原理の中に生きている。そして、われわれは、ある時には市場の「効率性」を評価し、またある時には市場の「失敗」をきびしく批判したりする。では、市場社会はどのように倫理的な評価・批判をされるべきだろうか。また、市場に代わるべき経済システムおよび管理思想・管理実践はあるのだろうか。このテーマに本章では「市場と贈与の関係」を経済システムの課題として整理してみたい。[3]

II. アジア的社会構成原理〜
「天人合一の思想」と中国的倫理秩序

　中国伝統文化の基本的特徴は実用的政治倫理文化にあり、とくに個人と社会との関係に関心がって、これと関連して経済倫理学説も政治倫理を核心としているのである。中国倫理史上において義・利問題は二つの次元の意味がある。一つは道徳行為と個人利益との関係であり、もう一つは動機と効果の関係である。先秦諸子はこれに対して、相異なる答えを持つが根本的には出発点において差異があって、つまり一つは個人主義と利他主義との対立、そしてもう一つは功利主義と超功利主義との対立である。

（1）道徳行為と個人利益

　封建社会において、いわゆる利とは利益または功効、つまり人の生活を維持または増進できるもの、人の生活の需要を満たすものを指している。いわゆる義とは、正当的行為を指している。孔子は義と利の対立を講じるが、道徳行為と個人利益の関係から見れば、道徳行為は個人利益を退けて、利は義に従うべきであり、個人利益ばかりを追求すれば、上を犯して、階級秩序を破壊するに至ると主張していたのである。これは後の儒教に超功利主義にまで発展させた。動機と効果との関係からでは、これは動機だけを問い、効果を問わないものと見てよいだろう。[4]

　孟子は道徳を功利が対立すると見ている。だが、法家の代表である韓非子は功利主義から出発して人性が「自為」（自分のため）であり、「利を好んで害を悪す」と見なす。

　「利」の問題において公利と私利との区別がある。一人の生活の
需要だけを満足できるもの或いは人群の生活を損害する者は私利と
言うが、大衆の生活を満足できるものは公利という。先秦の墨家の
「利」とは概ね公利と指しているが、儒教が反対する利とは、概ね
私利を指している。儒教は公利を反対しないが、提唱もしない。か
れらの関心は人の人たる所以を発揮する目的にある。

　儒教、墨家、法家はそれぞれの目的のために節欲主義を唱えるが
道家は禁欲主義を主張している。従って、義利観念において先秦諸
子は相異なる意味を賦与し、対立していたのである。董仲舒は儒学
を「独尊」に定めてから儒教学説は政治地位の安定に従って、社会
における主導になり、その経済倫理観念も先秦時代の百家争鳴の局
面に終止符を打ったのである。[5]

　儒教の経済倫理の基本的内容は以下諸点にあると思われる。まず
仁義を道徳生活の最高規則とし、この上に具体的道徳規範を確立さ
せ、上下に等級があって、それぞれ「本分」に安んじると。個人の
行動はその置かれた等級地位の規定を越えてはいけなくて、個人利
益は上の等級の利益に服従すべきであう。それに、天賦論と性善論
を基礎として、内心にたいする反省という修養方法で「浩然の気を
養い」、積み重ねて孔子の追求する「心の欲するのに従っても矩を
越えない」レベルに到達する。また、礼義は法令より高く、教化は
刑罰より貴いと強調して思想から行動まで「教化」の功を行い、道
徳教育は本質を治めるが、法律は表面しか解決できない。[6]

　最後に理想主義から出発して、教化による自律を求めて、同時に
不道徳な者に誰でも討伐できる社会的環境が形成されれば、私利ば
かりを求める者は失敗して名誉が地に払うことになってしまう。民
衆をいかにして義を知りて自ら利を捨てるか、これは経済倫理が社

会機能を実現できるかどうかの鍵であろう。儒教は国を治めるに
は、私利を求めてはいけなく、さもなければ災いが必ずやってき
て、逆に利を捨てて義に従えば、大利が行って憂いがないと主張し
て、義と利の内在的関連を明らかにしていた。これらをいかに実践
するかにおいて、人の人たる所以である人性論は有力的理論の支え
になってくる。[7]

（2）儒教思想～「信なくば立たず」

　儒教徒が提唱するのは、個人と個人の相互関係における朋友とし
て信頼である。すなわち、朋友の「信」として確立された行動規範
を以て組織と秩序の機軸とする発想である。[8]

　ここでは朋友間（師弟、長幼などの上下関係における相互作用を
も含む）の信頼は次の二通り。①人格や個性による意気投合または
共同体的情義から生じた個人的安全感および安心感、②互恵、提
携、扶助などから生じた相互信頼という二つの側面に分けて検討す
ることができる。その制度化形態は双方向的な振る舞いの儀式と規
則の集合たる礼である。

　徳治を標榜する儒学の言説においては、信頼と国家的秩序との間
にも密接な関係がある。たとえば、孔子が考える政治アジェンダの
優先順位は、「民の信頼」－「食の充足」－「兵の充足」となって
いる。[9]ここでは、「民之を信ず」という言い方の意味内容につい
て異なる解釈が存在している。[10]あるものはそれを、信義を失うよ
りはむしろ死を選ぶという徳性を人民に求める、すなわち、「朝に
道を聞かば夕に死すとも可なり」[11]と理解している。またあるもの
はそれを人民との約束を破ってはならないという信用を支配者に求
める。

　すなわち、「君子は信ぜられて而して後に其の民を労す」[12]と理解している。私は、名分を正して礼を復興するという角度から「民之を信ず」ことの意味を文脈的に捉える銭穆の見解に賛同し、「民信なくば立たず」という前述の命題が「礼を学ばざれば以て立つなし」[13]という命題と通底していると考える。したがって、ここでは孔子が守礼教化を政治の最大関心事として強調し議論の重心を社会における人々の相互信頼に置いたという前者の理解を採択する。

　事実上、政治の意思決定や支配の正当化において支配者が民衆の信頼を勝ち取ることはおおむね儒教思想の中心課題にはならなかった。たとえば、孔子は弟子たちと君子の基準を検討する際に「言必ず信、行ひ必ず果、硜硜然として小人なるかな」[14]と公然に語った。その意図は、明らかに状況的倫理および大所高所からの変通を強調するところにある。孟子もこの立場を支持し、「大人は言必ずしも信ならず、行必ずしも果ならず、ただ義在るところ」と考える。[15]要するに、儒教の代表的思想家からすれば、礼は人情に縁って制度化したものであり、それゆえ臨機応変を許さなければならない。言い換えれば、実質的正義に適うと思えば、承諾や規範の形式的な束縛から抜け出すことができる。だから、儒教思想が社会の相互信頼を提唱しながら、国家の信頼樹立を軽視していたと言ってもよかろう。

（3）「信賞必罰」による威信の樹立

　これに対して、法家は信頼の異なる主張を唱える。史上きわめて有名な商鞅「移木の信」という物語は、まさに国家と法が人民の信頼を得ることの意義を示している。法家思想の集大成者である韓非子

は信頼について支配者が「その民を欺かない」と定義している。⁽¹⁶⁾この概念理解は主に「信賞必罰」の手段による威信の樹立を指す。具体的には「小信成れば大信立つ。故に明主は信を積み重なり」という形で賞罰で以て禁令を貫徹させて国家を信じて頼ることの必要性と可能性を示そうとする。⁽¹⁷⁾その射程には社会的相互信頼が収められていない。

　実際には、性悪論および功利主義の立場を取る法術の士が人民に国家を信頼するよう求めたものの、国家が人民に信を置き、あるいは人民の内部で互いに信じあうということは、彼らによって提唱されなかった。とりわけ、韓非子は人間不信の哲学に立脚し、「人主の患は、人を信ずるに在り。人を信ずれば則ち人に制せらる。……夫れ妻の近きと子の親しきとを以てして、猶お信ずべからざれば、則ち其の余は信ずべき者無し」とさえ説いた。⁽¹⁸⁾韓非子の帝王学からすれば、国を治めることは、ただ利害関係の明確化にすぎない。利害を天下に示したら、たとえ信頼関係がなくても人を使うことができる。まさに李沢厚が総括したとおり、「韓非はすべてを冷たい利害関係の計算に織り込み、社会のあらゆる秩序、価値、関係、人々のあらゆる行動、思想、観念ないし感情そのものを、全部で冷酷な個人的利害に還元し帰結してしまった。それ「利害関係」は、すべてのものを計測し、考察し、評価する尺度または基準になったのである」。⁽¹⁹⁾それほど徹底的な人間不信を抱えている以上、支配者が疑心暗鬼に陥りやすくなり、だからこそ過剰防衛の措置を講じてますます厳罰主義に走っていくのは想像に難くない。

　要するに、儒教思想は人間の相互信頼を強調するが統治者の臨機応変を可能にするような「不必信」の例外を認めてしまった。これに対して法家思想は国家の威信を重視するが、人間の性悪論的「不

可信」を前提としながら制裁装置一点張りになってしまった。それがゆえに中国は普遍的な信頼共同体を構築することできず、社会の秩序づけにおいて特殊な人間関係の保証がきわめて重要な役割を果たしてきたのである。

伝統中国の人的保証に関しては、上古諸国間の「人質」から近世の請負契約まで、「質」、「信」および「礼」の相互作用と相互転化はとりわけ考察に値する。およそ確信のないところで、「人質」または抵当物を担保とすることが必要になり、場合によって、複数の団体が「連環的保証」の関係を結成することさえもある。ただし、国家であれ、個人であれ、相互に君子の交わりを行なうならば、信用と儀礼を守るべきであり、「質」を設けなくてもよい。[20]

このような信頼は明らかに局所的性格を持って、しかも具体的な名宛人が存在し、あるいは一族郎党に限定され、あるいは特殊な団体ないし階層に限定されている。より大きな範囲において、信頼は礼に立脚せず、「質」とりわけ人的保証によって決められるものになる。したがって、普遍性の欠如および不安の存在を前提にしながら、中国の広域的信頼は、質に基づく信憑性とほぼ対応しており、利害関係を超えた信念、体系理性から出た信任および匿名的大衆に通用する形で制度化した信用などの要素に欠けていると言えよう。

（4）関係と場における特殊な信頼

特殊な信頼—それは分節状態、請負責任および連帯責任を通して最大限にリスクを分散し危機を減少し、個人的行動の安全性および波及効を強化することができる。しかし、信頼の適用または創出という角度からみれば特殊な信頼は、多くのパラドクスを抱えている。たとえば、信頼が親族の内部に限るものである場合、生まれつ

きの固有性を有して、わざわざそれを追い求めたり、強調したりする必要はない。また、特殊な信頼の範囲が地域共同体ないし持続的な関係ネットワークに拡大された場合、一定の範囲内で安全と安心の雰囲気を醸し出すことができるが、それは社会の流動性によって薄められ、かつ場の伸縮と変遷の際に破壊されてしまう可能性がある。かかるパラドクシカルな特殊信頼は、対面的状況設定を基礎として、第三者の参加および客観的で確定的な公共性と結び付けられにくい。ここからは、実定法と裁判制度の制度的保障を受ける普遍的信用体系を紡ぎだすことがあまり期待できないであろう。それゆえ、中国人の行動様式には、往々にして疑い深いと軽信、二股膏薬と約束守りの並存というような内的矛盾が現れてくる。[21]

　かかる特殊信頼は、本質的には、ほとんど国家的制度保障を抜きにしても維持できるものであるばかりか、法律を超えて法律に抗することもありうる。しかも中国的制度設計の特徴は、まさに非法的（de-legal）ないし反法的（anti-legal）な諸要素を法体系のなかに包み込んで共生・共栄させながら、自発的な秩序づけメカニズムおよび自力救済方式で法の不足を補い、以て国家的目的達成のコストを節約したところにあると言えよう。

　こうした中で、法における信頼の活用には主として三種のケースがある。

　第一のケースは、法網の一面を開けておいて、小集団の内部秘密を保つ沈黙権を認めることで信頼を温存し、個別条文の効力停止で法の全体的実効性を高めるという制度設計である。たとえば、息子が父親の窃盗罪を告発した直躬事件の是と非についてコメントをするにあたって、孔子は、「父は子の為に隠し、子は父の為に隠す。直きこと其の中に在り」[22]という見解を述べた。

　この指針により、家族内部の信頼および信頼による秩序付けを維持するために、西漢以降の歴代支配者が、みんな近親間の罪悪を互いに隠蔽すること（至親容隠）を是認し、法に対する孝道の優位を保つような立法原則と司法政策を採用し、かつ至親容隠の範囲をしだいに拡大してきた。ただ、反逆罪・反乱罪はその例外として、忠君の論理に基づいて「大義親を滅ぼす」ことを奨励していた。[23]しかし、先秦法家の立場は、それと正反対のものであった。たとえば、前に述べた同じ事件に対して、韓非子は孔子と違って、息子の密告行為が滅私奉公の精神を具現しており、国家にとって正直そのものであると考える。[24]

　第二のケースは、まさに韓非子の考え方を反映して、しかも一歩進んで、「子の矛を以て子の楯を陥さば」という戦略を意図に取って信頼を動員し、かつ信頼できない状態と信頼できる状態との相互転化および反対補完関係の形成を促す場合である。その最も代表的な実例は、法家路線を推進して富強を図っていた古代秦国に見出すことができる。

　ちなみに、商鞅の制度設計に従って秦国が「五家ごとに相互保障、十戸ごとに相互連帯」という仕組みを作り、近隣関係ネットワークに「相互監督」、「相互検挙」、「連合保証」、「連帯責任」という四つの異なる機能を同時に果たさせ、同族・朋友の内部告発を奨励し、無辜の親戚をも巻き添えにして厳罰するという極端な手段で犯罪予防を強化していた。この「什伍の法」には、もともと相互扶助や教化の趣旨も含まれたが、実施の結果、逆に暴虐で陰湿な小人の勢いを助長して、共同体の内部において秘密保持を試金石とするところの相互信頼および社会秩序の生成メカニズムを破壊してしまった。[25]

　第三のケースは儒教思想と法家思想の折衷で、社会信頼を国家信頼と結合させる場合である。北宋時代、司馬光は次のような見解を述べた。「信義とは君主の大宝である。国は民によって保たれ、民は信によって保たれる。信義はなければ民を指図することができず、……上は下を信じず、下は上を信じず、上下が不和反目になれば失敗に至る」。[26]

　図式的に言い換えれば、すなわち、社会における相互信頼と国家の威信樹立との結合による上下同心である。現代中国において、毛沢東はさらに双方向の信頼という考えの筋道を示し、「われわれが大衆を信じなければならない。われわれが党を信じなければならない。これらは二つの根本的な原理であって、もしかような二つの原理を疑うならば、如何なることも成し遂げなくなってしまう」と言ったことがある。こうした広範な信頼または高度な信頼は、いわゆる「人民信仰」による、社会と法の秩序に関する一種の「善人」説の提唱を意味するであろう。

　しかし、歴史経験が示したとおり、広範な信頼または高度な信頼は、過剰な期待および同程度の失望をもたらしやすく、実際には、かかる信頼に値するかどうかをめぐる情報にきわめて敏感になるような傾向を助長し、ひいては懐疑主義に拍車をかけることもしばしば起こる。たとえば「文化大革命」期間中の中国では、信頼の意義を強調するあまりに、「腹の底を打ち明ける（交心）」運動が推し進められた結果、すべての秘密をなくしてからの安心・安全を実現するためにすべてを懐疑し、すべてを否認するという極端な闘争哲学こそが流行っていた。そこでは、「信頼を以って信頼を消し去る」という皮肉な事態が生じたわけである。[27]

　中国＝天人合一《倫理性を持った人間の自由》〜修身と自省の能

力こそ外在的強制を抜きにした人間の主体性を見出す。内在的超越の力—内在的超越を担保とするのは「家族愛」およびその拡大化である。共産主義圏の近代化過程では「人民」という概念が個人の概念を抽象化し、「忘我」という道徳的力を加えるのである。

Ⅲ．内在的超越の力と内在的超越〜「家族・血族愛」の社会的深層

（1）内在的超越

　「罷黜百家、独尊儒術」の主張は封建支配者に取り入れられてから儒術は中国文化の主体となり、長い歴史的実践の中に、中国伝統文化の特有な経済倫理を形成させ、中国社会の政治経済の発展に巨大な作用を発揮していた。

　第一は、義を重んじ利を軽んずる価値観。これは、決定的社会価値方向として封建的統一的支配を長く維持してきた董仲舒から見れば、人間社会の各種政治関係は皆「天」を通しての陰陽五行の気の文化はその意志を体現させた結果であり、人間はその位に安んじ、天命に従うべきである—政治を天道の運行と強引に結びつけて経済倫理を本体論にまで高めたのである。共同価値観と集団志向の封建社会において道徳のレベルは法律化の方式で高めたり、逆に法律化の効果も道徳倫理で維持したりして社会に余分な監督と管理の費用を発生させない他に自ら規範の違反を抑制する客観的効果を果した。

　第二は、国家、民族、人民の安否を大義とする伝統と知識人の「憂患意識」を形成させたこと。すなわち、知識人が「個人価値」の実現を通して「治国平天下」の願望を達成させようとする愛国の

情熱は中国文化の発展方向を決定する核的力となった。「商周の巫史文化から解放された理性はギリシアのような抽象的思弁的道でもなくインドのような出世と解脱を求める道でもなく、もつぱら人間社会の実用を探求する道に辿った」[28]のである。

　ただ、このような実用探求は政治領域に多く関心を払わせ、経済活動を政治活動に従属させ、中国文化における政治倫理文化の特徴はますます顕著にさせた。しかし、義を重んじ利を軽んずることをあまりに強調しすぎた結果、後の宋明理学における「天理を存し、人欲を滅す」という政治倫理は極端になってしまった。義を重んじ利を軽んずることは事物を全体的に客観的に考察する理想化された思惟様式であり、これですべての事物を観察する結果は、さめた全体的精神と高度な歴史責任感になることである。同時に偏った一面もある。歴史において功利を重んじる陳亮、葉通があったが主流にはなれず、陳亮と朱子の義利、王覇についての論争は結局程朱理学の禁欲主義理欲観が優勢になったことで終わったのである。

　第三は、義を重んじ利を軽んじる価値方向は社会全体を競って朝廷の官僚になろうとしてエリート層は皆政治に投身することを社会の大義と個人の大利とする。儒教の「六芸」は官僚になるほかに何の作用もなくて、いわゆる「格致」も自然探求する意味を含んでいない。支配者階級から読書人にいたるまで、社会全体は科学技術を「彫虫小技」と見ていた。従って古代のたくさんの優秀な技術は経験論のレベルに止まり、広く伝わらないまま、発展の空間を失ったのである。社会的効益を発揮できないばかりか、社会経済の発展にも有利ではない。これこそ近代中国は強から弱に転落させた深層的根源だと思われる。

　古代中国において、祖先崇拝があった。これは、「死後の世界よ

り現世を重視する。祖先の霊を誠心誠意祭ることは、自分たちに対する祖先の善意や守護を確保することになり、祖先が現世に生きる自分たち、ひいてはさらにその先の子孫を守ってくれるはずだと確信する」[29]という極めて現世的な信仰であった。これは、孔子以前からあった古代中国の土着宗教または民族習慣である。

　古代中国人は祖先崇拝において家族で一致団結するのである。そのため古代中国社会では個人ではなく、家族が社会の最小構成単位となった。この家族主義は国家よりも優先される。たとえば皇帝とその父とが主従関係を重視するか親子関係を重視するかというかたちで現れたり、皇后の父が娘である皇后に臣下の礼をとるかどうかというかたちで現れたりする。この場合いずれも親子関係のほうが重視される。

　古代中国では「現世的に祖先を崇拝する信仰が中国の家族集団の精神的紐帯となって家族の結束を強め、子孫を団結させて中国に氏族社会を作らせ、家族主義を強大にした」[30]のである。

（2）中国的秩序原理と相互「信頼」

　中国的秩序原理では確かに「信頼」に重点を置いてきた。しかし法家思想は「信賞必罰」とか「小さな信頼を積み重ねて大きな信頼に成る」という主張を唱え、あくまで〈主権者の威信樹立〉をめざし、多少なりとも社会の横型関係における人間の相互信頼を軽視していた。

　これに対して、儒教思想は人間の相互信頼を強調するが、それは庶民教化の内容に過ぎず、統治者の臨機応変を可能にするような「不必信」の例外は認めたのである。両者がそれぞれ一端を取って固守した結果、中国は普遍的な信頼共同体を構築することできず、

社会の秩序づけにおいて「特殊な人間関係」の保証が極めて重要な役割を果たしてきたのである。ところが、連帯責任によるコミュニティ安全という保障は絶対的安心をめざしながら普遍的な不安をもたらしてしまうようなパラドクスから脱出できなかった。

　そこで、急激な社会変動、アノミー、グローバライゼーションによるさまざまなリスクと不安を背景に伝統的な「礼法双行」の発想を超えて、非交換的信頼・組織間信頼、そして普遍信頼などの異なる次元で法治による信頼および法治への信頼の必要性と可能性を吟味し、さらに法の需要に応答できるような信頼の制度的操作方式を考察しなければならないであろう。

　中国では、人格による信頼、権力による信頼、そして法治による信頼について、それぞれの可能性、長所および限界を分析しながら普遍的信頼を確立するために現代法治体系を構築しなければならない。こうした中で、まず法治秩序の担い手の意図と能力への信頼が決定的な意義を有する。しかしながら、そのために民主主義的参加、法専門職自治、裁判独立、判決理由の開示、規範実効性、等々の強化が現段階の基本課題になるであろう。

　中国では貢ぎ物社会である、といわれる。贈与を基本として経済システムが成り立ってきた。いわゆるアングロサクソン型の「交換」システムとしての市場という経済システムとは無縁であろう。（本論のⅣ章を参照）

（3）儒教文化圏における「中国型」個人主義について

　岩田龍子と沈奇志の『国際比較の視点で見た現代中国の経営風土-改革・開放の意味を探る』によれば、国際比較分析を行う場合、すでに比較のための有効な分析枠組みが形成されているならば、複

数の対象を、この枠組みに従って、並列的に比較・分析することが可能である。しかし、経営の国際比較分析は、必ずしも十分に進んではおらず、とりわけ中国の経営システムが明確に把握されていないからこそ、普遍的な枠組みはまだ形成されていないと見なければならない。

　岩田龍子と沈奇志は、さまざまな社会の「現実相」を理解するための「道具」として、複数のモデルの有効性を承認する「複数モデル論」の立場に立っている。比較分析の立場から問題を検討する場合、大きく3つのモデルを考えている。それは「理念型モデル」・「基本型モデル」・「個別型モデル」である。そこから、さらに「自己依拠型社会」と「間柄重視型社会」の社会モデルに細分化して、ここでの「自己依拠型社会」のモデルということは、主として欧米型社会のモデルを念頭においており、「間柄重視型社会」のモデルは、東アジア諸社会のモデルを念頭に置いている。

　社会の型と社会関係のあり方について、いわゆる「人間性」の客観的な実在にもかかわらず、各文化における“にんげん”存在についての主観的規定(人間観)は、かなり可塑的に形作られると言ってよい。しかもそれは、各人の自己規定にかかわるだけではなく、自己と他者との関係のあり方についても、基準的限定を加えることであろう。つまり、各会社の「対人関係観」もまた、「人間観」との深いつながりにおいて、文化的に様式化されると考えられる。こうして、多様なモデルの構造的にを整理すると図4-1のようになる。

図表4-1　多様な社会的・文化的基盤（国民的心理特性）

理念型モデル	自己依拠型	間柄重視型
基本型モデル		集団ネットワーク統合型 ネットワーク中心型 集団化強制型
個別型モデル	アメリカモデル ドイツモデル ect.	日本モデル 中華モデル 中国社会主義モデル 韓国モデルect.

1. 自己依拠型社会の人間モデルと社会関係

　自己依拠型社会は「自己自身の存立の根拠を自己自身の内部に持っている」とされる「個人」をその基礎とする。この「個人」は濱口恵俊によれば「インサイド・アウト」型の認知態様という、それは自己の欲求・自己の立場、自己の価値を自己の中に持っている基準とすることを意味する。このような社会では、自己中心主義、自己依拠主義、対人関係の手段視によって特徴付けられる。このため、自己依拠型の社会が存立するためには、こうした自己主張を制約する何等かの枠組みが存在しなければならない。この型の社会では、法が極めて厳格に適用されるし、また、交渉と同意に基づく契約が、重視されるのはこのためである。

　このような法意識の背景としては、これらの社会のおける人と人の関わり方に見られる重要な一面について、明確に認識しておく必要があろう。それは、これらの社会では、「人々が一神教の絶対神を媒介として相互に関係を結ぶ」という側面である。この型の社会にあっては、関係のあり方は、神との契約や神の掟、その世俗化としての法や契約が、人々の関係を規定する根源的な枠組みを構成す

る。そして人々は、その直接的な対人関係においては、こうした枠組みの中で、自己中心主義、自己依拠主義、対人関係の手段視(濱口恵俊)と規定されるような関係を結び、自由に自己主張を展開するものとモデル化することができる。

2. 間柄重視型社会の人間モデルと社会関係

　岩田龍子と沈奇志は非西欧的な社会、とりわけ東洋社会にあっては、間柄の如何によって人間関係が大きく変化する「間柄重視型社会」のモデルをより適合的なモデルとして、「自己依拠型社会」のモデルと対置している。この人間モデルにあっては、自分を自分自身たらしめている自己の根源は、自己の内部にはなくて自己の外部にある。この「間柄重視型社会」の特徴としては、濱口恵俊が「間人主義」の基本属性としてあげている3つの属性、すなわち相互依存主義・相互信頼主義・対人関係の本質視の3つが手がかりとなろう。

　この型の社会では、自己依拠型の社会のように、人々がそのつどの判断によって相互の関係を選び取るのではなく、むしろ、何等かの契機によって、形成された「間柄」が重視され、それが、逆に人々の「存在」を規定してくるような関係が見られる。しかし、同じくこの型に属する社会、例えば日本と中国との間のも、間柄重視のあり方には大きな違いが見られる。

　さて、間柄重視型社会の特徴を反映して、日本人の人間関係も、中国人の人間関係の場合と同様、「間柄」の如何によって大きく変化する。そこに3つの異なる関係の型を区別し、それらを①「無縁」の関係②「なじみ」の関係③「気のおけない」関係と呼ぶ。[31]これに対しては中国人の人間関係を「不信の関係」と「頼りになる

関係」とその間の「顔見知りの関係」という3つのカテゴリーに分けて分析することにした。

　日本のビジネス活動において重要な役割を果たしている「なじみの関係」の拡散性と中国人のビジネス関係において重要な役割を果たしている「頼りになる関係」の集中性に注目する事は重要である。それがこの2つ社会のネットワークの性格を強く規定していると考えられるからである。

　日本の経営組織の場合には、「なじみの関係」がその拡散性によって、組織間のネットワーク形成やビジネス関係においては、この関係がその中心的な役割を果たしているものと考えることができる。このため、日本のビジネス関係にあっては、経営者だけではなく従業員をも巻き込んだネットワーク形成が行われ、それらが、あいまって経営活動を支える形を取っている。これに対して、中華系社会においては、強力なネットワークの基礎はあくまでも「頼りになる関係」であり、ビジネスの世界においては、主として経営者たちの間の強力なネットワークの形を取ることとなる。日中のネットワークに見られるこの性格の差は、両国の経営の在り方にも重要な差をもたらしていると考えられる。

　たま、間柄重視型社会は「集団・ネットワーク統合型モデル」と「ネットワーク中心型モデル」2つのモデルがある。[32]日本の場合には、重視される「間柄」の範囲が、血縁とその延長としての地縁に限定されることなく、広く経済・ビジネス活動のなかに拡散して現れてくること、その結果、経営者のみならず、従業員をも巻き込んだなネットワークを、日本のビジネス活動の中に生み出してくること、しかし、人々がとくに重視する「間柄」は、自分が「所属」すると意識している特定の集団、ことに職域集団であり、人々の多

くが、「特定集団」に対してある「所属意識」を持ち、集団との関わりを強く意識する傾向を持つことである。この形成されたネットワークの機能が集団目標の遂行に対して補足的な機能を果たしていることは「機能的ネットワーク」としての性格を強くもっていることが、その大きな特徴をなしていることである。「集団・ネットワーク統合型モデル」と呼ぶことである。

　これに対して、中華系社会の場合には、「間柄」の重視が、主として血縁やその延長としての地縁、さらにごく限られた範囲の友人との間に「強く」かつ「集中的」に現われ、「間柄」重視が、日本の場合のように従業員まで巻き込む形で、ビジネス社会に広く拡散的に現れることがない、また、集団との関わりは弱く、所属集団との関係が重視される日本の場合とは、かなり異なった現われ方をする。そこでは、集団への志向性は弱く、「自己中心的」な関係が基本となり、「利害関係ネットワーク」としての性格がつよく現れる。そうした関係は、「自己中心的」ではあるが、「自己依拠的」ではないことに注意したい。「ネットワーク中心型モデル」と呼ぶことである。台湾や海外華僑の社会関係は、こうした「」の社会関係をより鮮明に示していると思われる。[(33)]

　中国の場合には、他の中華系社会と同じく「ネットワーク中心型」の社会関係を持つ社会主義中国の社会構造が、他の中華系社会と決定的に異なるのは、「単位」制による政策的集団化に求めることが出来よう。「単位」という機構は、社会的組織であり、経済的組織（生産・サービス）であるのと同様、治安機構としても組織されている、中国の都市部において、国営企業や大学などの職場を、可能な限り自己完結的な小社会として組織したものと言うことが出来よう。社会主義中国の経営が、「ネットワーク中心型」の社会的

基盤のうえに、社会主義的理想に基づく「集団化」が政策的なものと考えられるからである。「中国社会主義モデル」の経営を「ネットワーク中心型モデル」の一亜種である「集団化強制型モデル」と位置づけるのである。

　中華民国の父・孫文（1866-1925）は『三民主義』の中で「中国人はひとにぎりのバラバラな砂である」と論じた。[34]

　つまり、乾いた砂は決してくっつかず、石にも岩にもなり得ないということである。中国人の集団性の無さを嘆いた一側面である。同時に、民族として団結力無さを表現したものであろう。清朝末期、西太后が西欧および日本の近代的な軍事体制に対応するために、つまり軍部の近代化を図る際に、一番悩んだのは近代的軍事設備等の整備の問題ではなく、「心を一つに集約できない」中国の軍人および民衆の意識であったといわれる。儒教文化の国として、すなわち集団を優先的に考えがちとする東アジア文化において、これらをどのようにみるべきか。ここではアジア的秩序の一つとして中国の個人主義について考察してみよう。

　大陸国家の中国は古来より異民族との葛藤が絶えざる課題であった。王朝も絶えず変転し、漢民族が異民族に支配される時代も多かった。モンゴル民族による元王朝（1271-1368）や、満州族による清王朝（1636-1912）がその代表である。このような中国の地理的・歴史的プロセスから、漢民族は「国民」という概念をもち得ず、「人民」という概念をもつに至り、ここに中国人が個人主義への「生きざま」となった所以がある。

　中国人は個人主義という自己中心的な民族性から「権利の極大化と義務の極小化」を図ることがすべての行動局面において大前提となる。契約の不履行など中国人の行動原理の基本には「権利の極大

化と義務の極小化」の行動様式がある。ビジネス世界でもこの原理は最大限に図られる。個人（自己中心的）を出発点とする「権利の極大化と義務の極小化」は中国社会の構図である。[35]

　かかる「中国型個人主義」は中国社会のシステムや習慣の中に度々見られる。例えば自動車を我勝ちに走らせることは彼らの「権利の極大化」に連なり、交通ルールが守られないことは「義務の極小化」に拠るものと言ってよいであろう。また、個人主義（ネットワーク中心型モデル）の延長線上に家族主義、地方保護主義、さらには人治主義がある。中国人は国家を信用していない代わりに家族（血族）や真の友人（親友）をとても大切にする。家族や真の友人に対する「自己犠牲の精神」は日本人以上と言えるだろう。

　このように、日本人の多くが頭を抱えている中国人との様々なトラブル、葛藤の多くは、彼我の民族性の違いについての我々の理解不足に端を発しているといえるのである。このことはすべて個人主義に起因させることはできるであろうか？日本と違い、若い中国人は会社関係より、親族関係・友人関係を重要視する。また中国人は共働きが多いので仕事が終われば同僚との付き合いよりも家に帰って家族と過ごす方を選ぶ人が多い。そのため日本人社員と中国人社員とのコミュニケーションが取りにくくなる。風通しのよい職場作りやプライドの高い中国社員に近づこうする努力は大事である。風通しよい職場を作ることによって指示した内容は指示通りに出来ているかどうかを速やかに確認でき問題の早期発見、早期解決にも繋がる。

　中国人は集団・組織への帰属意識は低い。家族・血族以外は信じない。政治も企業もしかりである。それゆえに、中国ではキャリア志向である。中国人には「有名な大企業に長期間勤めたい」という

意識が極めて薄い。彼らにとって会社は「勉強する場」という認識が強い。よって、この会社はこれ以上習得することがなくなると分かった時点で、すぐさま転職を考える。2008年1月に中国で実施された「新労働契約法」には、労働者の利益を保護するため、雇用の安定化、長期化を図らなければならないとあるが、裏返せば、今の中国には終身雇用制度は存在しないと考えてもよい。これは人材の流動性が高い要因の一つにもなっている。

　外資系企業を希望する人たちは、中国国内企業より高い給与・処遇を求めると同時に自分自身のキャリアアップ、自己実現へのこだわりが強い。中国の若い人は、転職によるキャリアアップは社会的地位の向上として認識している。一般的に、1年間勤めればキャリアとして認められ、2年ないし3年になれば、ベテランとして自他ともに認められ、より高い報酬を出す会社に転職する。中国の若者から見れば教育重視の日経企業は、憧れの欧米企業に転職するための教育機関という位置づけになっていると言える。

　同じアジア人といえども、異なる社会環境や歴史背景のもと当然のことながら中国人の仕事に対する考え方は日本人と大きく異なる。中国人は世代が異なれば、20代、30代、40代と各年齢層の人生観や考え方が大きく異なる。最近の中国人、特に20代、30代の若者は仕事や会社への帰属意識が薄い。日本の60年代高度成長期のように「企業に就職し、先輩の後姿を見ながら仕事を覚え業界のスペシャリストを目指して一生一つの会社で働き続ける」という考え方を持つ中国人は殆どいない。彼らの大半は、将来の起業あるいはより高い給料を得られる会社を目指して、現在の会社はあくまでもスキルアップの通過点に過ぎないと考えている。[36]

Ⅳ. 東アジアの市場秩序と状況的倫理〜
贈与論の再考について

（1）市場と贈与〜人間社会の経済行為

　前章で、中国では貢ぎ物社会である。中国では「贈与」を基本と
して経済システムが成り立ってきた。いわゆるアングロサクソン型
の「交換」システムとしての市場という経済システムとは無縁で
あった、と断言した。贈与とは、「剰余」を蕩尽するしくみだ、と
考えられる（バタイユ）。

　市場における交換より共同体の中の贈与のほうが人類史の大部分
において普遍的だった、という視点はモースの古典『贈与論』に明
確にされている。なかでも「ポトラッチ」と呼ばれる大規模な贈与
は儀式に招待した客に家に貯蔵した食物をすべてふるまったり、財
産を村中に配ったりする。これは一方的な贈与だが、贈与された方
は返す義務を負う。この不合理なシステムをどう理解するかについ
ては、いろいろな議論がある。[37]

　モース自身は贈与をコミュニケーションの一種と考え、これが
のちにレヴィ＝ストロースが『親族の基本構造』で婚姻体系を女
の交換として理論化するヒントになった。カール・ポラニー（Karl
Polanyi）はこうした「象徴的交換」が〈市場の原型〉だと論じた
が、これはブローデルも批判するように誤りである。市場は贈与と
共存しており、一方が他方に転じたわけではない。

　贈与を「囚人のジレンマを避けるメカニズム」（Carmichael-
MacLeod）と考える。1回限りのゲームでは他人を裏切って食い逃

げする行動がナッシュ均衡になるので共同体にしばり付けて逃げられないようにするメカニズムが必要である。村に贈与してあとから取り返すしくみになっていると贈与を取り返すまで他人を裏切ることができない。日本企業の終身雇用─「10年は泥のように働け」というタコ部屋構造は、この点では合理的なのだ。[38]

　贈与の解釈としてもっとも有名なのはバタイユの『呪われた部分』だろう。[39]彼はポトラッチを、剰余を蕩尽するしくみだと考えた。共同体の秩序の同一性が維持されるためには生産したものがすべて消費されることが理想である。一部の人だけに富が偏在すると、その分配をめぐって紛争が発生し、共同体の秩序を乱すので、こうした剰余を排出するしくみを人類は構築してきた。しかし、産業革命以後の資本主義は爆発的なスピードで〈剰余〉を作り出し、不平等を生み出し、秩序を壊し始めた。その剰余（利潤）を社会に還元するしくみが「市場」なのだが剰余はしばしば市場で処理できる限度を超えて蓄積されるので、それを定期的に破壊するシステムが必要になった。それが恐慌であり、戦争である─というバタイユ（G. A. M. V. Bataille）の「普遍経済学」は、新興国の過剰貯蓄を蕩尽した世界経済危機をうまく説明しているようにみえる。

（2）非市場社会と経済人類学

　贈与論ではカール・ポランニーを忘れてはならない。[40]

　カール・ポランニーの考え方を経済人類学という。ポランニーは、もともとは未開社会の儀礼や慣習がどのような経済的機能をはたしているのかといったことを研究していた。そのかぎりでは経済人類学は、すこぶる機能主義的なもので古代社会や古代文化を知るうえには興味深くはあっても、歴史的現在である今日の市場社会に

あてはまるものはまったくなかった。学問分野としても文化人類学の下方部門に食いこんでいるにすぎなかった。レヴィ＝ストロースも経済人類学の機能主義に走る傾向を何かにつけて痛烈に批判してきた。

それが、カール・ポランニーが本書の原型である『古代帝国の商業と市場』をもって非市場社会の「経済」を近代経済学の用語で説明することを拒否して以来、経済人類学の相貌がガラリと変わったのである。ポランニーは非市場社会では「経済が社会に埋めこまれている」と見た。古代社会では、親族関係・儀礼行為・贈与慣習などに経済とは意識されない経済行為が財の生産と配分として動いているという見方であった。

それらの社会では貨幣でない貨幣さえ「流通」していた。たとえば首飾り、たとえばビーカー型の壺、たとえば珍しい貝、たとえば動物の牙。古代社会ではこれらをなんらかの目的で貯め、なんらかの目的で贈与した。このような貨幣でない貨幣は、「おまえを呪って殺してやる」といった呪文のような力をもっていた。しかもいろいろ調べると、そうした呪文の力もまた、ある所有者から別の所有者へ「移動」していたり、「交換」されていたことがわかってきた。

ポランニーはもうひとつの主著である『経済と文明』で、こう書いている。[41]

「一般的にいって貨幣というのは言語や書くということとか、秤量や尺度に似た意味論上のシステムなのである。この性格は貨幣の三つの使用法、すなわち支払い・尺度・交換手段のすべてに共通している」。ここでポランニーが貨幣と言語を同列に見ていることが鋭い光を放つ。すでに貨幣の本質はマルセル・モースが「貨幣として出動するトンガ」や「交換をおこす複合観念マナ」などを「発

見」して、その〈贈与交換的な性格〉を指摘している。「物が与え
られ、返されるのは、まさしくそこに「敬意」が相互に取り交わさ
れるからである」とモースは『贈与論』に書いている。ポランニー
はそこに言語の交換的性格をかぶせてみせたのである。

　こうなってくると経済の起源には言語にも見られるようなソー
シャル・コミュニケーションの本質が関与しているという見方も成
立してくる。別の見方でいえば、一見、貨幣を媒介にして商品を交
換しあっている「市場社会」というのも、実はソーシャル・コミュ
ニケーションの一形態だというふうにも見えてくる。こうしてポラ
ンニーの経済研究が俄然注目されてきた。市場を価格の自己調整メ
カニズムでとらえるのではなく、市場の奥に人間の隠された交換行
為を見出す視点が浮上したのである。そして、ポランニーとともに
「市場は擬制である」という声がそこかしこに聞こえてくるように
なったのである。

　「発展途上といわれる国々」は、市場システムにおいても「途
上」であり、共同体が悉く破壊されてしまった先進国よりも本源
的・共同体的な繋がりを残しているところが多い。伝統的繋がり、
すなわち共同体的連帯を破壊し市場に組み込まれれば社会全体のシ
ステムが崩壊することは歴史が証明している。先進国、途上国に限
らず「国家」という統合装置の抜け道である「市場システム」に組
み込まれれば、最終的に社会崩壊は必然であろう。環境破壊や肉体
破壊が先進国・途上国を問わず問題になるのも市場システムが「抜
け道」ゆえに社会システムとして統合できないのが「市場の限界」
（アジア諸国）であろう。

　とすれば、市場システムにおいて「途上」である国こそ市場に変
わる新たな仕組みを志向しなければならない。変わる新たな仕組み

はまさに「市場の限界」を潜在思念で捉えている“先進国”が最適な前例かも知れない。市場が万能ではなく、むしろアングロサクソン系の固有な経済システムだとしたら、アジア諸国の新しい経済システム創造は、欧米諸国とは異なる人間の「居場所」づくりと「モノ」づくり、そしてそのためのコミュニティーづくり、ネットワークづくりである。それは市場経済とともに活きてきた贈与経済というシステムづくりであろう。

Ｖ．東アジアの経済倫理と中国の「企業倫理」の意味

（１）東アジアにおける企業活動と儒教倫理の相関関係

　近年、中国経済が著しい経済成長を遂げ、21世紀の世界経済に大きな影響を与えていくであろう事が予測されている。しかし、一方で中国に進出した日本企業などからは知的財産権の無秩序な侵害や代金回収、契約履行等の困難さなど現在の中国社会における経済活動には、基本的な経済道徳ないしは倫理観が欠如しているのではないか、との指摘が広く見受けられる。長く、私有財産制が否定され、国家による計画経済下にあった中国では抽象的な社会主義の理想に限定した議論がなされていたために改革解放によってそうした路線が放棄された現在、中国における企業道徳・倫理にある種の空白が生じた状態となっている。そうした中で、家電メーカーのハイアール社など一部の中国企業には自らの社会の伝統に立ち返り、儒教倫理の中から自社の企業理念を形成し、行動原理を導き出そうとする動きが見られ始めている。

　一方、日本においても従来から、いわゆるアングロサクソン系

　（英米）の企業統治、すなわち株主利益至上主義の発想に依らず、企業は社会の公器であるとの視点に立ち伝統道徳（儒教文化）を淵源とする企業理念を掲げながら独自の経営スタイルを実践してきた。最近、日中の両市場で高いシェアを獲得し利益を持続的に拡大させている企業行動が顕著になってきた。また、アジア儒教文化圏の韓国では石油化学系の財閥の資金提供により、儒教が企業経営に与えた影響を探る研究活動が計画されており、日中韓各国で、かつての否定的な固定観念にとらわれず、伝統道徳である儒教倫理を現在に生かそうとする動きが出て来ている。[42]

　北東アジア地域の代表的企業における企業道徳・倫理─企業統治（コーポレートガバナンス）に対して現在でも儒教倫理がどの様な影響を与えているのか？また、将来どのような影響を与え得るのかを現地調査研究（経済人を交えて幅広い論点）から探究することが本稿の目的である。儒教倫理を媒介として東アジア地域における企業倫理の共通項を積極的に見い出して行こうとするものである。しかし、北東アジア地域が数多くの課題と緊張を抱えている現状において、アジアの企業倫理の形成に冷静な学問的関心を持って臨み、北東アジア地域が共有できる経済倫理のベースの可能性を探る方法論はこの地域の将来にかけがえのない平和の礎となることを信じてやまない。

　さて、企業の目的は契約に基づいた利益追求である。市場において契約に基づく信用のもとで「より良い財・サービス」を提供するなかで、その正当な報酬としての利潤が正当化されるのである。マックス・ウエーバーがキリスト教（とりわけプロテスタンティズム）の倫理（労働観）を資本主義の精神と結びつけて節度ある営利活動を宗教的にも正当化したり、日本では江戸時代に石田梅岩が主

張した商業道徳は資本主義制度の経済活動におけるルールを説いたものである。[43]

　その意味で、企業倫理とは、企業活動上で最重要かつ最低限守るべき基準となる考え方のことであり、その守るべき基準としては法令遵守はもちろん自然環境や社会環境、人権保護といった道徳的観点から企業活動を規定し、組織として統率する考え方、仕組み、組織づくり、運用方法を含めた考え方であろう。したがって、企業倫理は企業に倫理観を押しつけるものではないし、道徳を強制するものでもない。

（2）中国の企業倫理と誠信経営

　ビジネスとは、不正してまでも利益（利潤）を追求することではない。社会から信用されない企業は一時的に成功しても持続的な繁栄はあり得ない。それ故、企業自ら「社会的存在としての企業」の立場を明確にしなければならない。企業倫理制度を社内で具体的に進めるには倫理網領、行動指針の整備や担当役員任命や担当部署設置などの組織体制、相談窓口や内部告発制度といった制度の確立、経営層からの率先垂範、役員から現場レベルまでの全社的な教育・研修、企業倫理の浸透状況の継続的な評価といった組織への浸透、さらに倫理規範違反事実の開示と厳正な対応といった施策が必要となるであろう。[44]

　「誠信経営」という概念（用語）は、2002年の日中企業共同シンポジュームで取り上げられたのが最初である。[45]1990年代の市場経済（社会主義的市場経済）を国家の経済制度（1992年）の中心に据えた中で経済主体（企業）の在り方として議論の対象となってきた。そして、企業制度の改革―国有企業から株式会社制度への移

行（1996）が本格化する中国において常に課題とされてきた。誠信は英語で表現すれば、Integrity、ReliabilityあるいはCredibilityであろう。誠信経営とは、広義には企業が各種利害関係者に対して「誠実と信用」とを理念とする価値体系であり、狭義には企業が自主的に倫理規範を策定し、すべての行動において、これを順守（遵守）する実践行為である。

そして、誠信経営の理解のために最も重要なことは隣接あるいは類似事項—企業倫理・経営理念・企業統治・社会的責任とどのように明確に区別されるのであろうか。この確証のために中国における企業倫理に関する研究過程が重要となろう。経営理念としての「義と利」の研究（儒教精神）をはじめ中国伝統の思考や欧米での先行研究の導入をへて中国の企業倫理研究は誠信経営への集約とみてよいのであろうか。この点は、中国においては学界レベルより経済界レベルでの議論が先行議論されてきた事実を忘れてはならない。[46]米国ではエンロンやワールドコム、日本でも大企業など有力企業で不祥事だけでなく、中小食品関連において産地偽造などが相次ぎ、欧米先進諸国において「企業倫理」は企業存続に関わる非常に重要な企業行動テーマとしてクローズアップされてきた。

一方、中国では論者も指摘しているように国有企業の段階では企業倫理の課題は全く問題視されることはなかった。国家（政府）自らが信用創造の担い手であったからである。計画経済（国有企業）から市場経済（私企業）への移行のなかで、つまり〈営業権の自由〉に基づくビジネス活動の拡大は必然的に経済システムが制度維持するために「経済倫理」が必要不可欠な前提となる。その意味で、最近の躍進著しい中国経済では、広義での「経済倫理」と「誠信経営」の重要性が注目されてこよう。日本語でいえば「誠信経営

－企業の持続的発展の基礎」とでも表現できよう。[47]

　中国には欧米・日本などにおける経済倫理は存在してきたであろうか？すなわち欧米のM.ウエーバーの経済倫理、トニーの宗教と資本主義、また日本における石田梅岩の商業道徳論などに匹敵する経済倫理は存在したのであろうか。「企業倫理」という20世紀後半、1980年代以降の欧米・日本における経営問題として比較的新しい経営課題であるが、「経済倫理」は資本主義のあり方および存続条件の根幹にかかわる重要項目として、ある意味では資本主義の成立と共に論ぜられてきた本質問題である。

　かかる経済倫理に相当する概念は、中国近代化過程（辛亥革命以降）での張謇などの企業家精神論などが論じられる。[48]「利と義」に関する儒教的論点も存在する。しかし、真の資本主義的市場経済という社会制度での経済倫理は中国においては縁遠い存在であった。西欧資本主義のごとく、宗教と資本主義（営利活動）〜プロテスタンティズムの倫理と資本主義の精神（M.ウエーバー）の議論は存在しない。中国伝統文化〜儒教精神（信条）では学問を積み、徳ある者への行程こそ人の道であり商業（ビジネス）は品格を欠いた領域であり、かかる中国儒教文化に加えて1949年以降の共産主義思想によって中国人は営利活動＝「利潤追求」は個人の「金儲け」が動機であり人道に反する批判の対象とされる。この儒教文化と共産主義思想の二重なるビジネスへの否定的哲学によって「商い」からはじまるビジネスを通じた利益追求は一切、宗教的にも政治思想的にも正当化されることはなかったのである。

（3）新しい価値体系とビジネス

　時代は変わり、中国では、今や新興のビジネスマンや企業経営者によってこの経済倫理と誠信経営は〈明白な経済倫理（根拠）〉をもって推進される。今日、中国の経済人が議論していることは利潤の追求＝利益を上げるビジネスは社会における〈物的・人的資源の効率的公平的な利用〉の実際的手段である、という経済倫理が出来上がる。この資源の効率的公平的な利用はまさに共産主義理念と矛盾しないものであり中国式経済倫理として経済行為が認知されることになる。一方、利益を出さない事業活動＝ビジネスは今では「資源の浪費」であるとさえ考えられている。そのため、政府は企業経営者たちに資源の最適配分を確保するため〈効率的なビジネス〉の重要性を奨励しているのである。

　こうしてビジネスに関する新しい価値観が認知された中国ではビジネスが強く自信に満ちた繁栄の中国を導き、単に個人の利益の追求ではなく社会への貢献をなすという社会的貢献論という価値観の誕生と連なる。かかる基本的な価値観の変化により、次のような新たな信条＝経済倫理が生まれた。すなわち企業組織（会社）は次の基本的な社会的期待（資源の効率的公平的な利用）に合致しなければ、存在するに値しない、ということである。ここから三点が主張される。①企業は全体共同のために存在すべき、②ビジネスは利益を生まねばならない、③特定の企業は国家のために常に市場競争力を維持していなければならない。明らかに③はグローバル時代の世界経済における成功するビジネスの課題であり、鍵は〈競争力〉である。

　こうして明確な経済倫理のもとで現代中国の経済人の多くは〈競争的価値についてセンス〉を磨いている。過去には多くの中国人が

ビジネスのこうした競争的価値を「資本主義の悪魔」とみなしていたが、現在ではビジネスに対する人々に対する態度は従来では考えられないほどに変化をもたらしている。まさに中国型経済倫理として企業活動が社会的貢献論としてビジネスが認知されるのである。

　ここに誠信経営－企業の持続的発展の基礎としての企業倫理の問題は中国企業の最優先の経営課題となるだけでなく、今後の一層なる飛躍的経済発展をめざす中国政府にとっても試金石となろう。そして、われわれが再認すべき初歩的な事項は資本主義的市場経済における企業行動のあらゆる出発点は「信用創造」であることである。個別企業が市場という交換という人間行為により、その持続的な活動をするすべての前提は「信用」である。資本主義という、いわば自由経済においては個別企業活動の原点は「信用」なのである。それ故、誠信経営は企業倫理および企業の社会的責任のすべてを包括する概念でなければならない。

　最近、企業倫理の問題が企業の社会的責任（CSR）との関連で叫ばれている。企業不祥事、反社会的行為など企業が社会的存在（市場という社会システムで活動する存在）を忘れたような行動が多発していることも企業倫理が求められる背景であろう。[49]資本主義という営利活動を経済の基礎とする社会システムにおいて個別企業の企業倫理行動基準は自らの課題となろう。企業倫理が社会的に問われるようになるのは20世紀後半（1980年代後半）からですが、経済倫理としては19世紀から多方面にわたる議論がある。

　企業倫理と企業の社会的責任（CSR）を正面から論じる場合、その前提となる経済倫理の検証が不可欠であろう。その意味で、既述の通り、M. ウエーバーやヴェルナー・ゾンバルトの資本主義論、石田梅岩の商業道徳論、そして何より中国の近代化の起草者・張謇

（ちょう・けん）の企業家精神論を通じて経済倫理に関する比較研究および言及・整理が何より重要であろう。加えて、中国のような市場システムが〈特殊な発展形態（社会主義的市場経済）〉を採ったところでは、「経済主体としての企業倫理」を論じる前提に「国家体制としての経済倫理」の問題が不可欠であると思われる。

　中国国内の経営者群の立場からすれば、「誠信経営」は経営理念ではなく、スローガンであるという見解もある。その背景には、中国人経営者は「『誠信』という精神論では規則や懲罰では守れない」という見解がある。つまり中国では企業倫理の実践には立法以外に道なしという立場である。改革開放政策から30年—中国は着実に市場経済システムに移行しつつある。だが、経済主体としての企業の経営者は依然、「ルール・約束を守っていたら利益は出せない、会社経営はできない」[50]という認識レベルにある。すなわち、資本主義的市場経済の真の理解には程遠い感がある。換言すれば、企業倫理の以前に国家全体の経済倫理が確立していないのである。市場が経済システムとして機能する前提—「自由・公正・透明性」という極当たり前の論理が企業経営者に理解された時が『誠信経営』が企業倫理および企業の社会的責任論と融合して中国社会に定着する時であろう。

　市場経済にとって欠かせない「信用」はシステム維持の前提である。最近では胡錦涛主席の「和諧社会」（Harmonical Social Society）の提唱と共に、社会道徳として〈信頼関係〉を説かれている。ならば、最近の中国の世界的話題—強制確証制度、商標登録に関する無断使用、中国大手鉄鋼会社の契約不履行など中国人の経済倫理に関わる問題にどのように答えるか、大国・中国の今後の課題であろう。

VI. むすびにかえて～アジア的秩序と管理思想

アジアもここ数十年で大きく変わった。故ハンチントン教授が言うように、「社会が急激に変化する時、確立していたはずのアイデンティティーは崩壊し、自己を新たに定義しなおし、新しい自己像を構築しなければならなくなる」。(51)

そして、冷戦終結後、それまでアジア諸国においても誰もが自己を規定する文化的アイデンティティーを模索している。アメリカ（西欧文明）のアイデンティティーに普遍的価値を信じていたアジア諸国は欧米的個人主義の横行、自己利益の追求、秩序の崩壊、犯罪の若年化、教育の荒廃、信頼感・連帯感の喪失、権威の軽視など〈負の遺産〉が顕在化して個人主義・民主主義・平等主義など欧米文化が生み出したデモクラシーは必ずしも世界に普遍的価値ではないことを知り、ようやくアジア文化（儒教文化）の価値観－秩序・勤勉・家族主義・規律・質素倹約などに目を向け始めた。

そもそも特定の文化に普遍性を求めることに無理があったのである。国際環境の変化（グローバリゼーション）が、むしろアジアと欧米との文化的差異が表面化させ、アジアにおける自己の文化的アイデンティティーを明確に意識せざるを得ず、それ故に世界の多文化を受け入れる必要に迫られているのである。

1990年代、世界経済は市場経済主義一辺倒となる。ソ連、東独、チェコ、中国といった社会主義国が解体ないしは変容して軒並み市場経済を国家の経済システムとして導入していった。かくして、市場経済にはどこか矛盾がありそうなことは誰もが感じているはずなのにこれを否定する者はほとんどいなくなり、たとえ矛盾があった

としても、つまりは経済恐慌のようなものが起ころうともいずれは
アダム・スミスの"見えざる手"がなんとかしてくれるだろうという
判断である。

　市場経済に疑問を挟む経済学（国民経済学―市場経済批判）に陽
が当たらなくなった。しかし、果してそうなのか。もはや市場経済
の永遠の玉座を脅かす考え方や方法には可能性がないのであろう
か。ここに東アジアの伝統文化に根ざす贈与システム―市場に代わ
る経済システムとしての贈与経済の本質理解が期待されるのであ
る。そして、アジア型贈与経済システムに基づく管理思想および管
理実践をどのように構築してゆくか、これが筆者の課題である。[52]

【注】

(1) マックス・ウエーバー『プロテスタンティズムの倫理と資本主義の精神』大塚久雄訳 岩波書店（岩波文庫　改訳版）1989年。

(2) 2008年9月のサブプライム問題に端を発したアメリカ経済混乱（リーマン社破産）は一時期、世界経済を大恐慌の渦に巻き込むのでは、と悲観的な見方が主流を占めた。その震源はアメリカが世界中から資金を巻き上げてバブルを謳歌し金融派生商品なるものを市場で売買―その証券市場もいまやパンクし坂道を急降下。ドル安・株価暴落・巨大金融機関のすさまじい損失決算が連日、新聞紙面を飾った。アメリカだけでなくグローバル経済に組み込まれている日本や欧州、中東や中国などのアジア新興国も巻き込み、各国の市民生活に甚大な影響（雇用）を与えた。いわゆる新自由主義と市場至上主義がもたらした金融資本主義の妖怪が世界を駆け巡ったのである。

(3) 新自由主義と市場の失敗については羅 瓊娟「東アジアにおけるデモクラシーの位相とグローバリゼーション」『作新経営論集』No.18（2009年3月）　特に、p249-参照。

(4) 日本と中国の義と利については『近代東アジアの経済倫理とその実践～渋沢栄一と張謇を中心に』日本経済評論社　2008年。

(5) しかも中国的制度設計の特徴は、まさに非法的ないし反法的な諸要素を法体系のなかに包み込んで共生・共栄させながら自発的な秩序づけメカニズムおよび自力救済方式で法の不足を補い、これをもって国家的目的達成のコストを節約してきたところにある。なお、本章での論旨は季衛東氏の論稿に依拠しながら展開している。「中国的秩序～秩序原理と信頼：～儒教と法家の秩序原理について」を参照されたい。

(6) 中国の儒教思想と法家思想について―儒教思想とは、仁（誠実さ、まごころ、他人に対する思いやりの気持ち）と礼（「仁」を行動として外に表す事）を説き、君子のための教えであると言える。そして、「徳」が高く理想的な君子は「聖人」と呼ばれた。ただし、君子の「徳」とは、政治的な結果を出すことであり、「人として良い行い」をすることではない。一方、法家思想は法律や刑罰によって国を治めてゆこうという思想であるが、仁愛を主張する儒教思想とは対立す

　　る。秦の始皇帝が六国を併せて中国を統一すると、法家思想を尊んで
　　それ以外の自由な思想活動を禁止し、焚書坑儒を起こした。ただし、
　　博士官が保存する書物は除かれたとあるので儒教の経書が全く滅びた
　　というわけではなく、楚漢の戦火をへながらも、漢に伝えられた。

(7)　余英時「儒教『君子』的理想」同氏『中国思想伝統的現代詮釈』（聯
　　経出版事業公司、1987年）pp.145-165頁を参照。

(8)　孔子の『論語』に従えば、「人にして信なくば，其の可成るを知ら
　　ず」（為政篇～子曰：「人而無信，不知其可也。大車無輗，小車無
　　軏，其何以行之哉？」（であり、「民信なくば立たず」（顔淵篇）と
　　いう論理となる。

(9)　孔子『論語』顔淵篇（子貢問「政」。子曰：「足食，足兵，民信之
　　矣。」子貢曰：「必不得已而去，於斯三者何先？」曰：「去兵。」子
　　貢曰：「必不得已而去，於斯二者何先？」曰：「去食；自古皆有死；
　　民無信不立。」）を参照。

(10)　孔子『論語』李氏篇（李氏將伐顓臾…吾恐李孫之憂，不在顓臾，而在
　　蕭牆之内也）を参照。

(11)　孔子『論語』（子曰：「朝聞道、夕死可矣」）里仁篇を参照。

(12)　孔子『論語』子張篇（子夏曰：「君子信而後勞其民；未信，則以為厲
　　己也。信而後諫；未信，則以為謗己也。」）を参照。

(13)　孔子『論語』堯曰篇（子曰：「不知命，無以為君子也。不知禮，無以
　　立也。不知言，無以知人也。」）より引用。

(14)　孔子『論語』子路篇より引用。

(15)　孟子『離婁篇』より引用、「信」や「行」にも臨機応変、融通性とい
　　ったものが必要で、義として為さねばならぬ必要がないことにも、信
　　義を守るのだ、果敢に実践するんだとあまりにコチコチではいけな
　　い、と言っているようである。

(16)　『韓非子』難一篇。

(17)　『韓非子』外儲説左篇。

(18)　『韓非子』備内篇。

(19)　李澤厚『中国古代思想史』人民出版社　1986年、pp.97-。

(20)　『春秋左氏伝』には君子の信義と礼との関連で質を用いること、との

記述がある。

(21) この内的矛盾こそ中国人の行動原理である。

(22) 孔子『論語』子路篇を参照。

(23) 『中国法律登興中国社会』中華書房、1981年、第一章。

(24) 『韓非子』五篇。

(25) 中国的秩序原理が確かに信頼に重点を置いてきた。しかし、法家思想は「信賞必罰」とか、「小さな信頼を積み重ねて大きな信頼に成る」という主張を唱え、あくまで主権者の威信樹立をめざし、社会の横型関係における人間の相互信頼を軽視していた。

(26) 司馬光『資治通鑑』より引用。

(27) 信頼に対する心理学的視角としてありうることであろう。

(28) 孟子は性善論から出発して、「仁政」の基礎は天賦道徳観の存在にあると唱えていた。人は皆「四心」或いは「四端」があり、それを保持し発展させていけば、社会の需要に適合する人材になるのである。君主にとってもやはりこの「四心」を拡大させて国の治めに推行すれば、よい政治倫理と経済倫理を建立できるのである。

　荀子の性悪論は人性が徹底的利己主義であり、人間はかならず互いに衝突を起こると主張していた。従って個人から国家まですべて礼を行えば、刑罰も用いずに人民が自ら善に向かってくると説いた。この「礼」は普通の意味を持って、その後の社会的実践の中に支配者によって施されて、君臣と大衆を約束する社会規範とする意味を持つようになった。

　しかし、董仲舒は相対立する孟子と荀子の人性論と異なる立場に立ったのであり、彼は「性三品説」を唱えていた。つまり、「聖人の性」は最高級に極める超人徳性であり、下品の「斗筲の性」は「生のため利のため」、天生の悪性であり、教化でも変えられないものである。その真ん中になる「中民の性」は教訓によって、潜在的善を現実的「善」に実現させるものであると。これは異なる人の義利観に対する概括と分類であり、従って儒教の道徳教化も具体的対象に適合するものである。董仲舒の学説において、利の合理性と人間の情欲を認める一面もあるが、義と利の関係においては、彼は明らかに利より義を

重んじる立場に立っている。また、董仲舒は儒教の基本理論を陰陽家の五行宇宙論と有機的に結びつけて、封建的支配秩序のために政論的に論証した同時に、さらに儒教の（五）倫（五）常政治綱領のために体系的コスモロジーの土台を立てたのである。

(29) 串田久治『儒教の知恵』中公新書、2005年、序論および第一章参照。

(30) 串田久治『儒教の知恵』中公新書、2005年、および橋爪大三郎『宗教社会学入門』（ちくま文庫）2006年筑摩書房。

(31) 岩田龍子・沈奇志『現代日本の経営風土』の第1章「土着経営学の構想」を参考すること。

(32) 岩田龍子・沈奇志の『国際比較の視点で見た現代中国の経営風土-改革・開放の意味を探る』のpp.33-38。

(33) 黄昭堂『台湾・爆発力の秘密』1988年。「台湾人は3人集まれば、すぐ会社をつくる」といわれる。それは、台湾人の独立心が旺盛で、集団的な協力を望まないことを示唆している。

(34) 孫文の三民主義とは、「民族主義」「民生主義」「民権主義」。孫文が革命運動の理念として唱えたもので、その内容とは、①民族主義―満州人の清朝を倒して、漢民族の独立を回復する、②民権主義は、皇帝の専制政治廃止と共和制による民主政治の導入、③民生主義とは、経済上の平等を実現し、国民の生活安定をめざす。

(35) 「権利の極大化と義務の極小化」は政変を繰り返してきた中国民族の生き方そのものなのである。よく日本人経営者は、「中国人と契約しても契約を守ってもらえない。代金を支払ってもらえない」と嘆いている。しかし、代金を極力支払わないということは彼らにとって〈義務の極小化〉に努めた結果であり、民族性に適ったごく当たり前の言動と言えるのである。そこで、日本人経営者や財務担当者は、この点において抜かりのないよう慎重を期し、結果として契約書は詳細でかつ多義的解釈を許さないものでなければならないことになろう。

(36) 中国人社員に一旦仕事を任せたら、やり遂げると信頼していることを知らせるのは大切である。中国人社員も上司が自分を信頼してくれていると思えば、その信頼の背かないように努力をする。ここで言う信頼関係とは、100％信用してしまって全面的に任せてしまうのでな

く、また細かいところまで指示するのでもなく、いつでもフォロー出来るようにチェック体制を二重にしておくことである。中国人を部下に持つ場合、中国人の自己主張の強さと生き方を知らなければならない。すなわち、中国人特有の個人主義およびキャリア志向の傾向からして仕事の責任範囲を最初から明確にすべきであり、また任せたい仕事の内容を明確に説明することも大事である。中国人の場合、自分のやりたい仕事をやらせてくれるという思い込みが激しい。したがって、会社からの要求や現実とのギャップに悩み「話が違う」と辞めていく人も少なくない。

(37) 教育の贈与論、労働の贈与論、葬儀における贈与論など。アングロサクソン系では市場における give and take における取引が基本で金銭的贈与関係。一方、アジア（中国など）世界およびイスラム世界での贈与はむしろ精神的贈与？関係が基本である。

(38) 贈与とポトラッチについては、マルセル・モース（Marcel Mauss）の贈与論を参照。

(39) ジョルジュ・アルベール・モリス・ヴィクトール・バタイユ（Georges Albert Maurice Victor Bataille）『呪われた部分』青土社、1993年。

(40) カール・ポランニーの考え方を経済人類学という。ポランニーは、もともとは未開社会の儀礼や慣習がどのような経済的機能をはたしているのかといったことを研究していた。そのかぎりでは経済人類学は、すこぶる機能主義的なもので古代社会や古代文化を知るうえには興味深くはあっても、歴史的現在である今日の市場社会にあてはまるものはまったくなかった。学問分野としても文化人類学の下方部門に食いこんでいるにすぎなかった。レヴィ＝ストロースも経済人類学の機能主義に走る傾向を何かにつけて痛烈に批判してきた。

　それが、カール・ポランニーが本書の原型である『古代帝国の商業と市場』をもって非市場社会の「経済」を近代経済学の用語で説明することを拒否して以来、経済人類学の相貌がガラリと変わったのである。ポランニーは非市場社会では「経済が社会に埋めこまれている」と見た。古代社会では、親族関係・儀礼行為・贈与慣習などに経済とは意識されない経済行為が財の生産と配分として動いているという見

　　方であった。

(41) ここに、カール・ポランニーとともに「市場は擬制である」という声がそこかしこに聞こえてくるようになったのである。

(42) 代田郁保「アジア的管理思想の構図」『管理思想の構図』税務経理協会、2006年、第三部。

(43) マックスウエーバーの経済倫理と対比して、最近、アジアの経済倫理が問われている。儒教・仏教・道教、そして日本独自な石田梅岩の石門心学が議論されている。芹川博通『いまなぜ東洋の経済倫理か〜仏教・儒教・石門心学に聞く』（増補改訂版）　北樹出版、2008年。菊地章太『儒教・仏教・道教 東アジアの思想空間』（講談社選書メチエ）2009年、芹川博通『経済の倫理―宗教にみる比較文化論』大修館書店1994、土屋昌明『東アジア社会における儒教の変容』専修大学出版会、2007年　、沢井啓一『記号としての儒学』光芒社、2009年。

(44) 2002年の日中企業共同シンポジュームは蘇州市で開催された。日経連と中国経営者協会との共催であり、1990年代の市場経済（社会主義的市場経済）を国家の経済制度（1992年）の中心に据えた中で経済主体（企業）の在り方として議論の対象となった。この時のテーマは「誠信経営―企業の持続的発展のために」であった。それ以降、誠信経営はスローガンではなく、企業経営の理念として議論の対象となる。

(45) 代田郁保教授は「誠信経営は経営実践としてのスローガンであり、企業経営の指針ではなかった。2002年の共同シンポジュームが経営学（中国では管理科学あるいは経営工学）としての対象としての議論されるキッカケとなった」と述べている。（代田郁保「中国の経営学と管理科学」2007年度（7月12日）大学院講義プリントより）

(46) 中国企業社会では企業倫理を取り上げる前に、国家としての経済倫理を明確にする必要があろう。

(47) 張謇については『近代東アジアの経済倫理とその実践〜渋沢栄一と張謇を中心に』日本経済評論社を参照。

(48) 王元他『中国のビジネス文化』代田郁保監訳　人間の科学社、2001年第一章、pp.22-46。

(49) 日本および欧米の企業倫理については中村瑞穂教授、アジアの特に

儒教文化と経済倫理に関する内容は代田郁保教授より多くを学んでいる。御自身の著書からのみでなく直接なる指導によって多くの示唆を戴いていることを加えておきたい。両教授の日頃のご指導に感謝申し上げたい。私自身、台湾実践大学の機関誌「今日生活」No.394（2009．12）に「企業倫理とは何か」について寄稿・記載している。

(50)「ルールを守ること」は利潤追求には馴染まないという中国経営者はほとんどであろう。すなわち、中国ビジネス界では「市場の原理」について真の理解がされていないのが現状である。

(51) ミュエル・ハンチントン『文明の衝突』集英社、2001年、序文参照。

(52) 贈与社会はアジアだけでなく、イスラム世界やアフリカの多くの国では伝統文化として生き付いてきたといえる。イスラムの贈与関係については、櫻井秀子『イスラム金融―贈与と交換、その共存のシステムを解く』新評論、2008年を参照。

第五章
東アジアの管理思想と管理実践

Ⅰ．中国人の管理哲学と「内環境と外環境」

　同じ東アジアにおいて儒教文化、漢字文化、箸文化等々の共通の土俵を共有しながらも、日本・韓国・中国・台湾の企業の管理思想および管理実践には大きな差異がある。[1]職場環境ならびに労働意識—仕事に対する志向は、共通点よりもむしろ相違点が多い。

　日本企業が中国に本格的進出して以来「30年以上」が経過している。しかし、個々の中国企業の現場における現地人との「意思疎通」および「従業員管理」は依然、トラブルが多発しており解決すべき課題が山積している。中国の日系企業における紛争の原因は中国の職場環境、中国人の性格、労働意識などを知らぬままに日本国内で行われている「管理方法」をそのまま使用していることにあろう。中国では日本の管理方法をそのまま採用しても「全く」機能しない。日中両国の職場環境、労働意識があまりにも異なるからである。

　本論は、東アジアの管理思想とその実践を考察することを目的としていることから、本章では、その実践的側面に焦点を当て、中国と日本の企業組織における組織と個人、ならびに管理者と従業員の

関係を検討する。この検討を通じて、日本の管理思想および管理実践とは異なる中国の管理方法を整理し、その幾つかの要因を列挙する。そして中国の職場において一般的な個人主義＝中国型個人主義の原点、すなわち中国人の行動原理を解くカギを「内環境」と「外環境」という二つの観点から解明したい。(2)

Ⅱ．東アジアの儒教文化と管理思想の関連

　東アジアの文化圏とは、中国を中心として、その周辺の朝鮮・日本・ベトナムなどを含む地域に形成された文化圏を意味するが、一般的には漢字・儒教・律令制・仏教の四つの文化要因を共通指標としている。(3)

　漢字は中国で創作された文字であるが、これら周辺諸民族に伝えられ意志伝達に用いられるとともに中国の思想・学問の普及を可能にした。儒教は春秋時代に成立し漢代に国教となって以来、歴代中国王朝の政治思想として機能するとともに周辺の朝鮮・日本にも伝えられ、それらの国々の政治思想あるいは社会倫理思想としての役割を果たした。律令制は皇帝支配の体制を完備された法体系で運用するという中国の政治体制だが、のちに朝鮮・日本・ベトナムなどにも採用され、東アジアに共通する政治体制となった。最後の仏教は、インドに生まれたものであるが、そのうちの大乗仏教が中国を中心として二次的に展開され、中国化した仏教が朝鮮・日本・ベトナム等に伝えられ東アジア仏教文化圏を形成し、建築・絵画・彫刻などの仏教美術を伝えていった。

　この東アジア文化圏は中国を中心として形成され、展開された点に特色がある。(4)朝鮮・日本・ベトナムにおいてもそれぞれ独自の

文化があり、それにもとづく歴史が展開されたが、それらはいずれも中国文明の形成と展開に深い関わりをもちながら行われており、このことを無視してはそれを理解することは困難である。また、東アジア文化圏について共通指標をなす漢字・儒教・仏教などの文化は、文化それ自体として独自にそれらの地域に広がったものではない。中国王朝の直接的もしくは間接的な支配、あるいは規制を媒介として初めて周辺諸民族に伝播されたものである。

　例えば、漢字の伝播一つとってみても、周辺の民族が文字をもたなかったがために、漢字を知って意志伝達に便利だからとして広がったことでは決してない。[5]漢字は、アルファベットと異なり特殊な音によって特殊なことばを表現する表意文字であり、言語体系をまったく異にする周辺民族に広がっていくことはありえない。漢字を周辺に広げたのは文字の力ではなく、漢字あるいはそれで綴られた文章を用いざるをえない関係が、中国と周辺諸地域との間に生じていたからにほかならない。

　これが冊封関係といわれるものである。冊封とは周辺諸国の首長・君主に中国皇帝が官爵を授けて王侯に封ずることである。もともとは、中国の天子がその一族・功臣を王・侯に封建することであったが、漢以後は国際関係にも拡大され冊封された周辺国家の首長・君主たちは中国皇帝と君臣関係を結んで中国王朝の従属国となった。[6]

　中国文明の展開に伴って形成される東アジア世界は西嶋定生に従えば、次の4段階を推移していった。その第一は中国文明の展開が最初に激動期を迎えた春秋戦国時代であり、冊封体制の原点たる封建制と華夷思想が成立し、周辺地域が中国文明の影響を受けて未開から文明へと移行し国家形成を始める。その第二は、これにつづく

秦・漢時代であり、中国の帝国が周辺地域を直接的に支配下に編入するか、冊封関係においた。ここに東アジア世界が初めて形成される。その後、魏晋・南北朝時代をへて隋・唐時代にいたって、冊封体制は一元化され中国の制度文物がこれを媒介として伝播していった。東アジアが政治的にも文化的にも一体になった時である。その第三は、唐滅亡以後で東アジア世界が大きく変容を遂げる。中国の王朝は冊封体制の宗主国ではなく、逆に周辺諸国の遼や金に歳貢をおくり下位に立たされる。しかし経済と文化の面では以前として東アジアの中心であった。しかも宋元時代をへて明清にいたると再び中国王朝の政治的影響が強化され冊封体制が復活する。その第四は19世紀以後における東アジア世界の解体である。ヨーロッパ資本主義の形成に伴う世界の一体化は、孤立した東アジア世界を打ち破る。ここに東アジア世界は消滅し、並存した諸文化圏は一つの世界に転化統合されたのである。

（1）中国儒教文化の中で発展した大乗仏教

　中国儒教文化の中で独自に発展した大乗仏教は、東アジア儒教文化において、儒教にない呪術の部分が受けいれられた。思想としては儒教がすでにあったために、大乗仏教としては体系化されることはなく、中国独自なものに変容してゆく。インド式の輪廻転生から儒教の祖先崇拝の死生観に宗旨変えしたのである。つまり、仏教として名乗ってはいるものの、実は儒教的死生観にもとづいている、儒教にない宗教性を人間の内在超越の説明を補完するものであったという試論である。[7]

　釈尊の説いた仏教は、「法（ダンマ）を知り、ダンマに従って生きるべし」という生活における道徳を論じるものだった。このダン

マ主義の生活哲学は、20世紀半ばにインドの法律家アンベードカル
の「ブッダとそのダンマ」を読むかぎり[8]、現代仏教にも受け継が
れている。

　大乗仏教は、発祥の地インドには残っていない。5世紀の仏教迫
害以来、あるいは13世紀初頭に密教が終焉して以来、インドにおい
て大乗仏教の信者はいないという。「ブッダとそのダンマ」におい
ても、大乗的な思想は紹介されていない。例外的に、「空」につい
て、「総ての事象は一時的で儚いと確信することがダンマである」
というダンマが後に「空観」を生み出すという説明が行われてい
る。浄土や本覚についての記述はないのである。

　現在の大乗仏教は、中国や日本など東アジア儒教文化に地域的に
限定して、漢訳された仏典を経典として独自に発展したものであ
る。形式的にはインド由来とするが、内実は「漢訳以後の仏典にも
とづいた東アジア儒教圏の独自宗教」として受け止めるべきだとい
うのが得丸久文の結論である。得丸久文によれば、その特徴は、次
の三点にまとめられる。[9]

　①呪術性が非常に強い。

　②宗教概念があいまいである。（内容理解不十分なままに輸入さ
　　れた概念であり、それを究明する切実さが欠如していたため）

　③儒教的死生観を取り込んでいる。

（2）中国で受容されなかった原始仏教

　釈尊の説いた原始仏教が中国で受容されなかった。その理由はダ
ンマ主義の道徳・哲学が、孔子の説いた儒教の教えと重複している
ところが多かったからではないか。また、道徳教義としては孔子の
教えのほうが馴染みがあってわかりやすく、体系化されていたの

で、中国人は原始仏教に見向きもしなかったのではないだろうかと判断する。

　たとえば孔子についての表現や孔子本人言葉の中で、「子、怪力乱神を語らず（怪異、怪力、無秩序、神を孔子は議論しなかった）」、「いまだ生を知らず、いずくんぞ死を知らん（生の意味さえつかめていないのだ。ましてや死など）」というのは原始仏教の教えに近くないか。孔子の死後、弟子たちが集まって「論語」をまとめたように釈尊の死後、弟子たちが結集して釈尊の言葉をまとめたところも、仏教と儒教は似ている。次のポイントは中国化した仏教の形成と展開の要因を整理した。

①仏典漢訳の難しさ

　インドの仏典を漢訳するというが、宗教理論や概念という形のない、抽象的な内容をさす異言語は、そうやすやすと理解し、翻訳できるものではない。ましてや、翻訳した概念を、その概念がもともと存在していない言語空間に住む人間に理解してもらおうというのは、きわめて困難である。

　インドと中国両方の思想や宗教などの精神活動に関わる概念を体得し、理解したり、比較できる人間の数は当時少なかった。そもそも、両方の文化によほど精通していなければ、出来上がった翻訳が正しいかどうかを判断することすらできない。

　仮に、うまく翻訳できたとしても、読む者がその概念を理解できる保証はどこにもない。五官で感じることのできる食べ物や樹木のような具体的な事物であれば、インドから中国に持ち込むことによって体験させることもできるが、「悟り」や「空」といった抽象的な宗教概念の場合、それを指し示して見せることも、触れさせた

り、味わわせてみることもできないからである。

　さらに仏教が持ち込まれたときの中国にはすでに儒教や老荘の思想が存在していたために、抽象概念を受容する行為そのものは容易であったが、それが既存の抽象概念に訳出された場合、理解や翻訳が正しいかどうか、確かめる術もなかったのである。

　「初期の翻訳経典には儒教や老荘などの思想用語が多く援用され、外来の宗教・思想である仏教を中国人が理解し受容するために役立ったが、逆に仏教をきわめて中国的に理解してしまうという欠点をもっていた」[10]というのも、もっともなことである。

②土着思想のパラダイムによる取捨選択

　中国思想文化事典によれば、インドで生まれた仏教の思想は、中国土着思想の思考枠組によって、意識的・無意識的に取捨選択されて受容された。

　「中国固有の伝統思想にもとづいて仏教を理解することを『格義仏教』といい、これが四世紀後半に活躍した釈道安によって批判されてのち、仏教は仏教そのものとして理解されていくようになる。ただ、格義的解釈の前提として、格義的翻訳とでもいいうる翻訳段階での中国化があった」。

　その結果は中国的に潤色された漢訳仏典は、漢字文化圏のなかで中国固有の経典と同様に絶対的な価値をもつものとして組みこまれていき、原典は顧みられることがなかった。[11]

　逆に類似する思想がなかった場合「宗教的悟り、絶対者による救済、輪廻思想」など、ないからこそ学び受容した場合もあるし、類似した思惟がなかったため理解されずに反発され、あるいは関心さえ示されずに受容されなかった場合もある。

③本家インド仏教を振り向かない伝統

　大乗仏教は、仏教発祥の地とは異なる言語空間、異なる文明領域で異なる死生観や民族観の支配する土地で発達した。世界に広がるキリスト教教団のように、中心にバチカンが位置して、世界各地で繰り広げられている宗教活動や教義内容をチェックするシステムはなく、幸か不幸かインドで仏教が消滅してしまったために、本家の教義や実践のことを気にすることなく自由に解釈し実践することができた。

　外来思想であることから、一層呪術めかして見せ翻訳の難しいところやは、意味をまったく問わないで音だけを味わう「呪文」にしておくという寛容さも持ち合わせていた。

　たとえば般若心経の最後の部分、「ギャーテイ、ギャーテイ」以下は、呪文扱いされている。(12)訳出が難しかったのかもしれないが、呪文のほうがありがたいと思われたのかもしれない。儒教という大理論体系があったために、東アジアの人々はそもそも仏教に理論や意味を期待しなかったということもある。(13)「まるでお経だ」という表現は、「おまじないみたいで、さっぱりわからない」という意味で通用するが、それが許されるのである。

　一方で、般若経典において重要な意味をもつ「Sunnyata（sunya）」を理解するにあたって、インド仏教においてそもそもSunnyataがどう理解されているかということはあまり議論されることはなかった。(14)すでにインドにおいて仏教が終焉していたこともあっただろうが、漢字文化圏の人々は、原語であるSunnyataよりも、漢訳語の「空」とは何かに認識があった。漢訳された概念である「空」とは何かについて議論すると、「空」という漢字が合わせもつ「空し

い」とか「空っぽ、空虚」という意味に、本来それらの意味とは無関係であるかもしれない仏教概念Sunnyata理解が影響を受けることになりかねない。

　大乗仏教の「Sunnyata」という概念が、たまたま「空」という文字で翻訳されたからといって、必ずしも「むなしい」とか「空っぽ」という意味と結びつくわけではないはずである。しかしながら、我々はどうしても、漢字の「空」の併せもつ意味に引きづられてしまう。一般的な般若心経の解説書は、そのような説明が普通のである。

　これは「空」を理解する上で混乱を招くことになった。「色即是空」の「空」を理解するためには、可能であったならば、なぜSunnyataは「空」として訳出されたのか、翻訳者はどういう意味として訳したのかも、問題にしたいところである。

　そして、国際交流が可能となった現代、オリジナルのインドで、「Sunnyata」がどんな意味をもつのか、どんな文脈で使われているのかということに、もっと関心を示してもよいと思う。

　④議論を不明快なまま放置

　議論が収束しないのに、混乱したままで放置されていたことも問題ではなかったか。

　中村元は、1994年に書かれた「空の論理」[15]という本の中で、「『空』は大乗仏教の根本概念であるということは、だれでも知っている。では、「空」とは何か、ということになると、なかなか答えが簡単には出て来ない。「空」を説いた文献に関する研究は、毎年無数に多く刊行されている。しかし「空とは何か?」という端的な問題にたいしては、かならずしも答えが与えられていない。学者

はとかく避けて通っているという傾きがある。」という。

　そういいながら、中村元は、大乗仏教における「空」の概念は、「実体がない」という意味だと断定して、般若心経の説く最上のさとりとは、「『一切空』を体得することにほからなない。智慧の完成というのは、あらゆる現象が実体性をもたないという道理をさとることにある」と書いておられる。あるところでは「答えがない」と書き、別のところで「実体がない」と言い切るのはいかがなものか。

⑤儒教的死生観への変容

　大乗仏教は、東アジア儒教文化において、釈尊の説いた生活や道徳に関する法の教えとは異なって、より呪術的な行動、あるいは禅の精神集中法として、独自の発展をとげた。また、死生観を異にする中国人に受け入れてもらうために、仏教は自ら中国に固有の儒教的死生観・祖先信仰を取り込んだ。その結果、インド仏教には存在しない位牌や墓地や年次法要が始まった。[16]

　インドは輪廻転生の死生観で、中国とインドでは、気候風土が異なる。インドは「暑さの上に、雨が少ない。村から1キロ、時には10キロも離れた井戸へ水を汲みに行く。それを何回も往復し、午前中はそのことで時間がつぶれる」。「釈尊の時代の前六世紀ごろのインドでは、子供はたいてい乳幼小児期に急性罹患で倒れ、母親も産褥熱でよく死亡し、25歳を超えた成人は少なく、40歳ともなれば灼熱の地における体力の消耗で老化し、諸々の感染、脱水などで死亡したであろうと言う。すなわち老いと病と死とは同時に出現したであろう」。「仏教のみならず他のほとんどすべてのインド諸宗教が、人生そのものが苦であると言うのは、インドの現実の上に立っ

ての考え方であろう。生・老・病・死この四苦は、インドにおいて
現実であった。」

　「せっかくこの世に生まれてきたのに、苦のままに寿命も短く死
んでゆくというのはいやなことだ、つらいことだと考えるのがふつ
うであろう。（略）儚い人生ながら、なにか希望を与えてほしいと
願うのが自然である。短い人生を生きる者のための安心できる死生
観を宗教者に説いてもらい、死の不安や恐怖を取り除いてほしいと
いう要求」に「応えたものが、インド諸宗教を貫く輪廻転生という
死生観であった。」[17]

　⑥招魂再生の祖霊信仰

　「中国人には、仏教が伝来するまで輪廻転生という考えかたは
なかった。輪廻転生とは全く異なる死生観をもっていたからであ
る。」

　「中国人はインド人と異なり、この世を苦と考えず、楽しいとこ
ろと見る。五感（五官）の楽しみ～美しい物を目で見て楽しみ、心
地よい音を聴いて楽しみ、気持のよい物に触れて楽しみ、おいしい
物を食べて楽しみ、芳しい物の香りを楽しみ、それらを大切にす
る。」現実的で即物的な中国人の死生観は儒者が説明した。

　「人間は精神と肉体とから成り立っているとし、精神を主宰する
ものを「魂」、肉体を支配するものを「魄」とした。この魂・魄
は、人間が生きているときは共存して蔵まっているが、死ぬと分
裂」して「魂は天へ浮遊し、魄は地下へ行く」。天地に分裂した肉
体と精神を再び結びつける儀式を行うと、死者は「この世」に再び
現れて、なつかしい遺族と対面することができるのである。「儒教
の発生はシャマニズムにある。死者の魂降しである。しかも魂（精

神）降しだけではなくて、魄（肉体）も呼びもどす。そして神主に依りつかせ「この世」に死者を再生させる。招魂（復魂）再生である。」

（3）儒教の大理論体系

シャマニズムは世界各地にあるが、儒教は後に天才孔子の手を経て家族道徳につながり、さらに中国に皇帝制が確立した前漢王朝時代に政治理論を作るまでに大成して、以後、内部発展を続けながら、中国を支える大文化として存続した。このようにシャマニズムを基盤にして歴史を動かす大理論体系を作ったのは、世界においておそらく儒教だけであろう。[18]

死者の魂・魄をその命日の日に招き寄せるとき、依りつくべき場所が必要である。そのために儒教は神主を作った。こうして依りついた魂・魄は、その儀式が終わると、神主から離れて元の場所に帰る。魂は天上へ、魄は地下へと。天は広く、魂はそのまま浮遊しているが、魄は管理場所である墓へ帰る。残った神主は宗廟へ、あるいは祠堂や住居内の祠壇へ移し、安置する。これが儒教の祖先祭祀の大筋である。[19]

儒教が東北アジアにおいておそらく普遍化していた1〜2世紀ごろ、仏教が中国に伝来した。この仏教を生んだ南アジアのインドと、儒教を生んだ東北アジアの中国とは、イデオロギー的に共通するものはない。当然、仏教と儒教との両者は衝突した。

①仏教が儒教的死生観を取り込む

仏教側としては、儒教と抗争するよりも、すでに普遍化している儒教の本質的なものを取り入れることによって、儒教信奉者

の自分たちに対する抵抗感をなくしてゆこうという考えかたを
とった。

　すなわち、祖先祭祀の導入……その具体化とは、一、神主を建
て、招魂するシャマニズムを認めること（すなわち神主をまねて位
牌を作った）、二、墓を作り、形魄を拝むことをなんらかの形で認
めること（仏教においては、遺骨を拝むことなどはありえない。釈
迦の遺骨だけは特別に神聖視しているが、それは偉大なシャカの想
い出、敬慕を表しているだけである）、三、儒教式喪礼を取り入れ
た葬儀を行うこと、などである。[20]

　但し、インド仏教にはない考え方を、『盂蘭盆経』という偽経、
インドに原典がなくて、中国において作り出された仏典で、祖先祭
祀の理由を説明した。

　「釈尊の弟子の目蓮は、神通力をもっていたのでいろいろな世界
を見ることができた。或るとき、自分の母親が、輪廻転生をしてい
るうちに、あろうことか餓鬼の世界で苦しんでいるのを見た。その
母親を救い出す方法を釈尊に問うたところ、僧侶によって盛大に経
典を読誦することを教えられたので、そのとおり行なうと母は救わ
れたという。これは目蓮の孝心に基づくものだとし、ここから先祖
を供養する『お盆』という行事が行なわれるようになった。」[21]と
いう話になっている。

　しかし、これでは日本に毎年お盆の行事を行なうことの説明には
ならない。これは後からつけた苦し紛れの説明だからで、実際は、
儒教の祖先祭祀をやっているにすぎないからである。

　先祖供養・墓という儒教風を取り入れ、その様式化を徹底した日
本仏教は、葬儀もまた儒式を取り入れていることは言うまでもな
い。葬儀のときの祭壇を見るがいい。柩を置き、白木の位牌を建

て、死者の写真を添える。それは事実上は死者のための設営である。仏教者として拝すべき最も大切な本尊は、最奥部に、あたかも飾りもののように置かれているだけである。

　大半の参列者は本尊を拝まず、死者の柩を、位牌を、特に写真を拝んでいる。それは、亡き人を想うことであり、ことばを換えれば儒教流の招魂再生をしているのである。[22]

②インドと中国の併存する日本の仏壇

　儒教的な祖霊崇拝や死生観が取り入れられたからといって、もちろん全面的に中国化しているわけではない。

　日本の仏壇は、最上段の本尊に対して花を捧げて祈り、中段の位牌に対しては、灯明をもって祖先を幽暗のところからこの世に導き、線香をあげて位牌に依りつかせ、回向をする。すなわち、「本尊と花と」（インド仏教）、「位牌と灯明・線香と」（中国儒教）、という組み合わせである。日本仏教は、こういう形で、輪廻転生のインド仏教と招魂再生の儒教とを、仏壇においてみごとに併存させているのである。日本人は仏壇に向かって、毎朝、仏に祈り、そして祖先と出会っている。毎朝―ここには、大きな意味がある。それは、家族の連帯を知らしめる行動だからである。[23]

　矛盾しながら共存するのが東アジア的宗教の特徴であり、本質をなす。なぜ3つの異なる宗教思想が共存できるのか。死生観、自然認識、民間信仰などを題材に、衝突・妥協・調和を繰り返すアジア的宗教のダイナミックな思想構造を構成してゆく。

図表5-1　宗教的世界観の比較

世界に対する態度

最高の善を追求する方法		
世界の評価	能動的：禁欲主義 （vira activa）	受動的：神秘主義 （vira contemplativa）
世界の否定	世界の征服	世界から逃避
世界の肯定	世界への順応	世界の理論的理解

合理化の可能性

合理化の次元	合理化の程度		
	高（西欧）	低（東洋）	
倫理的	世界の征服 （例キリスト教）	世界から逃避 （例ヒンドー教）	救済宗教
認識的	世界の理論的理解 （例ギリシャ哲学）	世界への順応 （例儒教）	宗教論的・ 形而上的世界観

出所：ミン・チエン『東アジアの経営システム比較』新評論、p. 37

Ⅲ．日本と中国間の職場環境の比較と管理実践

　中国人の行動原理を説明する上で、キーワードとなるのが「内環境」と「外環境」[24]であろう。この二つの概念によって欧米的一神教なる社会における個人主義とは異なる「中国型個人主義」の映像が浮き彫りにされよう。本章では中国の職場＝経営組織の一般的特徴を日本の経営組織（職場）との比較で整理する。[25]その上で、次章で中国人の行動原理を解くカギとなる「内環境」と「外環境」に言及したい。

（1）日中米の企業組織

　日中両国の「職場環境」「労働意識」が余りにも差異が大きい。その幾つかの要因を列挙してみよう。

i）中国の経営組織

①「組織重視」（日本）と「個人尊重」（中国)

　日本の会社は「組織重視」で、会社への帰属意識が強い。また人間関係は「上下関係」を中心に構築している。中国では、「個人」尊重の意識が強く、人間関係も「平等関係」が原則である。会社への「帰属意識」も薄く、上司を上司とも思わない言動がしばしばみられる。個人の意見・主張が強く出る分「仲間意識」も育たなく、バラバラ感がある。

②管理者と従業員の関係

　中国の「管理者」と「一般従業員」との関係は、非情なほどにドライである。管理者は仕事の全てを管理し、従業員は指示されたことだけを行うのが一般的な会社組織の考え方である。問題が発生しても従業員は責任は全く感じず、「管理者の指示に従っただけ」と割り切り、「責任」は全て管理者に負わせる。管理責任が中国の組織の中核である。

　そこには中国人従業員の一つの明確な哲学がある。すなわち、仕事において「自主的判断」をして問題が発生すれば責任を負わされるのは「自分」となり減給処分、最悪の場合、解雇処分となる。中国企業風土ではそれ故に、従業員は仕事において「自主的判断」は

「余計なこと」であり、「受動的行為」にのみ終始する。

③従業員の「身勝手な行動」

　従業員は管理者の指示に従う反面、管理が及ばない部分—管理が甘い部分では「身勝手な行動」がみられ職場が混乱することもある。管理者は実は「仕事を管理する」前に「人間管理」に多くの時間と労力を費やす。従業員の「労働評価」「給料査定」は毎月行い加給減給を決める。中国人従業員への「安易な信頼感」は危険であり、仕事に取り組む態度や結果（成績・成果）をみながら、個々の従業員に対して信頼感を高めていくしかない。

④人事は「能力」ではなく「個人関係」

　中国の会社における人事行為は、「個人の能力」ではなく、「個人関係」が重視・優先される傾向が強い。中国人の最も重要である「内環境」、この環境を構成する人間関係が優先される。大勢の従業員は「その他大勢」となり、数年後には「転職」することになる。[26]

ii）日本の経営組織

　中国とは異なり、日本の会社は「終身雇用という慣行」が弱められたとはいえ長期雇用という環境が前提である。また、会社に入れば、「家族意識」「仲間意識」が強くなる。管理者と従業員の関係も中国のような指令—行動というマシン型で「非情さ」は少ない。従業員も指示されることだけを行うのではなく、「自主性」「積極性」などを発揮する。

　管理者側もそれを期待して様々な自主的なモティベーションを設

定している。何まで0から100まで管理する中国の職場とは違い、従業員がある程度「自己管理」できる分、「基礎・土台」がシッカリしている。中国のようなバラバラ感がなく、面倒煩雑な人間管理に悩まなくて済む。こういう環境に慣れ親しんだ日本人が中国で従業員管理に苦労するのは当然といえば当然であろう。

　日本企業が中国に進出して既に「30年以上」が経過しており、この間に蓄積された「ノウハウ」がもっと豊富にあっていいものであるが、この問題解決はなされず、中国企業での日本人は相変わらず同じような問題を抱え悩んでいる。

iii）アメリカの経営組織

　アメリカの企業社会では、組織は法治主義のもとで運営される。あらゆる取り決めは法律に基づく行動基準の明確化を前提としている。それ故に、制度・契約・職務記述書の明文化が重要であり、そのもとでの組織の権限と責任の休系が確立する。トップダウンとその結果としてのフィードバックが組織形態の柱となる。雇用関係も市場的で職務との契約関係が基底にある。組織内では、明確な職務規定のもとで現実的な知識、スキルと個性が重視される。評価も成果主義（業績主義）であり、結果主義である。

　アメリカ企業社会では、従業員にとってまさに職場（働き―等価の報酬を得る場）であり、それ以上でも、それ以下でもない。従業員にとって会社は特定の職務との契約関係であり、職務の構造は個人単位である。これは欧米型個人主義（キリスト教一神教）のもとで構成された職務構造といえる。

（2）日本と中国のビジネス文化の違い～
　　ビジネスマンの思考様式の差異

ⅰ）日中間の大きな壁―本当のカントリーリスク

　日本人の「中国無理解」も実に残念な状況だが、中国人の「頑固」さも大きな問題である。しかも、中国人自身はそれを改善しようという気は全くなく、逆に「中国人として当然だ」という肯定意識しかないようだ。こういう意識は、外国人にとって「大きな壁」であり、数年数十年で崩せるものではない。ここに本当の中国の「カントリーリスク」がある、と考える。

　同じスーツを着てネクタイを締めると、外見だけではほとんど区別がつかない日本と中国（台湾）のビジネスマンであるが、そのビジネス様式と風土は大きく異なる。次の対比表は中国にある米国系IT企業の経営者（アメリカ人）がまとめた「中国ビジネスマンと日本ビジネスマンのカルチャーギャップ」である。彼らから見て日本人と中国人とは外見はそっくりでも明確に区別して対応しないとビジネスはうまくいかないと考える。

　下表の比較は単純であるが極めて興味深い対比であろう。この一般的な相違は両国の歴史的背景によって説明される。すなわち、中国は3千年もの長い歴史の間、同じ大陸の土地に56の民族が隣り合って同居してきた環境にあった。他方で、日本は島国であり、ただでさえ他民族との接触も交流も少ない環境に置かれてきた。さらに、中国人は同じ大陸の国内で異なる民族を支配したり、逆に支配されたりという歴史経験を何度も積み重ねてきており、異民族・異文化との交流、交渉、融和に相当慣れた国民性を持っていると言うことができるであろう。

図表5-2　中国と日本のビジネスマンの行動原理

中国ビジネスマンの行動原理	日本ビジネスマンの行動原理
①話すのが早い、大声、アグレッシブ	①ゆっくり話す、小声、コンサバティブ
②個人＞組織、攻撃的、遠慮が無い	②組織＞個人、保守的、遠慮が多い
③競争意識が高く、戦略的な考えを好む	③仲間意識が強く地道な改善活動を好む
④効率意識が高く、自己主張が強い	④質意識が高く、本音と建前が別
⑤組織力（集団力）より個人力を優先	⑤個人力より組織力（集団力）を優先
⑥豊かさ＝お金（経済的価値）	⑥豊かさ＝ライフスタイル（精神的価値）
⑦明日とは？→今日とは別の日	⑦明日とは？→今日の延長

代田郁保「アメリカ人がみたビジネス文化の日中比較」（講演資料より）

　ところが、日本人は逆に異民族と接触した歴史経験があまりなく、外国語はできても一般に外国人・外国文化との接触・交流を避ける傾向が強く、異文化会話・交渉能力に非常に乏しい民族性ではないかと思われる。

　中国は総体的にまだ発展途上にあり貧富の格差の激しい、激烈な競争社会である。そこに暮らす人々は生き残るためには必死で「自分の意思を明確に表示しない」と相手に伝わらない、曖昧な表現を使っていると逆に自分が誤解されたり意思が伝わらず、自分が不利な立場に陥りかねないという危険感がある。中国社会は言わば「沈黙は危険」という社会なのである。

　ところが、日本人社会は総体的に成熟した経済的にも豊かな同種同類の共同体社会になっている。共同体集団の中にあって自分だけが目立つことは危険で明確に意思表示することすら決して好ましいこととはみなされない。日本社会は、言わば「沈黙は金」という社会なのである。　ここに日中ビジネス文化の相違の根底に横たわる背景がある。面白い話といえば、たとえば、日本人の書いたビジネス上「システム仕様書」は、中国人だけでなく欧米人からも曖昧抽

象的でわかりにくいとよく言われる。しかし中国人と欧米人の間での互いに交わした仕様書は非常に通じやすいと言われる。日本人の眼から見れば「中国は日本と違う特殊な国」と見えるかもしれませんが、中国と日本のカルチャーギャップの問題は、ひょっとしたら日本が世界的にも特殊な民族という事の裏返しなのかもしれない。

Ⅳ. 中国人の内環境と外環境─職場環境における行動原理 ～中国の職場での「保守性」と「排他性」について

（1）中国の職場からみえてくるもの

　上海に進出した日本の某スーパーの管理者は中国人従業員から次のような苦言を受けたことがある、という。「日本企業には先進的な管理思想に基づく管理方法があると思っていたが期待していたほどではない。中国の国有企業より国有企業的だ！」、この言葉は何を意味するか？

　中国の従業員は日本企業の個人の能力を大切にする先進的な管理法・生産法などに興味を持っているようだが、その管理方法は逆で、組織管理が中心である。中国人は「自分自身」が管理されることを最も嫌う。日本の会社管理法を学びたいならこれまでの考えを捨て新たな管理法をもっと積極的に受け入れたらいいのではないか？

　中国人の「頑固さ」、それを中国人として至極当然として肯定している考え方は、外国人には「大きな壁」であり、本当の「カントリーリスク」であろう。中国人は「頑固」だといわれるが、現在行われている改革開放政策において中国の門戸を開放し、外国企業を

積極的に誘致したり、外国製品を購入する態度をみると「中国人は開放的だ」とみえる。漠然とみていれば、中国人の"保守性"などはみえてはこない。

（2）内環境と外環境

　では、中国人の会社組織の考え方を今後、どう考えたらいいのか？判断基準はあるのであろうか？その解くカギは中国人の内環境と外環境という二つの自己存在様式―意識構造である。

　中国人が最も重要に考えているのは「内環境」である。内環境とは、家族・親戚・親友などによって構成される環境である。「自分の環境」とは内環境といえるが、自分の生活を維持する経済環境やこれまで親しんできた習慣や慣習など自分を取り囲む生活環境でもある。儒教文化特有の徳あるものを尊敬して気を許す。いい意味での上下関係はゆるやかな上下関係として中国的秩序となる。また、この内環境を自分の生活圏として非常に大切にする。

　この「内」環境における「緩やかな上下関係＝タテの関係」とは逆に「外」環境はヨコの関係は、自己存在様式の外にある意識構造である。[27]形式上の何もかも対等意識である。政治の世界、ビジネスの世界は外環境である。それ故、政治に敏感で立ち入らない。無関心を装う。また、ビジネス世界も外環境である。中国人における従来の接客―ホテル・店頭での「接客態度の悪さ」の原因はこの「外」環境から由来している。ビジネスにおいても「外」環境における人間関係は「平等＝ヨコの関係」が原則である。中国では、改革開放後もしばらくは客も対等な関係と考えてきた。ゆえに丁寧な接客、親切な態度というものは両者間に「上下関係」を形成してしまうと過度・過剰に考える傾向があった。悪しき平等主義が原

則主義の中国における人間関係の反する行為・現象として否定・拒否されてしまう。これが接客の態度の悪さとなって現れていたのである。要約すれば、「外環境」における中国人の行動は、「政治状況」を考慮しながら職場などで「自分の環境」を維持する。それ故、自己主張の強い職場関係となる。

　中国型個人主義が職場に浸透する。あたかも組織より個人が大事とばかりに個人のキャリア志向を最優先させる。個性と個性のぶつかり合い─個人の職務権限と責任を重要視する。この外環境では所属組織には無関心か、あるいは帰属意識は低い。自分のキャリアを積めば別の会社に転職する。

（3）職場環境と社内教育

　このような職場環境においては、社内人材教育など無縁となる。したがって、中国企業には社内における人材教育という習慣はない。中国企業では一部の日系企業を除き基本的に人を育てようとしない。なぜならば、中国では、上記の職場環境と関連して、つい最近まで国家政策─『雇用機会を、より多くの人間に与える…』に基づき、期間を定めた労働契約（公務員を除く）が当たり前だったからである。つまり、従来の中国企業では日本で言う正社員は1人もおらず全員が契約社員だったのである。この為に被雇用者の会社に対する帰属意識は薄く、契約期間（普通は1年～3年）が切れる直前に1元（約15円）でも高く雇ってくれる組織（企業）を探して転職するのが普通であった。[28]

　もちろん、企業もこの傾向を踏まえて、社内で人を育てる事を極力避け、パズルのように必要な所に必要な能力を有した人間をポストに合わせた賃金で雇っていた。だから若いと言うだけで職を得る

事ができ、また、年を取ったと言うだけで職を無くしてしまう。何も出来ない人間が職を失えば、年を取っていると言う点がマイナスポイントになり、前職よりも悪い条件で働く事を余儀なくされるのは当然である。

　つまり、年を取れば取るほど支出が増えるにも関わらず収入は減っていく。現在は日本のように期間の無い労働契約を結べるように労働法（2008年）が改正されるが、雇用側も非雇用側も今までの意識を変えるには相当な時間を要すると思われる。

　中国流？このような状況から脱出する方法として、多くの中国人はお金を貯めて小売店などを開業する事を目指す。この点は日本人の思考と根本的に違うが、私が幾多の中国訪問によってこれまで見てきた限りでは行き当たりばったりの無計画で無謀な開業が殆どである。結局、廃業して元に戻ってしまう場合がほとんど。大連に留学等で来ている日本人の若者の中にも、中国人に感化されて起業する人がいたが、現実には競争の激しい中国で社会経験も少ない外国人が簡単に成功出来るほど甘くはない。

　日本との比較〜「終身雇用制」の慣行が崩壊したといわれる日本でも、昨今、中国と似た環境になりつつある。新卒で企業に入る事が出来れば、長期的視野から会社は教育・訓練及びキャリアアップのチャンスを与えてくれるが、派遣やパート・アルバイトとして働いた場合には、パズルのワンピースとして使われ、働いている人間が会社からキャリアアップするチャンスを与えられる事はほとんどない。つまり、どちらの国に居ようとも、路線から外れた場合には、働く側が自分でキャリアプランを作って実行し、キャリアアップしてより高い給料、もしくは、より自己満足出来る職種を得なければならないのであろう。

（4）改善されないビジネスの基本～接客態度

　「外」環境における接客態度の悪さの原因はどこにあるのか？中国では、前節で述べたように「外」環境における人間関係は「平等＝ヨコの関係」が原則である。「内」環境における「緩やかな上下関係＝タテの関係」と逆になっている。

　丁寧な接客、親切な態度というものは、両者間に「上下関係」を形成してしまうと過度・過剰に考える傾向がある。平等が原則の中国の人間関係に反する行為、現象として否定・拒否されてしまう。中国では、80年代中頃までは、ホテル、デパート、一般商店、レストラン等"全て"において"最悪の接客"が行われていた。客とは平等であるという中国式平等主義である。それ故に、客を無視したり、客と平気で口論したりする。

　90年代に入ると改革開放政策が本格的に動き出し、経済活動がグローバルに活発化。これまで「国営」だけだった事業の多くの「私営」の商店、レストランなどが乱立し始め、客取り合戦が始まる。いままでのような「横柄な接客」などをしていたら商売にはならない時代を迎える。80年代に較べて、確かに横柄な接客をする商店は減ってはきているが、次の事例を通じて中国の社会現象（社会的構築されたリアリティ）をイメージとして因果関係を解明できるであろう。[29]

　2007年10月、中国の現地調査で実際に私が体験した話である。大連の中山広場の近くにある銀行に入ると個人業務と法人業務などと書かれていた。銀行員に"外貨両替はどこですか？"と聞くと、無言のまま、二階の業務窓口を指示した。窓口へ行き、外貨両替の話をしようとすると、今度はとりあえず、整理券発行機へ行けと言われた。

　整理券番号を持ち、待つこと30分。やっと両替できると思いながら窓口へ行き、担当者に日本札3万円を渡すと、申請書を渡された。氏名、パスポートナンバー、外貨金額、自国国内の住所、中国国内の居住場所、現在宿泊のホテル名などを書かされた。

　しかし、ここからが待つ時間は長かった。最初に渡した日本札のスミズミまで触り、空中に透かしてみたり。旅行証（台湾人はパスポートの代わり）は最初のページから最後までみて、記述内容と違いがないか検査した。その後、別の人物が現れ、日本札と旅行証を"どこかへ"持っていった。そして待つことは30分以上。誰かの指示でもあったのか、窓口担当者が人民元を数えだしたし、無言のまま旅行証と2千数百元を渡してきた。両替するだけだが、すべて終えるのに1時間以上かかっていた。

　80年代、その頃も窓口担当者の接客態度は酷いものだったが、両替に要する時間はほんの数分だった。申請書も小さく、氏名、パスポートナンバー、金額を書けば終了。パスポートのチェックはあったが短時間で人民元を渡された。90年代に入ると、両替できる場所も増えた。21世紀となり銀行の外観、コンピューターなどの設備も整い立派になったのだが、この両替速度の遅さは何故なのか？

　その後、ハルビンで両替したときも、やはり1時間はかかっていた。その原因を、担当者に話を聞いたところ、偽金対策であった。中国では90年代後半から「偽金」が大量に出回り問題になったのであった。確かに、小さな商店では百元札での買い物は拒否されるケースが増えた。T/Cなどにも偽造が増加し、銀行を困らせていた。その後、T/C両替に関しては、両替できる銀行を「限定」させ検査を強化することが増えた。検査を強化し安全な銀行業務を行うことは重要なことだろうが、客へのサービスを向上させることはで

きないのか？

　ここに問題があるのだが、中国人自身はそのようには考えないのである。本章の後半は改めて中国「職場環境」の内実を説明する、問題を透視することによって接客態度の悪さの原因を理解できるであろう。中国人にとって職場は「外」環境にあり、客との関係も原則「平等」という意識が強く、必要以上のサービスを考えることはなく、客の「利便性」を考えるよりは、自分の安全を優先してしまうのである。また、人民銀行と言えば国家との関係も深く、古い体質を多く引きずっているということもある。上司から厳しく管理されると、益々「自己安全」を考えるようになり、客へのサービスは考えなくなることである。経済不況、偽金横行などという状況が蔓延するようになれば、今後ますますこのような状況は継続されることになることは間違いない。

　日本人の場合は、結果として客様に"迷惑をかけた"ことへの謝罪があって当然だと思うだろうが、中国にそういう習慣はない。下手に謝れば、責任の全てを被りかねない危険性である。改革開放が本格化した90年代以降、中国は大きく変わったことは事実だが、結局は"何が変わったのか？"建築物、道路、コンピューターなどの機器、設備など「ハード」面は大いに変わったが、それを運用する「ソフト」面はそれほどの変化はなく、昔のままという状態が多々である。

　中国では、「内」環境における細やかで親密な人間関係とは「正反対」の環境が「外」にはある。なぜ、これまでにクッキリと分けるようなことになるのか？これを理解するには、もう一つの要素「共産党の動向」と「一般人民」の関係を知る必要である。

V．職場の不正から学ぶ人材育成術～疑人不用、用人不疑

　中国に「疑人不用、用人不疑」という管理実践の哲学がある。すなわち「疑ったら使うな。使ったら疑うな」という意味である。中国では不正事件の発覚は社内の大きなモチベーションダウンにつながる。不正があるとその後3～6ヶ月程度、社内がギクシャクし社員と会社側に溝ができる。しかし、その中身を反省してみるといろいろな学びがあることに気づく。

図表5-3　不正からの学び

①権限のあるところに不正がある。
②リベートはどこにでも存在する。
③におい・直感を大切にする（必ず不正の周りには小さなシグナルがある）。
④不正をする人間に限って「私は不正を絶対しません。」と言う。
⑤徹底的に予防する（ITを活用する）。

《大きな予防》
・厳格な社内制度が必要であり、会社の規則・制度は不正を徹底的に疑いながら作成する。
　（制度の実行時には完全に社員を信頼できるように）
・不正が発生したら冷徹に、徹底的に処理をする。
　（細心の注意をする総じて経営者には従業員を守る義務がある）
《小さな予防》例えば、
・PDAを使った無線オーダーシステムの導入（これは店員と料理側がつるんで知り合いに料理の量を増やしたり、勝手にサービス品を送るといった小さな不正防止に効果有）。
・150人を超える毎日の出退勤管理には指紋認証システムの使用（こうすることで、友達に「悪い、ちょっとカード押しといて。」などと言った小さな不正が防げる）。

　システムの不完全により従業員に不正を起こさせるのは経営者の怠慢である。したがって、システムや制度作りには神経を使って使いすぎることはない。かような経験を経て、管理者自身が人間不信に陥ったりする。

　まず、このような不正事件をもって単に「中国人はだめな民族だ。」という世に溢れる短絡的なチャイナバッシングに陥ってはいけない、ということは声を大にして言いたい。こういうことをする人間は基本的には非常に少ない。ただ、日本より若干その割合が多いのと、人口が多いので目立つだけである。

　不正に対する経営者の考え方は3つの大切な考え方が存在すると思われる。

①罪を憎んで人を憎まず

　いわゆる精神論であるが、その人間を恨むのではなく、不正の発生から従業員を守れなかった自分をまず反省すべきである。

②中国の歴史が不正環境を生み出したことを忘れない

　中国人の年寄りから聞いた話で「50年前の中国はね、みんな比較的おおらかで、5000年（中国人は4000年の歴史ではなく5000年と言う）の歴史に育まれた豊かな文化があり、人々は今よりももっと礼節をわきまえていたもの。それが文化大革命の時から、人々は他人を出し抜いて自分だけいい目にあうことばかりを考えるようになってしまった。」

　1960年代〜1970年代「文化大革命」という多くの日本人にとって理解しがたい歴史的な出来事が近代中国人のメンタリティーに大きな影響を与えたことは否定しがたいと思う。文化大革命の社会的影

響は職場など人間の生き方と関連性を強くもっている。[30]

　だから、現代中国の、「他人を出し抜いてでも人より早く金持ちになる、不正をしてでもお金持ちになる」といった考え方もそれを肯定することはできないものの、こういった風潮の原因の全てを各個人に求めてはならないのである。

　③疑うぐらいならその人間は使わない、使うなら疑わない

　日系企業の経営者が落胆をしていたある日、中国スタッフの一人が中国にはこういう表現があると伝えた。「疑人不用、用人不疑」信じられないなら使わない。使うなら疑わない。

　結局、事件を引き起こしたのは、完全に信じられないとうすうす感じていながらそれを長きにわたって放置した管理者に責任がある。こうしたことを理解するに至って不正を起こした本人に対する恨みどころか、不正問題の背景にある歴史性、人間性、そして、経営者の責務について改めて理解を深める。

（1）「用人不疑」という管理哲学

　中国には「用人不疑」という言葉がある。日系企業の多くは中国人に仕事を任せているようでも疑いながらであることが多い、と不満が出る。「用人不疑」──この言葉の内容が非常に重要に思え、気になって多くの中国人に言葉の意味を聞いた。二人からの返事はほぼ同じだった。それは「用人不疑、疑人不用」という中国人ならよく知っている言葉で二つの言葉からなる内容の一つである。

　「用人不疑」⇒疑っていてはその人は使えない。人に仕事を任せるなら疑わないこと。

　「疑人不用」⇒疑うなら人の扱いはできない。疑うような人なら使ってはいけない。

　「用人不疑」は「任人不疑」という言い方をする人もいる。

　言葉のルーツを調べて見よう、中国の友人にこの成語のことを聞いた。「三国志の魏書に郭嘉が『用人無疑、唯才所宜』と言ったと書かれている」と教えてくれた。そこでまた中国会社の人にその意味を聞いたら、「人を用いるときは疑っていてはだめだ。その人の才能を引き出すことこそが大事だ」ということであった。

　郭嘉という人は曹操に軍師として仕え各方面で功績を挙げ、天才軍略家として名を馳せた人である。最後は風土病を患い38歳の若さで病死。彼がもっと生きていれば三国志の内容も変わっていただろうとも言われている（曹操は郭嘉さえいれば赤壁の敗戦はなかった、と嘆いたという）。郭嘉という人物は、自分の名を売り歩くでもなく、俗世との交わりを絶っていた。一方、酒と女と博打に溺れるなど品行方正な人物とは言い難かったらしい。日本ではマンガ三国志の影響もあって破滅型天才軍師として若い人に人気がある。

　「正史三国志英傑伝・魏書」[31]の日本語訳を調べて見た。そこに郭嘉のことが書いてあった。曹操が袁紹に勝つためにどうしたらよいか郭嘉に意見を求めた。郭嘉は袁紹と曹操を対比しながら曹操が必ず勝利するはずと考える十の要因（曹操の勝因、袁紹の敗因）を挙げた。この十の勝因敗因は有名な話なので三国志ファンの日本人ならご存じだろう。その第四「度量の差」が『用人無疑、唯才所宜』の出所。「袁紹は、外面は寛大を装いながら、登用した人物を信頼しきれず、信任しているのは一族郎党ばかり。曹操はしっかり人物を見抜き、いったん登用したら少しも疑わず、才能があれば出身を問わない。」

　こうして言葉の出所を辿ると、郭嘉の「用人無疑」も勝敗の多く
の要因の一つとして言われたこと、人の能力を見抜く力があってこ
その「無疑」であること、一方で厳しさとかけじめの徹底があって
こそ「無疑」が生きること、などがよく分かった。また、三国志を
読むと他の何人かの武将も「用人不疑」に近い言葉を言っている。
あの時代、人間を信用するということがいかに難しかったかという
ことだろう。今日のグローバル社会の中で異なった国の人間が集
まった組織にも通ずるものがあろう。

　「中国歴代名家知恵」三巻のうちの一冊「帝王的知恵」に『用人
不疑、疑人不用』が唐の二代目皇帝李世民（唐太宗）の言葉として
載っていた。(32)李世民は、唐王朝の基礎を固める善政を行い中国史
上最高の名君の一人と称えられる、その治世は「貞観の治（じょう
がんのち）」（貞観はその年号）とたたえられ、後世の帝王の模範
とされた。その群臣との政治問答はのちに『貞観政要』という書名
で編集され、以後、旧時代の為政者の教科書として、中国、朝鮮、
日本で広く読まれた。為政者たちにも大きな影響を与えた。李世民
（唐太宗）は、人の能力をよく見抜きそれを信じて、人を適切に使
うことに巧みだったようであった。

　中国には、人の生き方（個人として、集団の中で）、組織の構築
と運営、いろいろな戦略・戦術などについて、数千年の間に蓄積さ
れてきたさまざまな知恵を短い言葉にしたものがある。とくに四字
で表現した熟語（中国では「成語」という）が多く、多くの会社の
中の議論でも中国人なら知っている四字成語を使って説明がされる
ことがある。日本人は聞いたことがないものが多いが、ずばりとポ
イントを突いていて私はなるほどと思うことが多い。私は今後いろ
んな成語を知っていきたいと思っている。それが中国と中国人を理

解する上でも、自分の生き方・生活の上でも参考になると思うから
である。

【　用人不疑、疑人不用　】

発音：yòng rén bù yí, yí rén bù yòng
語訳：使うと決めた以上は疑うな、疑わしい人は使うな。
補足：「疑人不用」は「疑人莫用」とすることもある。

（2）「用人要疑、疑人要用」の管理哲学

　次に、中国の管理哲学のもう一つ「用人要疑、疑人要用」をみて
みよう。日本語では「人を使う時には疑え、人は疑いながら使え」
となるだろう。中国のマネジメントの現場でもこの言葉がよく使わ
れるようだ。ただし、これは人を犯罪者のように見る性悪説ではな
く、欠点を承知で良い部分を伸ばすように指導すべきだという逆説
的な意味を持つ。

　人は誰でも欠点や弱みを持っており、それを隠そうとする。経営
者はその欠点や弱みを見抜き、それを承知で本人の成長を促すよう
にすべきであるという教訓である。こうした点を見抜けないと、だ
まされたり、不正が発生したりという事態になる。中国人社員に対
して細かく管理方式はうまく機能しない。仕事を任せなければ人
は伸びない。仕事を任せていかないとその会社に定着しない。した
がって任せる人自体をより理解していないといけない。それが経営
者の能力でもある。

　同時に、不正などを防止する仕組みづくりも大切である。一方、
任せきりになると楽な方向や私的利益が得られる方向へと走り出し
てもそれが見えなくなってしまう。この観点から監督が必要にな

る。中国に進出している日系企業でも、任せきりにした結果、社員の不正を何年も気づかずに放置してしまったというケースは多い。

　また中国における日系企業の経営者はすべての業務に関心を持たなければならない。人は自分の強い分野により多くの関心を持つが、経営に関するすべての分野に関心を持ち、同時に関心を持っているという態度を社員に示すことが必要である。「私はあなたに関心を持っていますよ」という態度が、社員のやる気をより引き出す。

　中国人は生まれた年代（時代）によってそれぞれ環境が大きく違う。経済的な理由以外にも学校へ行きたくても行けない、好きな仕事を選べないといった時代背景がある。それらの過去を背負った人々が、日々仕事に励んでいることを理解しなければならない。少なからず社員のこうした背景を考慮し、「用人要疑、疑人要用」を前向きにとらえ活躍してもらうことが大切である。

VI.　むすびにかえて〜中国人の管理哲学と管理実践

　中国はもともと国有企業が多く存在していた。つまりここ20年前まで中国人のほとんどの者が国有企業に勤務していた。国がコントロールしている国有企業で働くということは「平等な賃金体系」で終身雇用として国有企業に就職するということである。実際には、国有企業に勤務すればその企業に属する社宅に住み、食事も会社の食堂を利用する。衣食住のうち、食も住むところもすべてその会社から提供されたものを利用するのである。そんな生活の中でどこからどこまでが公でどこからがプライベートなのかがわからなくなるのだ。まさに企業小社会である。

　たとえば、今でも恋人同士、結婚した後の夫婦となった後でさえも夫の社宅と妻の社宅を交代に宿泊利用している状態である。むろん、最近は民間企業も増えたこと、一部の富裕層が個人マンションを購入することができるようになったことで事情は少しずつ変わってきている。それでも新婚夫婦で年収も低い場合は社宅を交互に泊まっているのが現状である。国有企業に所属している限り、同時に会社の机も椅子もホッチキスも鉛筆も何もかもが自分のものである、という感覚である。国営企業に慣らされた中国人は公私の境がわからなくなっているのである。例えば、こんな場合もある。中国に進出した日系企業の管理者の不満―「中国人は、会社の固定電話をまるで自分の家の電話のように使う、長距離や外国にまで平気かけている人もいる」「会社のプリンター機の中のインクなどの部品まで持ち帰る人もいた」「ランチ後、数時間休憩をとりに職場を離れ自宅で休んでいる人がいた」。

　これらの中国人の行動は日本人管理職には理解できず憤慨する。さらに、もっと驚くことにそれを見ている中国人の上司たちは当たり前のごとく見ており何も注意していない。それどころか上司さえも長電話したり、中には会社の中で昼寝するだけでなく、寝泊りさえしている。いったい、なぜ、こんなことが起きるのだろうか？それは、共産主義の平等主義が棲みついた中国企業の実態なのである。

　しかし、それだけではない。公私混合の理由には中国人の働き方―雇用意識の特性もある。キャリアアップ志向が強く、数年間で転職する中国人は日本人に比較して会社への忠誠心はあまりない。給料の高い企業や昇進させてくれる企業が見つかればすぐに転職するのは当たり前と考えている。日本企業の人事はコミュニケーション

や派閥に左右されがちで、個人の業績より部署の業績を大事にしているが、中国では企業に働く限り、自分の業績を上げ自己の能力をアップするのが自分の務めだという常識がある。それだけ集中して自分の仕事をするため、上司の顔色を伺いながら残業している日本人を理解できない。

　上司のことより同僚のことより自分の成績が一番。自己アピールが大事だから「自分の仕事さえ終われば、残りの時間は何をやってもいい」と考える傾向にある。だから自分の仕事が終了した後は外出したり電話で長話するのも当然と考えるのだ。ところが日本人はチームワークを重要視するため、自分の仕事が終わったら他人の仕事を手伝う人が多い。中国型個人主義が強い中国人の特質は、協調性を重視する日本人の特質とは相容れないものである。

　私は幾多の中国訪問での実感―「中国人が30代以上でも平均2年半で職場を辞めていく」、その理由について日本の企業関係者には不可解な中国人イメージの一つであり、進出企業の労務対策および組織設計においてこの「中国人の離職率の高さ問題」は確認しておくべき問題である、と注意を促したことを覚えている。中国人の転職率が高い理由を心理的側面から分析すると面白い分析となってくる。

　まず、日本人と中国人のキャリアについての認識差であろう。中国人にとって何年も同じ職場に勤めて経験を積み重ねるとは「その企業の中でしか通用しないスキル」を身につけその会社風土〜企業文化にどっぷりと付ける、企業と運命を共にするということを意味する。すなわち「どこでも使える人材」から「そこでしか通用しない人材」になるということになる。それは大げさに表現すれば、自分の人生を他人（組織）に運命ごと委ねることに他ならない。日本

人は、それが安定だと感じるが、中国人にはどうも大きなリスクと感じるようである。

　だから、中国人は数年で転職することを繰り返す。「いつでも辞められる」状態こそ中国人には安心できるのだ。しかし、個人の生き方としては良くても企業にとっては経験の少ない社員が多いことはマイナスである。また40代を越えると本人にとっても専門知識の習得が疎かになってマイナスになる、という点でも社員定着率を増やすことが重要であろう。

　だが、同じように転職者の多い欧米社会ではそれが日本のようにマイナスにはなっていない。この点に、多くの人は余り留意していない。中国と日本を比較する論者は多いがこの時、欧米との比較を故意或いは無意識か行わないことが多い。欧米と日本、中国と日本の比較論は多いが、不思議なことに中国と欧米の比較という視角は余りない。それでは、公平な視角ではない。欧米の転職と中国の離職とどのような差異があるのであろうか。[33]

　中国に転職者が多いことは社会にとってマイナス、逆に日本で転職者が少ないことはプラス、そして欧米では日本に圧倒され続けた少し前まではややマイナスとされていたが、今はそれを克服してプラスマイナス０という評価である。その違いについて、整理したことを書きとめよう。

（1）転職者が多いなら、転職者が力を振るえる社会システムを作る

　欧米では、組織体制が整備されていて従業員の取替えが比較的簡単になっている。テイラー・システムを突き詰めて「作業が合理化・標準化」されているため、転職しても容易に次の職場の仕事に習熟できる。また、リストラも日本よりも長い歴史を持つため社会

全体が転職馴れしている。その点、中国はついこの間まで国営企業が多数を占めていたために日本以上にリストラ馴れをしていないし、そもそも経済が資本主義体制になってから日が浅いために社会システムが整っていない。

　日本では転職者が多くなったとはいえ、所属型組織を前提にした終身雇用および年功序列はまだまだ健在だし、入社して4、5年で辞める者も多くなったが、まだ少数派であろう。それが多数を占める欧米とは違うので転職者を許容し、転職者が力を振るえる組織体制が日本では未整備なのである。だから、中国人に転職者が多いことに不満を洩らし、日本企業に転職者を活用できる体制が整っていないことを棚に上げて中国に進出した日本企業の人事部は中国人従業員のものの考え方を資本主義に習熟していない劣ったものだと考えて日本のように進んだ企業文化へ発展させ、中国人従業員が企業に留まるにはどうすればいいか、を考える。

　だが、中国人が転職することには価値観の違いがある。同じ儒教文化を共有しながら中国は所属型組織観ではないのである。所属型組織観には「対象との心理的一体化」が前提となる。中国ではかかる価値を有してはいない。とすれば、中国の離職率が高い現実は日本より劣ったシステムとみなさなくてもいいのではないか？逆に、転職や中途入社がやりやすいようなシステムを社会全体で構築するべきだろう。中国政府が行わないのならば、日系企業全体で社員教育制度の統一化とか、その教育制度を受けた社員を雇う企業は必ずその教育機関にある程度の費用負担を行う、とかしてもいいかもしれない。

（2）価値観に占める「独立自尊」「安定」「公共心」の地位

　幕末時、福沢諭吉は「独立自尊」という言葉を尊重し、他人に依存せず自分で運命を切り拓く精神こそ欧米人がその他の民族の上に立った原因だと喝破した。日本人もこの精神が尊いとは考えているが、なぜか、現代人はそれよりも「安定」「協調」を重んじる人が多い。「出る杭は打たれる」という言葉が象徴するように、仮に「協調を重んじて独立自尊をあきらめた人」と「独立自尊を重んじて協調を乱した人」がいれば、周囲には後者を批判をする者が多い。

　前述に対して中国人の場合は如何であろうか。中国人も「独立自尊」という精神を重んじるようだ。思えば華僑とは時の政府の支配に逆らって海外に活路を求めた中国人の末裔。それが全世界に推定5,000万人いる。中国史を学ぶ者には常識だが、中国には秘密結社が数多く存在して時の政府の指示に従わない者達がいつの時代にも多数存在した。清末には各地で軍閥が乱立したため、欧米列強の蹂躙を目指した。元々中国人とは、独立自尊を尊び、組織への埋没を嫌う文化を有しているといえる。

　それでは欧米人と中国人を分けるものは何か。私は「公共心」を重んじるかどうかであると思う。欧米人は、公共心を独立自尊の上に置く。「公共心」→「独立自尊」→「安定」という順番。中国人は「独立自尊」→「安定」→「公共心」。そうすると、日本人は「安定」→「公共心」→「独立自尊」といったところか、面白い比較であろう（第六章を参照）。

図表5-4　価値観に占める「独立自尊」「安定」「公共心」の地位比較

価値観	1位	2位	3位
欧米人	公共心	独立自尊	安定
中国人	独立自尊	安定	公共心
日本人	安定	公共心	独立自尊

　また、転職が多い中国での企業活動に組織設計の課題とは如何であろうか。まず、転職者が次に自分の部署に来る人のために作業をマニュアル化し困らないようにする。仕事を辞めるにしても、仕事を覚えてすぐに辞めるのではなく、ある程度企業に貢献してから辞める。こういう個々のモラルが中国人には希薄である。それは、「中国人のマネジャーを採用したが、仕事を覚えたと思ったら辞めてしまった」「せっかく教育しても、どうせ1～2年で辞めてしまうので意味がない。もう中国人は採用したくない」という日本企業の担当者の嘆きからもうかがえる。公共を重んじた上での「独立自尊」。この価値観の順番をたがえないようにすれば、たとえ個々人が独立心旺盛な社会でも、うまく機能するだろう。

　日本企業の担当者はこれまでの成功体験から日本の企業文化を誇る傾向があるが転職しにくい社会＝移動しにくい社会は閉塞感に満ちて、パワハラがまかり通り、イジメの温床となるなど、大きな欠点・矛盾も抱えていた。転職者の多い中国で、社員定着率を図ることも大切だが、転職しながらキャリアアップしていき、転職者の人材を社会全体で活用できるシステムを中国に作り上げる方向にシフトして、そこで学んだことを日本のために役立ていただければ、日本の更なる活性化にも繋がると考える。

　中国の会社では、あまりにも人の出入りが頻繁なために社内に

「組織的なノウハウ」の蓄積が進まず、企業の高付加価値化・長期
的な競争力の強化に大きな障害になっている。また、個人にとって
も専門性が身につかないため、40歳近くになっても自分の専門領域
がない付加価値の低い人材が大量に輩出する状況を生み出している
ことも実態なのである。

　同じ東アジアにある中国と日本―儒教文化（漢字文化）という
「同じ土俵」に立ちながら歴史的な経過の差による「文化」の違い
は大きい。一見、同一なる集団主義志向でありながら、一方は日本
的集団主義（所属型組織）、他方は中国的個人主義（アメーバ型組
織）[34]、これらは西欧的個人主義（キリスト教式契約型組織）とも
異なる。これらを企業の管理体制にどのように活かしていくか、今
後の課題となろう。

【注】

（1）ここでの東アジアとは、地理上の東アジアではなく、中国を中心する、その周辺の朝鮮・日本・ベトナムなどを含む地域に形成された文化圏である。ここでの文化圏は四つのキーワードから成る。すなわち、漢字・儒教・律令制・仏教を共通指標とする。

（2）中国人の「内環境と外環境」という二つの自己存在様式―意識構造は人間間だけでなく、地域間にも根を張っている。中国では日本で普通に想像される以上に、国内他地域への対抗意識が強い。1990年代のインターネットが普及しはじめたころに「河南省の人間は信用できない」、「中国には悪人が多い。とりわけ集中しているのが河南だ」、「諸悪の根源は河南人」など河南省出身者に対するネット上での"袋叩き"が持ち上がった。中央政府・共産党も対策のため、「まったく根拠がない」、「同胞に対するいわれなき蔑視はやめよう」などと呼びかけた。

　一方、ネットで、長期にわたり"バッシング"の対象になっているのが上海人である。特に北京など中国北部地域での上海人に対する警戒心は強い。港湾都市・商業都市としての上海は19世紀中ばに列強諸国に対して開放港とされたことで誕生した。その後、20世紀前半には「アジア最大の近代都市」としての地位を確立。国際的都市としての評価は東京よりもはるかに高かった。

　だが、中国国内では評価・見方が違う。商業が発達し、「機を見るに敏」という上海人気質は他地域の人の「上海人には、いつも、してやられる」との意識を生むことになった。上海人に対する「敵視」は、「嫉妬」という側面が否定できない。中国北部の人間は、広東人に対しても似たような敵意を向ける場合がある。

　北部の人間の南部出身者に対する感情は漢族にかぎったわけではなく、代表的な北方民族であるモンゴル族からも、「東北地方や北京の人間は、比較的律儀で信用できる人が多い。上海や広東の人間とビジネスをする場合には、よほど警戒しないとひどい目にあう」などの声の聞かれる場合がある。

（3）西嶋定生「岩波講座世界歴史総説4」1996年。

(4) 西嶋定生は「東アジア世界」を特徴付けるものは漢字・儒教・仏教・律令制の四者であるとし、これらの文化が伝播できたのも冊封体制がある程度の貢献をしていると見ている。

「東アジア世界」の範囲は漢字文化圏にほぼ合致し、含まれる国は現在の区分で言えば、中国・朝鮮・日本・ベトナムであり、「東アジア世界」の中心にかけられる「網」が冊封体制であるとしている。『西嶋定生東アジア史論集第三巻』を主点として記述する。

(5) 漢字の特徴についてはラテン文字に代表されるアルファベットが一つの音価を表記する音素文字であるのに対し、漢字は基本的に、一つの意味（形態素）と一つの音節を表す。1字が複数の字義をもっていたり、読みが変わって、複数の字音をもっていたりする場合もある。造字構造について、漢字は造字および運用の原理を表す六書（指事・象形・形声・会意・転注・仮借）にもとづき、象形文字・指事文字・会意文字・形声文字に分類される。漢字の85%近くが形声文字と言われている。

(6) 冊封体制という概念は西嶋定生が「六-八世紀の東アジア」（1962年）にて提唱した。単独の冊封を指したものではなく、冊封によって作られる中国を中心とした国際関係秩序のことである。このように当初は「東アジア世界」を説明するためのものであった冊封体制はその後、唐滅亡後にも拡大され、清代のように明らかに東アジア世界と冊封体制の範囲とが異なる時代にまで一定の言及をしている。

(7) 宋代には、司馬光の『資治通鑑』の影響を受けて、志磐の『仏祖統紀』に代表される、通史として叙述された仏教史書が編纂され、その傾向は元代から明初にまで及んだ。

中国地域の仏教は、北宋以降、禅宗と浄土教を中心に盛んであったが、元・清の時代には、王朝がチベット仏教に心酔したこともあり、密教も広まった。また一方で、『輔教編』を著わして儒・仏の一致を説いた北宋の仏日契嵩や、『三教平心論』を著わした劉謐らに、儒教と仏教、あるいは道教も含めた三教が融合すると主張する傾向も見られ、インド起源の仏教が次第に本来のインド的な特色を失い、中国的な宗教へと変貌を遂げて行く時期でもある。

(8)　『ブッダとそのダンマ』（The Buddha and His Dhamma）（光文社新
　　　書）とはインド新仏教運動の指導者ビームラーオ・アンベードカルの
　　　著書。彼の仏教理解を交えつつ釈迦の生涯を描く。原書は英語で書か
　　　れ1957年にボンベイで刊行された。

(9)　得丸久文、「大乗仏教論-中国儒教文化の中で独自に発展した大乗仏
　　　教～東アジアの独自宗教」国際戦略コラム情報、2006年。

(10)　溝口雄三・丸山松幸・池田知久編「中国思想文化事典」東京大学出
　　　版会、2001年。中国思想史のうえで最も基本的な六十六の概念につい
　　　て、その歴史的生成と意味内容の変遷を解説するものである。その範
　　　囲は狭義の思想史に限らず、思想文化のすべての領域にわたり、体系
　　　的な"知"の枠組を構成している。宇宙・人倫、政治・社会、宗教・民
　　　俗、学問、芸術、科学。

(11)　インド仏教が伝来する以前、中国固有の思想にすでに類似した思想が
　　　あった場合（利他行と経世済民、兼愛など）は、類似しているがゆえ
　　　に共感し受容されやすかったと推定することも可能であるし、類似し
　　　ているがゆえに受容する必要がなかったと結論づけることもできる。

(12)　「観自在菩薩行深般若波羅蜜多時、照見五蘊皆空、度一切苦厄。舎利
　　　子。色不異空、空不異色、色即是空、空即是色。……（中略）故知、
　　　般若波羅蜜多、是大神呪、是大明呪、是無上呪、是無等等呪、能除一
　　　切苦、真実不虚。故説、般若波羅蜜多呪。即説呪曰、羯諦羯諦波羅羯
　　　諦波羅僧羯諦菩提薩婆訶。」最後の「ギャーテイギャーテイ（羯諦羯
　　　諦）……」は呪文であって、「（自）度・（他）度・普度・彼岸度・
　　　覚・成就」とも、「行き、行きて、彼岸に到り、皆共に彼岸に到り、
　　　菩提の道たちどころに開く」（佐藤泰舜訳）とも意訳されています。

(13)　「論語」孔子本人言葉の中で、「子、怪力乱神を語らず（怪異、怪
　　　力、無秩序、神を孔子は議論しなかった）」、「いまだ生を知らず、
　　　いずくんぞ死を知らん（生の意味さえつかめていないのだ。ましてや
　　　死など）」というのは原始仏教の教えに近くないという思想であろ
　　　う。吾妻重二「宋代思想の研究—儒教・道教・仏教をめぐる考察」
　　　（関西大学東西学術研究所研究叢刊）、関西大学出版部2009年。中国
　　　の宋代思想を中心に、儒教や道教、仏教にかかわる諸研究を収めた論

文集と中国思想全般についてを参照。

(14) 得丸久文によれば「Sunnyata（sunya）」を理解する〜「一時性の側面は普通人にはいささか理解し難いところがある。総ての生きものはいつか死ぬだろうということは容易に理解できる。だが、人は生きていながらいかに変化しつづけ生成してゆくかを理解するのは容易くない。『これはいかにして可能か？総てが一時的であるが故に可能なのだ』とブッダはいう。これが後に"空観"と呼ばれる理論を生み出したのである。仏教の"空"はニヒリズムを意味してはいない。それは現象界の一瞬毎に起る永久の変化を意味しているにすぎない。

　　総てのものが存在しうるのはこの"空"故であることを解するものは極めて少ない。それなくして世界には何ものも存在しえないのである。一切のものの可能性が依拠するのは正にこのあらゆるものの姿である一時性なのだ。

　　「空」は広がりも長さもないが内容のある点のようなものである。

　　「空」は、時間概念であり、「広がりも長さもないが内容のある点のようなもの」としてアンベードカルは説明する。数学的に評点すると「空とはΔt（時間の最小変化量）」ということができる。

(15) 中村元著「空の論理　大乗仏教Ⅲ」春秋社、1994年、大乗仏教の中心テーマ「空」とは何か。原始仏教、般若経の空より説きおこし、『中論』を中心にその論理を扱う。「空」を言葉を離れた直感の世界の本質とし、ものが自立的にでなく他のものに依存してのみ存在すること（縁起）であると説明、「無」ではないことを強調する。

(16) 加地伸行「沈黙の宗教—儒教」筑摩書房、1994年。

(17) 加地伸行「沈黙の宗教—儒教」筑摩書房、pp22-23、1994年。

(18) 加地伸行「沈黙の宗教—儒教」筑摩書房、p44、1994年。管理者が優秀で人格が清廉潔白である場合、組織も円滑に動き、問題がなくなるという特殊能力は中国では「徳」と呼ばれる。この概念に当てはまる英語はない。

　　「徳」—この語源は中国の夏王朝の初代皇帝であるといわれる。禹という人物である。彼は治水事業に当った父の跡を継ぎ、これをよく治め、これを機に皇帝に推挙された。彼の政治は禹が清廉潔白な人物

であったために災害も少なく、滞りなく政が進んだのであった、という。それに対して、夏の最後の皇帝、桀と殷の最後の皇帝紂は人徳がなく、暴虐の限りを尽くし災害・飢饉が頻発し、やがて国家体制の終焉を招いたということで夏桀殷紂と呼ばれ、最低最悪の指導者としての汚名を着せられるに至っている。孔子の時代、彼ら暴虐非道な指導者が災難を招き、清廉潔白な指導者が安定をもたらすという思想が説かれ、これが「徳」と呼ばれるに至った。

(19) 加地伸行「沈黙の宗教―儒教」筑摩書房、1994年、p.46-47。

(20) 加地伸行「沈黙の宗教―儒教」筑摩書房、1994年、p.50。

(21) 加地伸行「沈黙の宗教―儒教」筑摩書房、1994年、p.51。

(22) 加地伸行「沈黙の宗教―儒教」筑摩書房、1994年、p.55。

(23) 加地伸行「沈黙の宗教―儒教」筑摩書房、1994年、p.81。

(24) 許倬雲「我者與他者：中國歷史上的內外分際」、香港中文大學出版社、2009年。

　　六つのシステム①中国と他国・他民族の相互作用、②中国本土と邊陲族群の相互作用、③中央政權と地域社会の相互作用、④社会上位層與下位層の相互作用、⑤市場經濟ネットワークのシステム、⑥文化・學術の側面―主流「正統」と挑戰者「異端」の相互作用～から「我者と他者」（日本語の訳で『内環境と外環境』）の形成と崩裂を分析する～この六つシステムの内部にある要素が持続的に變化し続け、お互いの相互作用で影響し合うため、新しい相互関係を生み出し、原始のシステムを変えていくことを説明する理論である。

　　許教授の視点から拠れば、「我者と他者」（内環境と外環境）の關係は継続的に變化することである。中国の歴史においては常態的で、ダイナミックなことであろう。いかに政權の換わり、經濟の發展、或いは国家の主流思想は誰かが占有としても、「中国」の本質が継続な變化システムであることは不変である。そして、継続的に發展し続ける秩序でも言える。しかし、現代においては「我者と他者」（内環境と外環境）の境界線（関係）は硬直化になってしまって、相互作用がなくなり、社会システムを動かす力は作用できなくなりつつある。

(25) 中国では、欧米および日本にける経営学という言葉は存在しない。近

い言葉は「管理科学」あるいは「管理工学」である。後者の方が一般的である。組織をうまく動かすための技術は中国では馴染まない。しかし、最近、その中国において市場経済化あるいは私企業の台頭によって「管理工学」（日本的な経営学）の重要性が叫ばれている。代田郁保「中国の管理思想（（Management philosophy of China）〜中国の管理思想と管理科学（管理工学）」（経営組織論特殊研究・講義プリント）。ここでは中国訪問の現場から得た情報をもとに、その中国の管理科学の動向を紹介されている。

(26) 個人」という言葉である。我々は、たとえば親に対する息子であり、家庭では夫であり、職場では上司や部下や同僚を持つ、というように他者との関係の中で生きている。しかし「すべての国民は個人として尊重される」と言った場合の「個人」は、まるで虚空に浮かぶ原子のように、他者との関係をすべて断ち切られた孤立した存在である。

　西部進氏はこれを「原子的個人主義」と呼び、それに対して日本においては「間柄」を重んじ、関係者とのつながり方を意識した上で、自分の独自性を主張する「相互的個人主義」があるとする。

　日本語には「間」を意識した言葉が多い。「人間」とか「世の中」、「世間」という言葉自体に、すでに「間」という意識が入っている。相互的個人主義では、個人と個人との間柄がネットワークとなって社会を構成し、個人の本領もその間柄の中で発揮されると見る。家庭では「良き夫、良き父」と愛され、友人からは「信頼できる男だ」と言われ、また職場では「頼れる奴」と評価される……「より良き生」とは、このように他者との間柄において発揮される。

(27) タテとヨコの「間柄」。個人が家庭や職場・学校などを通じて、他者とのつながりを持つというヨコの間柄を「社会性」と呼ぶとすれば、もう一つ「歴史性」というタテの間柄がある。我々は先祖から子孫へとつながる家系の中である位置をしめ、また職場や学校の伝統の中で生きている。そして広くは日本民族の長い歴史の流れの中に生を与えられている。日本が侵略戦争をした」として罪悪感を抱く人はわが国の先人に対してつながりを感じているからである。原子的個人主義から言えば、たとえばドイツのワイツゼッカー元大統領の次の発言

のように、ナチスの罪でさえドイツ民族として引き受けることを拒否しうる。

　一民族全体に罪がある、もしくは無実である、というようなことはありません。罪といい、無実といい集団的ではなく個人的なものであります。原子的個人主義では、社会性も歴史性も意識されず、虚空の中で孤立した生を送っているという見方に導かれやすい。そうなると、麻薬に浸ろうと、援助交際しようと、自分さえ良ければそれで良い、それが私という「個人の尊厳」だ、ということになってしまう。

　「他人に迷惑をかけるな」とか「法律や学校のルールを守れ」といっても、それは他人や社会との「間柄」の問題なので、真の原子的個人主義者には通用しない。相互的個人主義なら「我が校の伝統を汚すな」とか、「ご先祖様に対して申し訳ない」とか、さらには「郷里の偉人に続け」「国威を発揚しよう」などと、「他者との間柄」がテコとなって、より良き生を目指す動機として働きうるのである。

(28) 同済大学郝彤教授によれば、中国では離職率が高くなる時期が年間に2回ある、という。

　一回は2月頃、そしてもう一回は8月である。これは頷けないことは無い。1月〜2月にかけては中国の旧正月—いわゆる春節がある。一年間、工場労働者として仕事をし、幾許かのお金を持って遠い実家に帰り春節を祝う。春節が終わったら、また都会に戻り、別の会社の工場労働などに従事し、仕事をしてお金を稼ぐ。

　もう一回、離職のピークは8月である。これは中国のほとんどの学校が9月から始まること起因する。つまり、お金を稼いで就学し、お金がなくなったら休学または退学して工場に入社し、労働に従事し、お金が貯まったら復学する。そう言ったパターンが少なくは無い。そう言った時期には離職率は15％とか20％、或いはそれ以上になるらしい。

(29) 綱倉久永「組織研究におけるメタファー」『組織科学』Vol.33-No.1（1999）白桃書房、pp.48-57。隠喩とイメージの関係は、赤羽研三『言葉と意味を考える I -隠喩とイメージ』夏目書房、1998年を参照。機能主義分析と解釈主義分析との方法論的対立の構図を通じて鮮

明にされたごとく「組織メタファー（Metaphors）」の登場であった。すなわち、組織の定義において目的手段説明（機能主義的分析）からシンボリック的把握による説明（解釈主義的分析）への移行である。メタファー（Metaphors）は分析や総合ではなく、象徴を通じて直感的・図像的な把握方法である。言語の理論的把握とは別次元での用法である。

　客観的な法則を定位してその背後にある因果関係を解明する科学としてではなく、複雑化した社会現象（社会的構築されたリアリティ）をイメージとして捉える方法論である。メタファー分析とは、G. レイコフ（George Lakoff）とM. ジョンソン（Mark Johnson）によって提唱され、その後のメタファー研究の興隆を巻き起こした方法論である。一般に、メタファーの機能には三つあるといわれる。第一は伝達機能。コミュニケーションにおいて相手の既有知識を利用した「たとえ」を用いて、平易な記述や説明が可能である。つまり、メタファーは言葉通りに表現できない「暗黙知」を伝達できたり、「簡潔」あるいは「婉曲的なコミュニケーション」でそのもつイメージを伝えることが可能である。第二は、概念を構造化したり、理論を構築する機能である。ある意味で、メタファーの変化が理論やパラダイムの転換を支える。第三は、概念をさらに拡張や変化、あるいは創造機能は新しい「メタファー」を作り出し、概念をさらに拡張・変化させる。

　このように組織現象という事実の体系化と隠喩（暗喩）による組織に関する共通理解は80年代に入り「組織のメタファー」が重要な鍵を握ることになる。ただし、メタファーには危険性も指摘されている。メタファーは機能として日常言語、概念、思考、理論に浸透しているゆえの危険性である。第一に、間違った推論や一般化をする危険性。第二は、メタファーが実体化されたりドグマ化される危険性。

(30) 文化大革命とは、中国1960年代後半から1970年代前半まで続いた共産党指導部に煽動された暴力的な大衆運動である。当初は事業家などの資本家層が対象となり、さらに学者・医師・高級官僚などの知識人等が弾圧の対象となった。その後、弾圧の対象は中国共産党員にも及び、多くの有能な人材や文化財などが甚大な被害を受けた。

　　期間中の行方不明者を含めた虐殺数は推計で約3000万人～約7000万
　人（中国当局の発表―作家ユン・チアン著書の「マオ 誰も知らなかっ
　た毛沢東」では犠牲数を概算で7000万人と推計している）といわれて
　いる。これによって中国の経済発展は20年遅れたと言われている。
　　なお現代中国政治を専門とする政治学者中嶋嶺雄は中華人民共和国
　が建国（1949年）以降、人民への弾圧・迫害・虐殺行為など犠牲者総
　数は2億人前後に及ぶと推計している。
(31) 陳寿　著・裴松之　注「『正史三国志英傑伝』成る 魏書下」中国の思
　　想刊行委員会編訳　徳間書店、1994年。
(32) 叶舟編著『中国歴代名家知恵』中国長安出版社、2006年。
(33) 欧米の歴史の中から生まれた個人主義～「個人の尊厳」を説く原子的
　　個人主義の源をたどっていくと、1776年のアメリカ独立宣言における
　　「造物主によって人は生まれながらにして平等、自由、その他の天賦
　　の権利を授けられている」という一節にいきあたる。造物主とはキリ
　　スト教のゴッドである。本来、人間は原罪を持つ罪深い存在であり、
　　ゴッドのみが尊厳性を持っていたのが、やがてルネッサンスを機に、
　　ゴッドから授かった理性と良心の力にこそ「個人の尊厳」がある、だ
　　から個人が「天賦の権利」を持つのも当然だと考えられるようになっ
　　た。「個人の尊厳」説はアメリカ独立革命やフランス革命などで、専
　　制政治と戦う上で重要な役割を果たした。
　　　このように原子的個人主義は、キリスト教を母胎とし、専制政治と
　　の戦いという欧米の歴史の中で発達した人間観なのである。しかし自
　　由と民主が実現した後で、ゴッドの尊厳や人間の罪深さが忘れられ、
　　「個人の尊厳」だけが言い続けられると、欧米諸国においても道徳の
　　崩壊に悩まされることになる。
　　　まして初めからゴッドの観念など持たないわが国において、占領軍
　　によって「個人の尊厳」を押しつけられ、なおかつ今までの社会秩序
　　の基盤であった相互的個人主義を破壊されたのでは、現在のような道
　　徳崩壊に陥るのは必然である。「個人の尊厳」は現代社会では中国や
　　北朝鮮のような国々でこそ、なおも叫ばれねばならないが、わが国の
　　ように自由も基本的人権も達成された社会において、それのみを念仏

のように唱え続けるのは、まさに「戦後的腐儒の軛（くびき）」である。我々はまず西欧的原子的個人主義を唯一絶対、人類普遍の原理と信仰する迷妄から目覚めなければならない。

(34) アメーバ経営として最も有名なのは京セラである。システムの各部分が自主的に独立しており、しかも全体として調和とまとまりがなければならない。一般な定義では分権型の組織と指す、自己組織性や、自律性、循環性、自己言及とっいった概念が不可欠である。コミュニケーションは、民主的で、組織システムンは、流動的という特徴を持つ。

第六章

アジアのビジネス文化と現代中国の職業観

Ⅰ．現代中国におけるビジネス文化

　本章は、東アジア―儒教文化の発祥地・中国の管理思想とマネジメント哲学さらに現代中国人のビジネス観の変遷の課題について中国人の価値観の変化と新しいビジネス様式に論究するものである。可能な限り、理念的な論議・論争を避けて中国人の思考様式および行動原理を具体的な事例研究を通じて真の中国ビジネス像（実情）に接近してゆきたい。そして、かかる中国（大陸）と筆者の生活基盤（儒教文化）である台湾＝台湾におけるビジネス事情（職業観と人事様式）および管理思想の差異についても念頭に入れて言及したい。[1]

　まず、現代中国の経済発展とビジネス観の根底にある中国人固有の思考様式・商慣習・職業観などを詳細に検討を加える。次に、中国人の思考様式を明確にした上で共産主義思想からの脱却―すなわち、改革解放後（1978年）の中国における職場環境、とりわけ1990年代以降の中国人のビジネス観を概観する。そして、現代中国において支配的な「職業観とビジネススタイル」を整理する。儒教思想および共産主義思想という二つの思想を乗り越える新しい現代中国

の管理思想を市場原理との関係において鮮明としたい。

　そして、伝統的中国文化と中国人の行動原理（交渉術）について言及する中で、競争原理と公正原理の間（はざま）において今も生き続ける「階層間の格差（効率主義）と階層内の平等主義」の混在―「内の環境」と「外の環境」という中国人固有なる生活空間＝意識構造を解き明かしたい。[2]この点にこそ中国人の価値観―すなわち個人主義的価値志向の原点があり、職業観およびビジネス文化を形成する基盤である。階級なき社会における競争原理―それはまさしく現代中国の本音と建前を表現している。どのような職業観のもとで「ビジネス世界でのキャリア」を積み、成功を収めるか。改革開放後の多くの中国人の人生哲学となっている。

　本論文の対象は、1992年以降の中国企業、とりわけビジネススタイルとビジネス観であり、とくにビジネス・フィーバーといわれた1997年以降の中国人特有の会社意識・仕事観・対人関係への言及と中国人固有なキャリア志向の実態を論じる。方法論としては、中国のマネジメント哲学と職業観―成功するために必要な管理知識と実践的技法、価値観に占める「独立自尊」「安定」「公共心」の地位などをキータームとする文化論的アプローチをとることになろう。最終的には文化要因と政治要因によるビジネス様式の差異を中国大陸と台湾において検証してみたい。

Ⅱ．中国人の職業倫理とビジネス観の変遷

（1）現代中国のビジネスの価値観の変遷

　現代中国におけるビジネスに対する価値観は1978年以来大きく変貌してきた。現在では、多くの中国人は「ビジネス」が世間から受けられる職業として見られている。かかるビジネスに対する価値観の大きな変化を中国の新聞はビジネス・フィーバーと呼ぶ。特に1996年〜2005年の10年間は多くの人はお金を稼ぐもっともいい手段としてビジネスを選考した。[3]この状況は特に知識人に当てはまり、彼らはいま最も良い職業選択の一つとしてビジネスがお好ましいと考えた。それまでの中国の知識人は儒教文化という伝統的価値にもとづき役人になる道を選択したのと比べて大きな価値観の変換である。この変化は段階論的に説明ができる。中国の改革開放政策と職業倫理との関連から理解できよう。

　まず、1984年に私的ビジネス活動が社会的に認められるようになる。すなわち、副業の解禁である。国有企業下で「鉄の食器」のなかで与えられた職業・仕事を遂行する共産主義的ロボットから一歩進んで自らのインセンテイブによって労働を位置づけることが可能となったのである。一気にビジネス・フィーバーがおこった。その時（1984〜）のビジネスへの志向には多くの国有企業の従業員・農民・大学生や知識人たちが「新しいパートタイムの労働市場」に参加し始めた。いわば、副業としてのビジネスである。[4]

　次の1990年に現れた次のブレイクでは、職業観もビジネス観も異なる行動原理を生む。すなわち政府の役人・大学教員などエリート

達が商業部門に転出し始めたことに特徴がある。何千、何万もの中国の最高頭脳が「鉄の食器」＝国家による職業の保証を捨てて将来において不確実なビジネスの世界に入っていた。

このビジネス・フィーバーにより短期と長期に派生する問題が出てきた。短期には、それは給与や労働条件の再調整、すなわち鄧小平型改革の期待をどのように再調整するかを意味した。長期的には、中国の普通の人々や知識人の伝統的な信条（職業倫理）に大きな変化を起こっていた。ビジネス・フィーバーは中国3,000年にも渡る社会的価値観—役人官僚になることが学問の最終目標であるという観念に終止をつけたのである。これは完全な社会的機能および役割の逆転である。[5]

一世代も経ないで中国の知識人はその立場を儒教的価値観の番人から中国の社会的・経済的資源の活用とその偉大な代理人・提唱者へと転換した。これにより、現代的ビジネス文化の明確化、すなわち成熟化が中国全土で加速された。

以上の流れを再度、伝統的職業観からの脱却、新しいビジネス観の生成として三つの段階を時系列に確認してみよう。[6]①1984年の改革　②1992年の改革　③1997年の改革、1984年〜1992年〜1997年のビジネス・フィーバーの特色について解説する。

①1984年の第一次フィーバー

同年に〈私的ビジネス活動〉が社会的に認められるようになり第一次ビジネスフィーバー（第一次ブレイク）がおこる。多くの国有企業の従業員、農民、大学生や知識人たちが新しいパートタイムの労働市場に参加し始める。セカンド・ビジネスの容認と参加の構図である。

②1992年の第二次フィーバー

　政府の「社会主義的市場経済」という国是の採択によって政府の役人・大学の教員などが商業部門に転出し始めたことに特徴がある。何千人もの中国の最高頭脳が「鉄の食器」＝国家による職業の保証（国有企業）を捨て将来において「不確実なビジネスの世界」に入る。

③1997年の第三次フィーバー

　現代企業制度（株式会社制度）導入（1996年）により自らビジネスを興す新しい起業家が大量に現れる。そこにはビジネスこそ「人間的価値を表現できる職業」であるという哲学が横たわる。起業・創業へのビジネスフィーバーである。ここでの職業観の変遷と共に重要となるのが、中国「職業倫理」である。公益志向から私益志向への転換には中国独自の共産主義論と経済発展の論理があるのである。次のこれらの点をみてみよう。

（2）現代中国の職業倫理と私的利益追求の是非

　過去において、儒教の信条では「利益の追求は不道徳である」と強く説かれていた。また、共産主義思想によっても私的利益追求は否定されてきた。この二重なる「利益追求」への拒否は中国人労働者のインセンテイブを徹底的に阻害していった。[7]

　しかし、今、明白な根拠をもってこの見解は新興のビジネスマンや企業経営者に名乗りを上げた中国人の多くの者により否定されている。今、中国のビジネスマンが議論していることは「利益のあがるビジネスは物的人的資源の効率的公平的な利用の実際的手段であ

る」ということである。非生産的で利益のでないビジネスは今では資源の浪費であるとさえ考えられている。そのために、企業経営者たちは社会資源の最適配分を確保するため効率的なビジネスの重要性を説いて活動している。[8]

　こうしてビジネスについての価値観の変化は次のことを意味する。つまり、中国の人々は、よきビジネスが強く自信に満ちた繁栄の中国を意味し、単に個人の利益の追求ではないと、受け取るようなっているのだ。[9]かかる基本的な価値観の変化により、次のような「新たな信条」が生まれてきた。つまり企業組織（会社）は次の基本的な社会的期待に合致しなければ、存在するに値しないということである。[10]

　①企業は全体共同のために存在すべき。
　②ビジネスは利益を生まねばならない。
　③特定の企業は市場の競争力を維持していなければならない。

（3）中国型効率性の論理

　中国社会は多民族国家だけでなく、地域間格差など実に複雑である。中国人は儒教文化や共産主義思想によって異なった社会階層の不平等になれてきた。しかし逆説的だが同じ社会階層のなかでは伝統的に「完全平等を求める社会」でもある。同じ階層での完全な平等という主張は効率性より平等性を優先することである。[11]

　上述の「新たな信条」により、中国のビジネス哲学は競争力である。明らかに、世界経済において成功するビジネスの鍵は競争力である。中国ビジネスマンの多くは今日、常に競争的価値についてセンスを磨いてる。過去には多くの中国人がビジネスのこうした点（競争的価値）を資本主義の悪魔とみなしていたが、現在ではビジ

ネスに対する人々に対する態度は、従来では考えられないほどに変化をもたらしている。

　そして、同じ社会階層のなかでは伝統的に「完全平等を求める社会」である。同じ階層での完全な平等という主張は効率性より平等性を優先することである。中国の最近の経済改革はこうした古い価値観を転換させるきっかけになる。それは新興の企業家階級のキャッチコピーになっている。ここで最も重要な点は、効率が利益と同等であり、利益は全体として国家にとって機会（雇用拡大等）をもたらすのである、と人々が受け取るようになったことである。[12]

（4）中国での社会的関係価値

　中国では、ビジネスは事業体＝会社間の取引きというより担当者個人間の取引であると考える。個人間の信用関係がビジネスの出発点である。かかるビジネス原理に基づいて個人的な関係が中国のビジネスでは優先的な役割を果たす。中国のビジネスマンは個人的な外部のネットワークをつくりあげることにより大きな関心を払っている。これにはいくつかの現実的な理由がある。

　第一に、市場は競争が激しく、資源は限られていることである。原材料には稀少性がある、資本へのアクセスや取引過程での認可などの実体のない資源も限られている。実際に、現代中国におけるあらゆるビジネスは中央や地方政府当局の発行する特別な許可証を得なければならない。認可を得られるかどうかは関連当局との良い関係にあるかどうかに係っている。

　たとえば中国では特定のいくつかの企業だけが直接輸出入業務を行う許可を得ている。許可はたくさんの当局部門から得なければならない。許可を与える官僚は一般に適用規則に従わねばならない。

しかし役人は特定の問題で臨機応変に対応して自分のネットワークのメンバーを自由に支援しても良いことになっている。欧米ではそのような行動は非論理的でありビジネスとしては否定されよう。

　第二に、中国式ビジネスの見方からすれば、人的ネットワークはお金よりも価値があると考えられる。中国のビジネスマンはビジネスの人的ネットワークを営業上の投資または保険と見なしている。中国の組織で中国文化の階層秩序の価値観が民主的意思決定スタイルを育てることは期待できないであろう。中央集権国家中国では、権力者との関係がビジネスを遂行する上で最優先事項である。

　なぜならば、中央政府の認可・許可なしには私的ビジネスも運用できないことを中国人は全員が知り尽くしているからである。事実、中国社会では権力を有する少数の人が組織の重要な決定を下すか、同意を取りまとめるかする。したがってかかる過程でカギになる人物に認められ、すばやく良い関係を築いておくことが決定的に重要となる。

Ⅲ．中国のビジネス様式とマネジメント哲学

　中国のビジネス様式について人事管理面から整理してみよう。[13] それは欧米諸国にも日本にも見られない中国独自なるビジネス様式を説明することになろう。この中国企業の人事管理は中国人のマネジメント哲学を反映させている点を明確にしたい。

（1）中国のビジネス思考の基本

　中国人は会社ではなく個人に対する忠義心のほうが強い。ローカル社員との良好な関係を築くには何事もはっきりと口に出して伝

え、自らぶつかっていく姿勢が重要である。[14]

　まず、中国ビジネス思考における基本は仕事における「責任と権限─成果と報酬」を明確に決めることである。中国ではジョブホップが頻繁に行われ、それによってキャリアを積んでいく、という意識もある。このため、せっかく将来の幹部候補と期待していた人材が突然退職してしまうリスクもある。優秀なローカル社員の人心をつなぎとめるには、どういったことが有効なのだろうか。これには3つのポイントを整理した。

　一つは、自分の考えややりたいこと、目指していることをはっきりと口に出して言うこと。「君たちを幸せにするためには……」など日本であれば気恥ずかしくなるぐらいの言葉を使う。そして、相手の言うこともきちんと聴く姿勢が大切である。

　二つ目は、権限と責任の両方を与えること。中国人の多くは、「自分は何のために雇われて、どういう仕事をすべきか」ということを強く意識していることが多い。したがって、それを明確にして提示する。日本の組織のようにチームワークや連帯責任というのは通用しない。「これはあなたがやる仕事」という権限と同時に、「やらなかったらあなたの責任」という責任も明確に与える。たとえば中国ではＡさんが残業していても同じチームの他のメンバーは先に帰ってしまうことが多い。それは、もし「手伝おうか」と他の人に言われたらＡさんは「どうして私の仕事を取ろうとするのですか」「この仕事は私が任されて権限を与えられているのだから取らないでください」と思うだろう。つまり、自分が任されたことと果たすべきことをしっかり認識しているのである。

　そして、三つ目が、成果と報酬の明確化である。これは、「どれだけの成果を上げれば、どれだけの報酬がもらえるか」というのを

明確にする、ということ。日本のように、成果はチーム全員の努力によるものであるからボーナスは皆で均等にというのは中国では通用しない。「頑張った人は多く、そうでない人は少なく」と差をつけることが人事で大切なことである。さらに、中国人は自分の能力を他者にアピールしたがる傾向がある故にボーナスの奨励などを社内報やプリントといった形で公表する仕組みを作ることも必要であろう。

　中国のマネジメント哲学で重要になるのが、明確な基準を設けることである。日本では、人事の査定でも「協調性」や「将来性」といった漠然とした基準を設けがちであるが、これは人によって基準が違うために中国での社員には不満が残るだけである。したがって、中国では従業員をうまく使う、束ねていく哲学として「数値化された明確な基準」を作り、それに基づいて報酬に差をつけることが何より重要である。[15]

（2）中国人の交渉スタイル

　次に、中国人の交渉スタイルによって中国のビジネス様式を確認しておこう。

　中国におけるビジネス交渉は一種の競争原理である。交渉は、交渉間の双方が他方の交渉スタイルを認めなければ衝突を引き起こす可能性を極めている。多くの書物は中国ビジネス文化に関する一般的なガイドラインを示しているものの、いつもそれが適用できる情報とは限らない。交渉術は学んで応用すべき技術なのである。

　ここでは中国人の交渉術の特質、とりわけ接待の役割やビジネス戦術の事例を紹介する。[16]

①ビジネス関係と交渉

　中国人と欧米人の交渉における根本的な差異は、中国人が交渉の場で双方の階層的地位や面子を重視していることである。中国人は交渉過程すべてにわたって厳格な階層秩序的な管理のもとにあることを主張する。中国の文化の歴史が中国人の交渉スタイル、交渉団内の役割、交渉手段、契約の履行方法などに反映されている。

②個人的関係から出発する交渉

　中国の交渉者は即座に交渉に入っていくより最初ビジネスに関係のない一般的話題について相手と話すことを希望するだろう。こうする目的は交渉が始まる前に双方で個人的な関係ができるかどうかを判断するためである。中国のビジネスマンは相互の信頼関係を築く手段として相手への尊敬を示めそうとする。交渉者同志における個人的関係の樹立は、単純な友情関係をつくりたいという純粋な行為であるが、機会を最大に活かして交渉の成功に導く戦略でもある。交渉時の約束は破棄される可能性を極めている。しかし、中国人は強力な個人的関係は簡単には破られ破棄されることはないと信じている。[17]

　個人的関係はビジネス活動には絶対に必要なものであると考えている。個人的信頼関係は契約や法律よりも頼りになると考えている。つまり、双方の社会道徳的関与が交渉のゴールへの到達を保証するという考えである。中国国内のビジネスではこうした傾向はより強い。中国人は交渉の前に非公式でビジネス抜きの話し合いをして友情を築くことからはじめたいと思っている。現に、中国の交渉者は交渉の当初から個人的関係をきずくことにあらゆる努力を

はらっている。こうした努力は、夜の接待、レセプション、セレモニー、観光など、さまざまなレジャー活動の形をとることが多い。

　中国式の多方面にわたる文化活動へ参加を前提とした個人的関係の樹立が大切である。交渉には時間、費用やエネルギーの浪費であるように見える。また度重なる儀式にもみえる。中国ビジネスで交渉をうまく運ぼうとするなら、組織間＝会社間の効率性重視の交渉スタイルではなく、個人間の交渉スタイルが中国式である。[18]

（3）交渉と妥結の区別

　中国で重要なビジネスポイントは、たとえ合意にサイン＝契約の成立しても中国との交渉過程には最終段階がない。[19]中国では「双方の利益になる契約」を結ぶことを好み、一方が面子を失ったり双方の利益を確保できないようなビジネスは好まれない。中国人にとり、理想的な結果とは双方が大きな損をしないことである。しかし、いわゆる交渉の最終段階後に重大な誤解が生じることがある。中国の交渉者は交渉過程を解放的最終段階と捉まえているからである。

　これは中国人と欧米人とが合意で契約にサインすることの意味がそれぞれ異なった捉え方をしているからである。中国人にとり、サインした合意は単に協力の第一幕の終わりを記録したものに過ぎない。つまり、契約の履行の前後で補足的な交渉が必要をされるかどうかである。中国ビジネスマンは、「契約には必ずカバーしきれない抜け穴があり、とくに複雑で巨大なプロジェクトでは初期の交渉時には予期しなかった問題がいっぱい出てくる」[20]と主張する。事実中国の経済的社会的状況は目下のところ変化と改革に大きく左右される。中国の経済状況変改によって欧米との共同プロジェクトは

失敗を導かれることもありうる。そのため、中国の交渉者は当然契約のサイン後補足的な交渉を確保し、リスクを減らそうとしている。

　この問題の説明に役立つもうひとつの要因は、中国のビジネスマンには契約や合意の厳格な法的効力をあまり意識してない人もいるということである。中国のビジネス関係は個人的な友情に基づいているので、こうした友情は法的文書より信頼を優先させる。多くの中国人が思っていることは、合意や契約は文書として一覧できる点が長所であるけれども、文書による合意の弱点は変化に対応できず、信頼や友情関係に依存せざるえないということである。中国のビジネスマンは普通の「契約の履行」を口にするが、しかし、履行プロセスでも別の解釈や新たなる妥協を探しつづけている。彼らは契約を取り組んでいく合意目標と見ている。

　こうした中国式の曖昧さが外国の交渉者に大変不満をもたせることになる。合意後の争いの可能性を減らすためには欧米のビジネスマンは中国の担当者と、目的に照らして契約の諸条項を注意深く確認しあうべきである。またサインする前に合意や契約の正確な内容を説明し、中国側と再確認しあうことが必要である。これは忍耐と時間を要することであるが不必要なトラブルを回避するもっとも効果的である。[21]

（4）交渉の終結と契約関係

　中国人によれば、経験豊かな交渉者は現在および将来の交渉における成功を脅かすような対抗的スタンスは意図的に避ける。欧米の交渉者に比べて、中国の交渉者はあまり攻撃的な交渉スタイルをとらない。両者の相異は異なる文化＝主に友好関係にと基づいた中国

の文化的価値観から生まれるものである。

　交渉期間中における公開の場での論争は危険信号である。中国の
ビジネスは、調和は面子の保持しだいであり公の会合での攻撃的な
態度は双方の面子を傷つけるを考えている。必然的に攻撃的な「議
論」は双方に個人的および職業的なダメージを与える。結果的に中
国のビジネスマンはなるだけ訴訟や公的調停に持ち込まれることを
避けようとする。

　もし訴訟や公的調停が避けられない場合、結果がどうなろうが中
国のビジネスマンには「今回は取引きがないが友情は依然として重
要である」（生産不成情意在）という中国的な原則が破られたこと
になる。

　中国人によれば公での対立は信頼に基づいた双方の協力関係と依
頼が終わったことを示している。こうして公での論争は多くのビジ
ネスの機会を失うことにつながる。

Ⅳ．現代中国の価値観と個人主義的キャリア志向

（1）儒教文化における「中国型」個人主義について

　中国は儒教文化国家として集団主義であると考えられてきた。
しかし実際は極めて個人主義的志向が貫徹するビジネス世界があ
る。[22]

図表6-1　「中国型」個人主義

「組織」（会社）のために「自分」（個人）が必要である（集団主義）
「自分」（個人）を伸ばすために「組織」（会社）がある（個人主義）

　現代中国では会社への帰属意識は極めて薄い。中国人の帰属は国家でも企業でもなく家族である。国家も政治も企業も信じない。信じられるのは血族・家族のみである。これは政変が続いてきた中国人の生き方であり、中国型個人主義の生き様である。[23]

　中国の人事管理面についてのポイントは、欧米とも日本とも異なる独自なものである。最近の中国企業の人事管理面〜雇用・昇進・評価・賃金体系・権限委譲・職務体系などから三つの特色を説明しよう。[24]

　①現代中国での雇用関係は「1年から3年」の有期労働契約が主流である。したがって、短期精算型評価や賃金体系が進展している。

　②組織中心主義ではなく個人中心主義の職務編成であり、権限委譲と責任体系が明確に。

　③キャリア・アップの志向と業績主義。

　キャリアアップは、同じ会社では不可能であり、個人の「業績明示」の仕事志向である。有期労働契約でキャリアアップをめざす中国では長期的雇用は馴染まないシステムである。欧米企業や日本企業に比べて「入社時の給与」は低い。特にホワイトカラーにおいて中国の賃金水準は低い。

　以上の特徴から中国の人事管理は極めて「労働力管理としてドライ」であることが分かる。かかる中国の労使関係＝組織と個人の関係においては、日系企業の「現地化」が遅れており、欧米企業に比べても人事政策の面で人気がない。したがって、日系企業は、個人の「発展空間」（キャリアデザイン）が見えないし描けない会社の対象となる。中国人は、常に権限委譲と責任ある仕事を強く求める。自己中心主義の行動原理が前提である。[25]

図表6-2　現代中国型個人主義と欧米と日本の比較

中国人	中国型個人主義	「独立自尊」→「安定」→「公共心」
欧米人	西欧型個人主義	「公共心」→「独立自尊」→「安定」
日本人	日本型集団主義	「安定」→「公共心」→「独立自尊」

・中国人のビジネスマン行動原理（自分にとって会社とは何か）

①会社とは自分を伸ばす場所である。
②いつかは自立・独立すること。
③独立のためのネットワーク・人脈作りをすること。

　中国において共産主義思想が機能していた時期には、国有企業のなかで「均一なネジになれ！」と教育された。改革開放後は一転して「ユニークなネジになれ！」である。つまり、均一のネジは代替可能であるゆえに不都合が生じたら、すぐ取り換えられる。自分の専門を極めて高い技術を持つプロフェショナルをめざすのである。会社はいつかは潰れる―信用できないという認識なので、組織＝会社への一体化（帰属意識）よりも自分のキャリアの方が優先される。[26]

（2）中国型的秩序と中国人の行動原理

　「中国型」個人主義における「権利の極大化」と「義務の極小化」の行動原理として現れる。大陸国家の中国は古来より異民族との葛藤が絶えざる課題であった。王朝も絶えず変転、漢民族が異民族に支配される時代も多かった。[27]
　中国の地理的・歴史的プロセスから漢民族は"国民"という概念をもち得ず"人民"という概念をもつに至りここに中国人が個人主義へ

の「生きざま」となる。このような歴的背景から中国人は基本的には国家や政府を信じない。会社も自分の居場所ではない。自分の家族・血族しか信じない。このことが「権利の極大化」と「義務の極小化」という現代中国人の行動原理を生む。[28]

　すなわち、現代中国人は個人主義という民族性から「権利の極大化と義務の極小化」を図ることがすべての行動局面において大前提となっている。しばしば、日本人経営者は、「中国人と契約しても契約を守ってもらえない。代金を支払ってもらえない」と嘆いている。しかし、代金を極力支払わないということが中国人にとって「義務の極小化」に努めた行動結果であり、民族性に適ったごく当たり前の言動と言えるのである。

　また、中国型個人主義は中国社会のシステムや習慣の中にも度々見られる。この個人主義の延長線上に家族主義、地方保護主義、さらには人治主義がある。中国人は国家を信用していない代わりに家族（血族）や真の友人（親友）をとても大切にする。

　中国の個人主義的行動はすべて個人主義に起因させることはできるであろうか？確かに、若い中国人は会社関係より、親族関係・友人関係を重要視する。これらの中国人の行動原理には、中国人の「内環境と外環境」の問題に大きく依拠している。[29]

図表6-3　内環境と外環境の範囲

内環境	家族・血族・友人・地域
外環境	国家・政治・企業・地域

（3）中国におけるキャリア志向と転職問題

　中国ではキャリア志向である。中国人には「有名な大企業に長期間勤めたい」という意識が薄い。彼らにとって会社は「勉強する場」（自分のキャリアを積む場）という認識が極めて強い。それ故、自分にとってこの会社はこれ以上習得することがなくなると分かった時点で、即、転職を考える。2008年1月に中国で実施された「新労働契約法」には労働者の利益を保護するために雇用の安定化・長期化を図らなければならないとあるが、裏返せば、今の中国には終身雇用制度は存在しないという証明である。[30]これらの中国人のキャリア志向が人材の流動性が高い要因の一つにもなっている。

　もう一つ、中国人自身の認識問題である。[31]中国の若者には強い転職の意識が強くあり、責任ある仕事やより高い収入を求めて転職を志向する。また地方から大都市にやってくる者も多く、もともと流動性が高い。かかる社会環境において中国日系企業は中国の人材を長期的に引き止めることが難しくなってきている。転職が高いキャリアアップと考え、同じ会社での経歴は自己のキャリア・アップにはつながらないと考える。

　中国社会における信頼関係の基礎とは、「個人間信頼」と「組織間信頼」[32]二つ分けて（ⅰ）自我を中心とする両当事者関係の拡張・希釈およびネットワーク化。（ⅱ）職場を中心としながら両当事者関係を超えた社会の公共空間。

　中国社会は、①親族朋友個人間の信頼（家族的私徳）を重視、②共同結社組織間の信頼「団体的公徳」に欠けている。①は、感情や互恵性を基礎として外部の視点から観察し評価することが難しい。

②は、理性や機会主義的動機を抑制する協力を必要として相互信頼の安定化・制度化をもたらすものである。

　組織間信頼の一つの最も顕著な特徴は相互の集合的信頼にある。これは人間相互信頼の総和でもなければ組織トップ（長官）たちの間に行なわれる個人的な信頼交換でもなく一種の全体的な相互信頼すべての成員のコンセンサスを前提条件とする。組織間信頼はフォーマルな規範と制裁およびインフォーマルな相互作用の社会関係を含めてシステム信頼に対応している。したがって、組織間信頼の形成は客観的で公正な法体系およびその運用の中立性や実効性を必要とする。

（4）中国人の職業観と仕事観

　中国語では「仕事」は「工作」と表現する。だが、多くの中国人は仕事のことを「飯碗」と言う。つまり「飯を食べるため」のものの意味である。仕事を「食事にたとえる」ことは人間が仕事をする最大の目的をあらわした表現と言える。しかしながら多くの中国人は仕事の目的がこのような「生きる手段」という低レベルにとどまることに満足したくないとも考える。なぜなら、中国の伝統的な価値観が、このような仕事観を強く否定するからである。

　中国では、政権が変わろうが時代が変わろうが知識人が国民の意識をコントロールする国家体質は変わらない。知識人によって築き上げられた中国の伝統文化は「高い志」を掲げることに価値観を見い出し、この価値観こそが中国人の仕事観にさまざまな影響を与えているのである。では、中国人の「高い志」とはいったいどのようなものであろうか？中国人の「高い志」とは、二つの意味があろう。[33]

　一つは、「人を治める地位を手に入れること」である。中国人は皆トップ意識が強く中国人は人に指図されてコツコツ働くことはつまらないこと、と考える。「権力」で人を動かすことが「理想の仕事」と考える。しかし、中国人は経営者や管理職をめざし努力するタイプが多いかわりに地味な仕事をコツコツとやる人が少ない。平凡な仕事、平凡な職業は嫌がられる。職務のキャリアを積み管理する地位を手に入れることが中国人的仕事観―「高い志」である。

　もう一つは、「体面を保てる仕事」である。管理職以外で体面を保てる仕事とは、その仕事が地域において社会的地位が高く、羨望の的になる職業のことである。体面の得られる仕事とは、以前は「官僚」であった。政権がどれだけ変わっても官僚こそが権力と社会的地位を手に入れることができる、もっとも「体面のある職業」であった。この考えは今なお健在であるが、最近では若い世代がIT産業やITエンジニアなどに憧れ、IT産業の会社に勤務することが体面の維持を可能にする。

　現代中国の若者には、意外と「政治的な職業」にはあまり興味がない。党員（共産党）にならない限り政治的出世はあり得ない現状を知っているからである。さらに加えて最近の中国で興味深いのは、若い世代が歌手や俳優など「華やかな映像の担い手」に対してかなり低い評価を下していることである。芸能活動は価値が低い。ちなみに、ワースト3は、建築作業員、家政婦、アルバイトである。

Ⅴ．中国のビジネス教育と大学教育

（1）中国の格差社会を生み出す大学制度

　中国の親は、子供に一族、家族の未来を託すと考えることが多い。子供が大人物になることを望むのは中国人の根深い価値観である。中学生でだいたいの進路が決まてしまう中国では、親が子供に代わって進路を決めることが多い。中国の学生の鞄に勉強道具だけでなく、一族の運命が詰まっているのである。[34]

　そうした社会背景を有して、21世紀に入って2000年から2005年の５年間に中国の大学・高等専科学校の数は1,041校から1,792校へ7割以上も増えた。入学者数は2.3倍に、在校生数は2.8倍にも増えている。[35]したがって、中国でもっとも成長している産業はおそらく大学であろう。同じ5年間に大学等の教員数は２倍以上に増加している。大学進学、それも特定の名門校に進学することが将来を約束できる切符である。その意味で、中国の大学制度は新しい格差社会を増長する要因となっている。

　図表2は、中国大学（経済経営系―管理学院）の評価で上位30ランキングといわれるものである。これら30校以外に地域の有力大学が約30校ある。[36]その他の新興大学は高校卒と同じに扱われ、学歴というキャリアにはならない。かかる認識は中国人全員、共有していることである。したがって、中国の教育熱は激しく、有名大学進学が一族の運命を決めるという「異常な現場」となっている。

　国内有名大学30校に進学をあきらめた者は地域のおける有力校をめざす。これらも入学できなかった者は職人としての別の道（Ⅵ章

の職業訓練を参照）を選ぶ。すなわち、学歴キャリアではなく職業キャリアである。[37]それでも学歴というキャリアを志向する者は海外留学をめざす。この場合、国費留学ではなく私費留学である。1990年代までは優秀な学生が国費による海外留学（ほとんどが大学院）であったが、改革開放後、特に2000年以降、競争社会中国で勝ち抜く方法として国内受験競争に敗れた者が私費留学として大量に海外流出する傾向が強まってきた。[38]

　実際、2001年に400万人余りだった大学受験の志願者数は2007年では1,010万人に急増し、過去最多を記録した。2006年の中国の大学進学率は22％。大学進学率は今後も増える見通しで、2010年は25％、2020年には40％に達するというこのように中国の受験熱は高まる一方だが、問題もある。[39]

　北京大学を受験する息子のために地方の戸籍をわざわざ北京に移す。得点で競い合う大学受験において、先進国では戸籍など関係ないと思われるかもしれないが中国では都市部の戸籍は大切である。都市部の戸籍を持っている学生の方が有利になる。不公平な受験制度ではあるが中央政府が決めた事項で誰も抗議はしない。中国の教育過熱は日本以上であることは有名である。だが、中国青少年センターの調査によると、9割以上の小中学生の父母が大学進学を具体的に考え、そのうちの5割以上が最高学府・大学院博士課程まで進ませたいと考えている、という。[40]

図表6-4　中国大学経営学部（管理学院―経営工学系）ランキング

大学ランキング	評価	大学名
1	A++	清華大学
2	A++	西安交通大学
3	A++	浙江大学
4	A++	北京大学
5	A++	上海交通大学
6	A++	中国人民大学
7	A++	武漢大学
8	A++	中山大学
9	A+	復旦大学
10	A+	南開大学
11	A+	南京大学
12	A+	華中科技大学
13	A+	天津大学
14	A+	アモイ大学
15	A	重慶大学
16	A	同済大学
17	A	四川大学
18	A	上海財経大学
19	A	東南大学
20	A	北京師範大学
21	A	北京航空航天大学
22	A	東北大学
23	A	西南交通大学
24	A	中南大学
25	A	中国農業大学
26	A	南京農業大学
27	A	吉林大学
28	A	中国科学技術大学
29	A	大連理工大学
30	A	東北財経大学

注．図表は管理学院―経営工学系（経営学部）であり（理系では別の大学評価がある）
出所：「中国高等学校（高等教育機関）大全」（中国教育部発展規画司　編）により
http://www.rac-china.com/daigakurank008.htm （2013/1/21）

　中国では日本のセンター試験と同様に全国で統一試験を実施しているが合格ラインが受験生の戸籍によって違う。同じ点数を取った受験生の場合、都市部に戸籍がある学生が有利になる。例えば、北京大学の受験生なら、北京市に戸籍がある受験生は584点取れば合格なのに、天津に戸籍がある受験生は616点取らなければならない。[41]

　戸籍の違いによる不平等がまかり通っている背景には、都市部に住んでいた人たちが地方出身者たちに仕事を奪われている現状と背景がある。バブル景気が続いている間は都市部への出稼ぎ労働者が増えても問題ないがバブルが崩壊すれば都市部の失業率は一気に高まる。中国政府は、この都市部の失業率の悪化を懸念している。出稼ぎ労働者だけでなく、将来、都市部の企業に就職するであろう大学生に関しても、できるだけ地方出身者を減らしたいと考えているのだ。これは中央政府の強い意向であろう。一方で、地方出身者の子供を援助する動きもある。中国政府は、経済成長を維持するために優秀な地方出身者を研究開発者や技術者に育てる取り組みを進めている。広東省では、農村出身者の高級技能者には都市部の戸籍を与えて大学進学を促進。江蘇省でも特に優秀な技能者に政府が助成金を与える制度を設けている。

　とはいえ、やはり多くの地方出身者は受験に不利であることは変わらない。だから、子供の親は必死になり、都市部に戸籍を移してまで子供を都市部の大学に通わせようとする。中国の戸籍制度は特殊で都市部に戸籍を持つには親が一定の条件を満たした企業に就職するか、莫大な金額の不動産を買い付けたりしないと政府に承認されない。中国では戸籍移動—正確には、国内での移住や職業選択の自由はないのである。しかし、自分たちのような貧困な生活をさせ

たくない―子供の将来のために親はどんな努力も惜しまない。不平等な受験制度であっても現状を受け入れるしかない。格差社会の厳しさから抜け出すために、親子は必死に超競争社会で生き抜かなければならない。

（2）ビジネス系大学とビジネス教育

　1900年頃に米国で考案されたMBA（経営学修士）は、欧米諸国を中心に広がり、今では世界的に認められている唯一の経営管理学位として、いまや先進国の上級職ビジネスマンには不可欠な学位である。歴史も長く、教育システムが整備されている欧米諸国でMBAを取得するのは普通のビジネスマンにとって当然の選択だろう。[42]

　今、中国でもMBAコースは盛んである。中国初の民間ビジネススクールの長江商学院ではシリーズの一環として清華大学経済管理学院や北京大学光華学院、長江商学院など中国のトップビジネススクールでMBAの取得をめざす。中国でMBAを学ぶ理由やクラスメートたちのバックグラウンド、中国での学習が自分にもたらした変化などについて語るトークセッションが至る所で開催されている。

　中国経済が台頭するにつれて中国では清華大学経済管理学院インターナショナルスクールでMBAを学ぶ日本人も多くを数える。[43]

　全国MBA教育指導委員会は、「2008年度国際ビジネススクール長会議」を開催。中国は独自のMBA認証制度を設け、できるだけ早く1、2校のビジネススクールを拠点に準備を進める方針を明らかにした。国際的なMBAの認証にAMBA認証のほか、欧州経営開発協会（EFMD）のEQUIS認証、米AACSB認証の3つがある。中国で現在こ

れらの認証を受けているのは、①中欧国際工商学院、②清華大学経済管理学院、③上海交通大学安泰経済管理学院の三校。[44]

　中国国内のビジネススクールは国際認証を受けることでMBA教育に対する国際的な認可を得られる。さらに重要なことは中国の管理教育の目指す方向が国際的な管理教育の発展方向に比較的沿っているということである。全国MBA教育指導委員会は早くから「独自の認証制度」の設ける準備を進めてきた。すでに必要な資料を関連のビジネススクールに送り、意見を求めている。独自の認証制度ができれば、今後国際的な認証機関との協力が深まるだけでなく、相互の承認も可能になるという。

　中国が1991年に、経営管理に関する修士号「MBA」（MBA＝Master of Business Administration）の取得に向けた教育課程をスタートして以来、これまでに受講者数は既に20万人を超えた。北京で開催された第8回中国MBA発展フォーラム（2008年）によると、現在公立大学96校および民営大学2校にMBA課程が設置され学生募集数は毎年2万人を超える。ここ数年、中国のMBA教育は緩やかに発展しており、受講者は毎年5〜6％のペースで増加中である。[45]

　ただ、現在、MBA教育は世界で厳しい挑戦にさらされている。矛盾の焦点はMBA教育を受けて育成された人材が企業、社会、家庭、およびその学生自身の要求を、どのように満たすかという点にある。MBAのカリキュラムは大学によって異なるが、おおよそ、次のごとくの開講科目である。[46]

　2007年「世界MBA巡回展夏季展」が上海で開催され、世界の40あまりのビジネス・スクールが今回の展示に参加した。[47]これまでの同展と比較して、最近は女性申請者が明らかに増加の傾向にある。またMBA申請者の業界背景も多元化に向かって発展している。一

般に、世界での女性申請者は40％を占めているが、主催側発表では昨年の世界5万9千人のMBA申請者（回収完全回答5,470件）を対象とする最新調査の結果で中国の女性申請者の割合はすでに男性を上回り58％を占めるようになっている。[48]

図表6-5.1　MBA（18ヶ月）授業言語は英語

【必修科目】計14科目（37単位）	
財務会計、統計学、経済学、組織行動学、営銷学、管理会計、運営管理、商業財務、公司治理与商業倫理（職業倫理）、戦略管理、中国経済、欧盟概況、商務模擬、など	
【選択科目】	
営銷類	広告与促銷、消費者行動学、商務市場営銷管理、営銷専題など
金融会計類	高級公司財務、高級管理会計、銀行学、投資学、国際金融など
管理類	変革管理、商法、創業学、人力資源管理、談判技巧、項目管理　など
経済和結策科学類	商務予測、信息系統、宏観経済一体化　など

図表6-5.2　EMBA 授業言語―英語（上海のみ開講）／
中国語（北京・深セン・上海で開講）

【必修科目】計15科目（45単位）	
大きく次の4つに分類される「思維框架」「管理実務」「環境分析」「戦略発展」	
【選択科目】	
全面管理方向	創業学、管理決策、人力資源管理、談判学、高級公司戦略など
高級営銷方向	服務業営銷、工業営銷和品牌管理、企業創新戦略　など
財務金融方向	財務報表分析、投資与証券、銀行風険管理　など

（3）企業は大学院よりビジネススクールに注目

　中国では、大学院修士・博士など高学歴の人材は容易に就職先が見つかるイメージがあるが、最近の実情は決してそうではない。この数年で多くの大学が大学院生募集を3倍に拡大したことで修士や博士が大量輩出した。[49]ただ、就職活動は時には学部生よりも困難になっているのが現状である。高学歴が就職における「障害」にすらなっている。雇用側の「高学歴差別」で就職活動が困難になることを心配する大学院生も多い。企業側は高学歴の修士・博士よりも実力・名門校の学部生やビジネススクール修了に期待を寄せている。

　中国では、2004年前後、給与希望額は「修士8,000元、博士1万元」が一般的だった。厳しい市場競争の中、現在ではほとんどの大学院生が最低2,000～2,500元としている。2008年可鋭管理諮詢有限公司による調査によると修士卒の平均給与は学部卒を約1,000元上回るに過ぎない。[50]上海外貿学院大学院生指導部は、多くの大学院生がいわゆる『高学歴差別』を心配している。雇用側からすると実はこれは『要求は高いが実力が伴わない』ことの代名詞。こうした情況の下で、大学院生にとっての急務は期待を引き下げ、仕事で自分の能力を実証してから改めて待遇を検討することだ、と指摘する。

　大学院よりビジネススクール出身を選ぶ企業側の説明は以下の三点である。[51]

1.高学歴＝高コスト

　修士課程修了者は就職活動中の給与条件は最低、6,000元、博士課程修了者は10,000元を希望している。これを口にするたびに雇用側から難色を示される。ある企業の採用者（面接官）は大学院生が

高い給与を求めることは知っているが、同じような仕事は学部卒で
もできるし、ビジネススクール修了者は実務的ですぐ役立つ。その
上に、しかも半分の給料条件で済む。

２.女性の博士＝高年齢

　上海外国語大学博士課程に学ぶBさん（女性）はすでにある大学
に採用内定している。しかし、Bさんが既婚であることを知ると大
学側は出産後に改めて来るよう求めてきた。これは簡単な理由で、
大学側はBさんの妊娠・出産で代理講師を立てる必要が生じ、人件
費が増加することを恐れたのである。現在、「高齢」の影響は女性
の修士にまで及んでいる。

３.優等生＝経験ゼロ

　現在、中国大企業は学生を採用する際、即戦力をより重視するよ
うになっている。この点で修士や博士は「勉強ができるだけで経験
はない」との印象を与える。上海外貿学院で英語の修士課程に学ぶ
Cさんが昨年ある会社で実習した際は引率教授が彼女のことをいろ
いろと気遣った。彼女には実務経験がなく失敗を犯すことを心配し
た会社側が「特別配慮」を施した結果であった。実務経験がなく、
理論武装だけの修士博士は企業では要らないという動きである。

（4）学歴キャリアと大学と職業選択

　中国では、キャリアを積むことが自分を活かせる道となる、と信
じられている。そのキャリアには①学歴キャリア、②職業（資格）
キャリア、の二つがある。ここではまず学歴キャリアについて言及
しよう。学歴キャリアは中国では明確で一流大学30が一番強いキャ

リアとなる。次に、最近注目されているビジネススクール（18月コース）修了者である。

　中国では一流大30校卒業の若者にとって、卒業後の理想的な進路は三つである。[52]一つは、自ら会社を立ち上げて経営者になること。二つは、海外への国費留学（大学院）。三つは、一流企業への就職である。（中国の一流大学30校の調査）

　中国では一流大卒の学歴キャリアを得て一流会社に勤務—管理職への道である。貿易会社など自分で会社を設立して経営者になること、さらに海外の大学院に進み、帰国後IT産業などの仕事に就くことなどである。北京大卒者就職指導センターは、北京師範大学・北京印刷学院・北京大学・北京第二外国語学院・中央戯劇学院など70校余りの就職指導センターに、大学生向けの職業適性測定システムと心理健康測定システムを提供した。在校生は今後2年間、これらのシステムを無料で使用できる。「北京晩報」が伝えた。[53]

　北京大学就職支援センターは2008年新入生を対象に行った進路希望調査の結果を発表した。90年代生まれ「90後」の新入生の希望進路で最も多かったのが海外留学であった。同センターは新入生の入学手続き日に27学部の新入生を対象にアンケートを実施。「今年入学した学部生のうち、第一希望を専攻できなかった学生が10％いたものの、大部分は希望通りの学部に進んだ」。[54]

　入学前に専門分野の選択について、誰の発言権が最も強かったかという質問に対し、71.3％が自分、11.33％が両親で、また13.33％の学生は教師のアドバイスを受け入れたと答えた。このアンケートで、90年代生まれの新入生が、これまでの学生に比べて自主性がより強いことがわかった。志望動機については、58.1％が自らの興味、16.9％が自らの特技、23％が就職を考えてだった。

　卒業後の計画については、海外留学を考えている学生がその他を圧倒し約41％を占めた。次に国内で大学院（特にMBA関係）に進むという学生が23％であり、就職はわずか17％にすぎない。未定が17％で、一時、ブームになった創業を目指す学生は1％にとどまった。(55)

　14億人ともいわれる中国では、大学だけで学生数は2,000万人を超えた。毎年、約800万人の卒業者が出る。大学以外の専門学校などを合わせれば毎年雇用人口は、2,000万人であるといわれる。(56)政府統計では現実には1,200万人が就業可能。ということは、毎年、新卒者は800万人が「職がない」ことになる。ここ数年、若年層での失業率が深刻化している。かつ、若年層は就業経験が乏しく労働力市場での競争力にも弱い。労働力市場が供給過剰の状態にある中で、若年層の就業問題はますます顕著になり、このことは社会全体の平均値を上回る高い失業率に現れている。(57)

　中国人が望む会社の将来性とは、そこが一生を賭けれる会社であるとかどうかということではなく、会社の知名度と将来性で自分の能力を伸ばすチャンスがあるかどうか、また、一流企業に勤めるという見栄の部分も大きい。中国のような身分制社会においては、体面のいい就職先は高い社会的な地位を獲得するポイントである。向上心と出世意欲が強いため、出世の見込みが薄い会社だと分かると、すぐに辞めてしまう。これは大卒のエリートに限らず、中国人は給料が自分に対する評価をはかる唯一のモノサシと考えるため農村からの出稼ぎ労働者であれ、今より給料がいいところがあれば、すぐに転職してしまう。(58)

　また、若者の仕事選びのポイントは、必ずしも給料だけではなく、楽な仕事、長い有休、遊び心で仕事をできる、チャレンジの機

会が多いなどがあげられる。さらに大都市で働くことへの人気は高く、多少給料が安くとも大都市での求人には応募が殺到する。大都市という洗練された場所で働くという体面である。もちろん、これらのことは男性に限ったことではなく、女性も同じである。ちなみに、中国人女性が憧れる職業は、トップが講師で、次いで会社経営者、デザイナー、マスコミ関連、企業の管理職である。日本のようにケーキ屋さんや看護婦などといった回答はまず得られない。[59]

　中国では子供の頃から職業観を植え付けられているため、ホワイトカラー以外の職業は負け組とされる。日本の子供のように将来の夢を大工や看護婦、ケーキ屋さんなど職人芸を望む回答はまずないのである。人の上に立つ、つまり管理する人間像こそホワイトカラーであり憧れの職業であり、また親からもそのように教育されるのである。ただ中国の企業は欧米に似ており、即戦力を求める傾向が強いために新卒者採用を積極的に行わない傾向が強い。そのため新卒者は転職者や海外からの帰国者と同じ土俵で競争せざるをえない。それ故、働きながら大学院修士や博士を取得するも多く、また海外での修士・博士の学位取得がキャリアとして認識されている。キャリアの積み方は多様である。

　中国都市の失業登録者のうち、35歳以下の若者は70％を占める。80年代生まれの大卒者は年間300〜400万人の規模で就職市場に流れ込んでいる。[60]各学校の募集する学生数の統計から予測すると、高校以上の学歴を持つ労働者は今後、労働力市場の主体となっていく見込みだ。さらに2011年には大学新卒者の人数がピークの約758万人に達するとされる。一気に800万人の大学新卒者が労働市場に参入する。大学生の就職困難が緩和されることは今後しばらくはないとみられる。

　企業側が、学生の採用にあたって雇用者が最も重視するポイントは順に（1）専門的な知識と技術（2）仕事への勤勉さ（3）学習意欲と柔軟さ（4）交流と協調の能力（5）基本的な問題解決能力—である。中国の大学生の就職を困難にしている最大の障害は、①仕事への態度、②仕事への勤勉さ、③職業モラル、④人間関係の処理などの「非認知的能力」が欠けていることだという指摘が多い。[61]

VI.　中国の職業分類及び職業能力評価基準

　本章は、学歴キャリアに対抗する職業（資格）キャリアについて職業能力認定制度を中心に展開してみよう。中国の高等教育システムは、大きく分けて「普通大学」という伝統的セクターと「成人高等教育機関」と「高等教育独学試験制度」と呼ばれる非伝統的セクターによって構成されている。[62]

　普通大学は、全日制で主に総合大学、単科大学のような「本科」中心の高等教育機関と高等専科学校，職業技術学院のような専科高等教育機関及び大学の分校・専科コースからなっている。

　成人高等教育機関は、広播電視大学、職工大学、農民大学、管理幹部学院、教育学院、独立通信学院及び普通大学が設置する通信部・夜間大学などからなっている。成人高等教育機関に在学する学生が高等教育在学者数全体の半分を占めているのが中国の特徴であるといえよう。

　高等教育独学試験制度は、非伝統的セクターに位置付けられている。教育機関ではないものの、学生の学習の成果を独学試験を通し

て社会的に認め、高等教育専門別の科目ごとの試験に合格し、規定
される単位数を揃えれば、大卒（専科、本科を含む）の学歴を取得
できる制度である。いわば受験資格や年齢の制限なしに誰でも受験
できるオープン型高等教育制度である。

　中国における職業訓練制度とは何か？中国には学歴というキャリ
ア（有名大学30校）とは別に、職業の資格証明として「職業能力の
証明制度」がある。この職業訓練制度―①職業分類及び職業能力評
価基準、②職業訓練、③職業能力試験及び資格証明、④職能技能検
定、の四つの要素によって構成されている。[63]

　1994年に、中国が職業能力証明制度を採用して以来、関連の法
律・法令とともに労働制度が適用されることとなった。1999年に
「中華人民共和国国家職業分類大典」が公式に施行され、職業区分
が明確となった。すなわち、8種の大分類、66種の中分類、413種の
小分類、1,838種の職業区分から成り立っている。

　現在の中国は5階級の職業資格訓練制度を構築しており、（1）初
級、（2）中級、（3）高級の職能労働者、（4）技師及び（5）高級
技師と区分されている。それぞれの段階での「職業資格証明」は、
知識・技能・能力の等級を明示している。その証明証書は就職（求
職）の際に提出され、社員を採用する段階での企業側の主要な判断
材料（情報）となっている。[64]

（1）職業能力と制度概要

　職業能力の制度開発は学校で教育を受けている時点から早くも始
まっている。小学校の6年間が終了すると生徒は中等教育の適合性
を評価するための試験を受ける。政府は卒業証明書とともに「職業

資格証明書」を重視するシステムを進めており、就労年齢層が職を得、事業の立ち上げ及び転職にも適応するための総合能力の改善を志向した多様な教育的・訓練的なプログラムを促進させるさまざまな方法を試行している。2004年に政府が発行した中国の労働状況及び政策についての白書では、初等及び中等教育はすべての児童が就学可能となっており、2003年の就学率は小学校で98.6%、中学校で92.7%となっている。[65]

　次の高級中学校（日本の高校）31,900校、高級中学校及び同等の機関（通常の高級中学校、職業高級中学校、成人向け高級中学校、技術専門学校、成人向け技術専門学校、専門学校を含む）が存在し、3,241万人の生徒がおり、就学率は43.8%となっている。より高度な教育及び成人教育のために、2003年には1,900万人の生徒が高等教育を受けており、就学率は17%となっている。また、さまざまな分野の学位取得以外の多様な成人教育機関を修了した生徒は全国で7,436万人おり、5,844万人がそれらの機関で学んでいる。2003年には7万校に及ぶさまざまな分野で多様なレベルの私立の学校があり、その合計の生徒数は1,416万人に及んでいる。[66]

　中国における職業訓練は、就労前訓練、転職者向け訓練、見習い訓練、OJT（On-the-job Training：実地訓練）があり、技能者向けの初等、中等、上級職業資格訓練、ほかの職業要件への適応を支援する種類の訓練もある。高級技術校、中等専門学校、専門学校、雇用訓練センター、私立の職業訓練機関、雇用訓練センター等の高等教育機関の発展に伴い、政府は総合的で多方面にわたる職業教育及び訓練の国家的制度の開発のために、新たな都市部労働者、一時解雇労働者、地方からの出稼ぎ労働者、OJT訓練生の強化に努めている。

　専門学校は、主に熟練労働者の訓練のための総合的職業訓練を短期、長期の異なった種類の訓練プログラムで提供している。専門学校の課程は、主に技能訓練、技術理論とともに、具体的な職業で必要な教養課程も含んでいる。実技は通常全体の60％であり、教養及び技術理論課程は40％となっている。

　雇用訓練センターは、新入社員の訓練、一時解雇者向けの訓練を主体としており、実技教育を提供し、研修者が職務要件に適合するように支援をしている。これは、労働市場への新規参入者のような集団、転職者又は失業者を対象としており、彼らに職業技能を身につけさせ、具体的な雇用及び再雇用を目指している。1996年、労働社会保障部は研修センターの評価を集約し、主要な研修センターの承認を開始している。20年以上の発展により雇用訓練センターは、既に職業訓練制度において不可欠な存在となっている。[67]

　「民間の訓練機関」は2003年末時点において、3,167校に及ぶ専門学校があり（内274校は高等レベル）、191万人が学び、さまざまな分野の訓練を提供している。2003年時点、全国で3,465校の国立の雇用訓練センターがあり、17,350校の私立の訓練機関があり、年間を通じて1,071万人に訓練を行っている。[68]

　中国における民間の職業訓練機関は非常に重要な職業訓練制度の部分を占めており、経済改革後に著しい発展を遂げた。多様な訓練コースは、さまざまな集団の要求を満たし、非常に重要な役割を果たしている。2003年末時点で20,000校に及ぶ民間の訓練機関があり、年間600万人の訓練が可能となっており、労働市場への新規参入者、一時解雇労働者から転職者等までに及ぶ訓練生がいる。企業の訓練センターは職業訓練体系に組み込まれており、業務上の訓練、職務シフト訓練とともに初期段階の製造ライン労働者に焦点を

絞っている。

　中国の職業教育法によると、企業は従業員の給与の1.5％に相当する教育基金を確保することが求められ、収益性が高い企業、従業員への技術的能力要求が高い企業では、その基金は2.5％に引き上げられる。教育基金は生産コストとして取り扱われ、従業員への教育及び訓練に使用しなければいけないことになっている。技術の改善、新たな技術の導入等のプロジェクトのために教育基金は従業員の訓練に使用される。

　1993年前後、中国は要員準備制度を採用し、新たな要員の採用前の訓練制度を実施したが、全国的な実施に先立ち、1997年には36都市で試行され、それは1998年には200都市に拡大している。

　この制度の対象者については、初級又は初等以上の卒業者の内、高等学校又は大学への進学を決める試験に不合格になった者、高等専門学校、中等技術専門学校、専門学校への進学を計画する者を対象としている。労働市場に参入する前に就労を確保するための基礎技能を得る職業訓練を1〜3年程度受けている。職業訓練ネットワークは都市だけでなく地方も網羅しており、ほとんどの新たな都市労働者が就業前訓練を受けられるだけでなく、新たな地方労働者、非農業従事者、地方からの出稼ぎ労働者が、徐々に就業前訓練プログラムに含まれるようになってきている。

（2）階級のない階層社会―中国

　毎年、高等学校に進学できなかった約500万人の中学校の卒業生がこの訓練を受けている。資格証明書は労働準備制度の研修生の内、その課程を修了し、試験に合格した者に授与されている。要員準備制度の証明を得た後に継続して技能を学びたい場合、職業技能

評価に合格すれば、職業資格証明書を授与され、中級レベルの職業技能評価に優良な評点で合格した場合、専門学校の卒業証明が授与されることとなっている。[69]

　労働技能訓練の強化に従って国家は近年、労働者の資格向上のための職業訓練強化計画の実施及び高度な技能を持った人員の訓練に関する国家プロジェクトという広範囲に渡る技能増強計画を実行している。それらの施策はすべて熟練労働者、特に高等な熟練労働者の増員を目指した展開であり、労働力全体の労働能力及び転職可能性等、労働者の資質を向上させることを目標とした展開である。

　これら過程においては、新たな技法、材料、科学技術、装置等、企業が従業員に求める喫緊のニーズに対応した特殊技能、多面的な才能、新しい高度な技術の発展のための知識及び技能を兼ね備えた人員に重点をおいた訓練が強調されている。

　1998年以来、この訓練の立ち上げは全国30の都市で具体化がなされている。この展開は、経済分野の内、個人事業、民間企業又は小規模企業の立ち上げの際の訓練、指導、政策相談、支援という意味合いを込めて喚起し、一時解雇者の能力向上を促進することを狙いとしている。中国政府は、明確に情報ネットワーク及び衛星データ通信技術を活用した遠隔訓練プログラムの促進を図っている。政府は遠隔職業訓練の計画の策定及び実施を一般社会化され開かれた訓練ネットワークの構築の着実な具現化として促進している。

　職業訓練発達の促進を目指し、中国の技能競技会は国・地方及び都市において隔年単位で開催されている。同時に政府、商業組合及び企業は連携して労働者の職能の向上を目指し、職業技能競技会を特定業種ごとに開催している。1995年以来、毎年10人の中国最高技能賞、100人の国家技術専門家が選抜・推賞されている。

　中国は世界最大の人口の国として、5億人の地方の労働力を抱
え、その内1.5億人は余剰な人員となっている。前世紀の1990年代
から余剰な農業従事者が都市に仕事を求めて移動を開始している。
しかし、そのうちわずか10％の労働者だけが職業訓練を受けたに過
ぎない。

　このように、地方からの出稼ぎ労働者に訓練の機会を提供するの
は非常に困難な業務となっている。彼らの職業技能及び労働能力の
向上を目指し、国家機関は、「農業従事者国家訓練プログラム2003
〜11年」を2003年9月に施行している。6千万人の出稼ぎ労働者は、
就労前の訓練として7年間の訓練を受けなければいけないとされて
いる。同時に既に農業以外の産業に加わった者には業務上の訓練が
提供されることとなっている。この過程ではすべての職業訓練機
関、企業は農業従事者の訓練を推奨することが求められ職業技能評
価に関しての費用は国家が支援することとなっている。

①職業資格制度の整備状況

　中国における職業資格証明制度は、国家職業分類、国家職業基準
に基づき、政府によって承認された評価機関によって実施されてい
る。職業資格及び証明書は、対応する職業の能力及び知識があるこ
とを明示したものである。それは仕事に応募する際の保障であり、
企業及びその他の機関では採用に際しての重要な証明となり、海外
での雇用における有効な証明となっている。

　1994年に制定された労働法によれば、職業分類を行い、職業を明
記した職業技能基準を確定し、職業資格及び証明書制度を遂行する
ことは政府の役割であり、政府によって承認された評価機関が職業
技能評価を担当するとしている。労働教育法では、職業教育は現在

のニーズに対応し国家によって設計された職業分類及び水準と適合させなければいけないとしている。また職業教育は、教育資格及び職業訓練資格が複合されたものでなければならないとしている。これらの法律は、職業資格及び証明制度の法的な基盤となっている。

　職業分類における初の公的な文書である「中華人民共和国国家職業分類大典」は、労働社会保障部、国家品質管理及び科学技術管理局、国家統計局の共同で1999年に発表された。これは、4等級の階層で構成されており、大分類（1桁のコード）は最も高いレベルで特定分野の業務というよりも、広範囲な分野を表している。[70]大典コードによると、8種の大分類は下記のとおりである。

【第1分類】国家省庁、党組織、企業及び機関等の代表で、中分類5項目、小分類16項目、細分類25項目を含む。

【第2分類】専門科学技術者で、中分類14項目、小分類115項目、細分類25項目を含む。

【第3分類】定型的な業務に従事する従業員で、小分類12項目、細分類147項目を含む。

【第4分類】第三次産業に従事する従業員、中分類8項目、小分類43項目、細分類147項目を含む。

【第5分類】農林、畜産、水産、灌漑分野に従事する従業員で、中分類6項目、小分類30項目、細分類121項目を含む。

【第6分類】製造業、運輸業、設備操作産業及び関連の従業員で、中分類27項目、小分類195項目、細分類1119項目を含む。

【第7分類】軍人で、中分類1項目、小分類1項目、細分類1項目を含む。

【第8分類】分類困難な労働者で、中分類1項目、小分類1項目、細
　　　　　分類1項目を含む。

　中国の職業訓練制度では、職業資格証明書を次の5階級に区分し
ている。1〜2級は技術的階級とされ、3〜5級は技術保有者の階級と
されている。

> **1級**：高級技術者国家職業証明書
> **2級**：技術者国家職業証明書
> **3級**：高級国家職業証明書
> **4級**：中級国家職業証明書
> **5級**：初級国家職業証明書

【1級】取得者の要件には、職務の全分野における複雑で通常外の
　　　　業務を熟練した技能を活用し、非常に難解な技術的課題を
　　　　解決させ、技術的な改善、包括的な職業訓練を組織化し、
　　　　技術的な管理能力を保有していることが求められる。
【2級】の場合、職務の全分野における複雑で通常外の業務を基礎
　　　　技能及び熟練した専門的な技術によって完結させる能力が
　　　　求められる。さらに、技術的な課題を独力で解決させるこ
　　　　とが求められ、処理技能、技術の改善、仕事仲間を取りま
　　　　とめる能力も必要とされ、その分野での技術的管理が求め
　　　　られる。
【3級】の場合、基礎技能及び熟練した専門的な技能を用いて、通
　　　　常の業務ではない業務を含め、複雑な業務を完了させる能
　　　　力が求められる。さらに、ほかの従業員を指導する能力、
　　　　通常業務の訓練の助言をする能力が求められる。

【4級】の場合には、5級の能力が求められるとともに、時として
　　　　複雑な業務を完結する能力が求められる。さらに、ほかの
　　　　労働者と協働する能力も求められる。

【5級】を与えられた場合、その労働者には通常の業務を基礎技能
　　　　で単独で完結させる能力が求められる。

　②制度の利用状況

　1999年に「中華人民共和国国家職業分類大典」が出版された。国
家基準に適合し、経済的、技術的かつ組織的な変化を考慮に入れ
る必要があり、2004年から適切な修正が実施されている。事例とし
て、2008年にはリニアモーターカーの運転手、ボイラー整備士、ガ
スの設備工等の8種の新しい職種が追加された。現時点での、中国
における職業分類は1,989種に至っている。[71]

（3）職業能力評価・資格制度及び実施状況

　職業能力資格制度は、職業分類及び職業基準制度で成り立ってい
る。職業能力評価制度は客観的であり、公正かつ標準化された労働
者の技能段階又は職業資格についての評価基準として職業訓練制度
の重要な部分となっている。評価業務は、政府によって管理された
評価機関が主導している。

　①資格制度の概要

　職業能力基準作成の法的根拠である1994年公布の中華人民共和国
労働法では、政府が職業分類を行い、そこに規定された職業の職業
技能基準を作成し、職業資格と認定制度を実施することや、政府公
認の評価機関が労働者の職業能力評価の任に当たることなどを規定

している。

　職業能力基準については、そのシステムは人力資源社会保障部（Ministry of Human Resources and Social Security：MHRSS）[72]により統一的に制定される。中国では標準（規格）化の対象を、技術基準、行政基準、作業基準の3種類に分類している。作業基準は、作業員の権利、義務、品質、手順、効果及び検査方法や評価方法を規定している。一般的に、作業基準には部門作業基準と職場（個人別）作業基準が含まれる。国家の職業基準は作業基準に属し、業種と職種に従って、作業員の能力レベルに対して要求される条件の明細を示している。国家職業基準は実践者の職業能力の基礎、職業教育訓練、職業能力評価基準を規定しており、同時にそれらは労働者雇用の基礎にもなっている。

　職業能力評価の運用を詳細に規定した法令を公布して以降、地域の労働管理局は、関連した法規の実施を具体化している。労働法及び職業能力評価の法令に対応して、MHRSSの傘下にある職業技能検定局は、国家技能評価制度の多角的な管理、統合された計画、業務指導及び支援に責任がある。また、職業技能検定局は、地方の職業技能試験センターを地方、自治州、直轄特別市、中央政府を含んで統括している。さらに職業技能検定局は、国家技能基準の企画設計、改善、管理について訓練内容の開発、訓練資料の編集、試験データベースを担当している。技能評価を目標とした地方の職業技能試験センターは、地方政府の労働管理局の指導の傘下にあり、組織化、管理及び職業技能評価の実施を担当している。

　地方の職業技能試験センターは、各地方の技能評価試験の実施、資格証明書の発行を担当している。なお、いくつかの国家専門機関、大企業は、国家の法令、技能基準に対応した技能試験につい

て、農業、林業、建設、鉄道、石油精製、郵便、航空、物流等の領域において、組織内で直接実施する責任がある。技能評価機関は、地方政府の労働社会保障局の承認で設置されている。

　技能評価の申請において申請者は資格審査を通過しなければならない。技能評価の申請者は申請者が希望する技能レベルの要件に適合した資格を保有していることが必須となっている。すなわち、初級の申請者は、職業訓練学校の卒業生又は見習い制度を利用した研修生である。中級の申請者は、初級の資格を所有し、5年以上の職務経験者である。高級の申請者は、中級の資格を所有し、10年以上の職務経験者である。技師の申請者は、高級の資格を所有し、豊富な職務経験、専門的な職務遂行技術、専門的な課題の効果的な解決能力、中級の技術者の訓練指導についての能力が要件となる。それとともに、各階級の申請者は、地方政府によって承認されている機関での研修コースに参加することが求められている。

　技能検定試験は、通常の試験と異なった方式で実施する。国家技能評価の主要な内容は、国家技能基準、技能評価基準、関連する教材によって確認される職業知識、運用技能及び職業倫理を含んでいる。技能評価は筆記試験及び実技試験の2つに大別される。実技試験は3つの主要な方法（部品の製造、要求に応じた製品の製造、特定操作の模倣）で行われる。最終結果は、論理的な面及び実技の合計採点を基に判断される。資格を得るためには、受験者は100点を満点として60点以上が必要となる。優良とみなされる得点は、80点以上であり、95点以上は優秀とされている。試験に合格した者は、労働社会保障部が発行した職業技能資格が授与される。

②評価の実施状況

　1993年に職業資格制度が導入されて以来、中国において基本的な仕組みが構築され包括的な効果を得ている。2007年末、7,794軒の職業技能評価機関が国内各地に設立され、『2008年労働と社会保障事業発展統計公報』によれば、2008年末まで、全国で職業技能認定機関は9,933業技能審査員は20万人いるという。年間職業技能認定に参加した者は1,337万人で、前の年より9％増加した。国家職業資格は企業の労働者の半数以上を網羅しており、職業教育機関及び訓練機関の80％以上の生徒を対象としている。[73]職業の範囲も新たな職業、職種の発展により徐々に増加し、その社会における影響力も大きく広がっている。直近の3年間、評価の申請者数も着実に増加し、多くの人が試験に合格し、証明書を授与されている。

　現在、中国にある海外の訓練機関、試験機関又は国際的企業では、さまざまな職種において技能評価が実施されている。中国における外国の資格証明書は、次の2つの枠組みに区分することができる。中国政府又は外国の機関によって許可され、交付された資格証明書。英国との共同プロジェクトを活用して、1998年からMOLSSの職業技能検定局が、英国のロンドン商工会議所の産業試験局と提携していることが挙げられる。具体的には、City & Guilds団体が実施するピットマン英語検定及びケンブリッジ大学英語検定試験は、中国の企業にとって国際化に有用で、信頼できる証明書として導入されている。この種の証明書は中国の職業資格及び証明制度に導入され、国際的に承認された証明書として活用されている。

図表6-6　職業技能認定事情一覧（1999-2007）

年度	国家職業技能認定機構（軒）	年末審査人数（人）						資格取得人数
		総数	初級	中級	上級	技師	上級技師	
1999	6,916	3,377,990	1,460,889	1,564,307	305,589	42,684	4,521	2,924,206
2000	8,179	4,421,880	1,818,534	2,050,863	505,685	43,794	3,004	3,72,619
2001	8,336	5,348,001	2,057,575	2,571,508	645,644	67,688	5,586	4,570,081
2002	8,517	6,619,012	2,373,190	3,204,580	965,404	69,379	6,459	5,562,607
2003	7,252	6,875,444	2,461,777	3,338,421	969,477	96,653	9,116	5,839,222
2004	9,438	8,796,272	3,144,495	4,161,612	1,229,130	212,037	48,998	7,360,975
2005	7,567	9,577,395	3,222,564	4,552,986	1,456,750	290,637	54,458	7,857,292
2006	7,998	11,821,552	4,140,894	5,269,104	1,909,269	432,423	65,401	9,252,416
2007	7,794	12,231,413	4,389,064	5,422,375	1,907,654	442,715	69,605	9,956,079

（資料出所）：『中国労働統計年鑑—2008』中国労働保障出版社

　1980年代から外国の職業資格証明及び職業技能評価試験は中国において普及しており、職業資格及び証明書について英国及びドイツの各国との共同プロジェクト、二者コミュニケーションでは、韓国、米国、フランス、カナダとの連携が上げられ、多角的な連携策としては、ILO（International Labour Organization：国際労働機関）及び世界銀行の事例が挙げられる。

　外国の職業資格証明の管理が強化されるに従いMOLSSは1998年に「外国の職業技能証明の管理についての通達」を発表している。この通達によれば、外国の職業技能証明は、国際的に容認された証明であり、証明の範囲及び基準は、中国における職業資格制度に対応したものであることが求められる。外国の職業資格および証明書

の導入は、労働社会保障部又は地方政府の承認が必要とされている。政府によって承認され、中国において登録された外国の資格証明書は中国の法規に従い、政府が発行した資格証明書と同様の効果であることが求められている。MOLSS傘下の職業技能検定局は、外国の証明書の管理をしている。[74]

（4）中国の職業選択と技能

　調査によれば、中国学生に求められる5大要素は、①専門知識と能力、②職業倫理、③習得意欲、④柔軟性とコミュニケーション能力、⑤基本的な問題解決能力。だが、とくに就業態度や熱意、職業倫理、コミュニケーションなど、知識や技術以外の面が中国の大学生にとって高いハードルになっていると専門家は指摘している。

　転職市場が中国では一般的である。その意味で、一定のキャリアと資格を有していない新卒者は専門知識や能力だけでは苦戦すると思われる。

　転職経験者をさらにくわしく見ると、会社から解雇されたのは2割で8割は自ら進んで転職した者である。さらに、転職と年齢にも強い相関性が現れ、転職経験者の中、年齢が30歳以下の若年層では、自ら進んで転職したのが95％と極めて比率が高く、3回以上も転職した者が16.3％を占めている。

　40歳以上の中高年者は職業に対する安定志向が強く、自ら進んで転職する者は少なく、若年層のように簡単に仕事を変えたりしない傾向を示している。若年層と対照的なのは、40歳代以上の転職経験者の39.1％の者は意に反して勤務先の変更を余儀なくされていることである。31〜40歳代の中でも、3割以上の者の転職は自らの意によるものではない。

　いわゆる積極的転職派の中では、初めて転職したのが1980年代だったという者が19.2％を占めているが、絶対多数は1990年代になって初めて転職している。即ち1990年以降、会社が良くなければ、自ら進んで会社に見きりをつける、といったような意識が芽生え、定着したのである。

①所得は職業選択の第一要素

　職業や会社を選択する際に、所得の高いことが職業や会社選択において、最も重視される要素である。その次は会社の安定性、つまり収入の安定性、三番目が自分の持つ専門知識との適合性である。

　逆に、上司との人間関係、会社の知名度及び会社のステータスは一般的にそれほど重視されていない。中高年者は安定を重視する傾向。年齢要素とクロスしてみると年齢層によって重視する事柄が異なってくる。

　40歳以下では最も重視しているのは所得である。いかにして高所得を得るかが彼らにとって最も重要である。41〜50歳ではむしろ収入の安定性を最も重要と考えている。家庭の支出を負担しなければならないからであろう。50歳代以上にとって新たな知識や技術を習得することは困難なことであり、既に持っている専門知識との適合性が彼らにとって最も重要である。30歳以下の若年層が収入の次に重視するのは自分自身の才能を生かせるかどうかである。若いうちに自己価値の実現を強く希望している。50歳以上の人は福利厚生がよく、保障が整っていることを重要な要素として考え、老後の生活への関心を見せている。

②教育水準と所得重視度は逆の相関関係

　被調査者の教育水準と職業選択における考慮事項とをクロスして
みると、高校卒及びそれ以下の学校教育を受けた者では、最も重視
するのは安定した収入である。それに次いで重視するのが「収入が
高い」、「福利厚生が良い」、「保障がある」の順になっている。
教育レベルが相対的に低く、労働市場において比較的に弱い立場に
立たされることが、彼らに安定志向を強めさせたのである。それに
対して、大専（短大）や大卒以上の学歴を持つ者は、自分の専門知
識との適合性をより考慮し、自らの能力を生かせるかどうかに注目
している。

③セカンドビジネスの退潮

　1980年代から中国の都市部では、本職以外にセカンドビジネスを
持つことが盛んになり、このような社会現象は多くの議論を引き起
こした。新たな調査結果から見ると、かつてセカンドビジネスに
従事していた人は13.7%あり、現在もセカンドビジネスを持つ人は
4.9%となっている。現実におけるセカンドビジネス従事者の数値は
この調査結果よりやや高いかもしれないが、少なくとも1980年代に
見られたようなセカンドビジネスのブームは大きく退潮した。たと
え国有企業でも、雇用の面において合理化が進み、セカンドビジネ
スを営む余裕がなくなったのである。

　もう一つは、教育レベルがセカンドビジネスの経験と明らかに相
関関係を示していることである。教育水準の高い者ほど、セカン
ドビジネスのチャンスが開かれてくる。中卒、高卒、大卒の各グ
ループにおいて、セカンドビジネス経験者の比率はそれぞれ8.1%、

11.5%、22.7%となっている。[75]

　中国人の職業観―中国人は自分がこの企業でどこまで成長できる
か、またこの企業はどこまで成長していくのかを非常に重視する。
中国では、欧米のキャリアの仕組みがかなり受け入れられていて、
その職業観・キャリア観はかなり欧米に近い。一般的に中国人は自
分のキャリアアップを重視する人が多い。一つの企業にずっと長く
いるよりは、自分が成長できる企業で働いて必要な能力を身につけ
ていくという意識が強い。

　そのため、研修の充実度合いも企業を決める際の重要な要素にな
る。日本で良くあるOJTのように先輩について一緒に仕事を学ぶだ
けでなくて、例えば日本語の研修や経理研修、MBAに派遣される
チャンスがあるのかなど、色々な外部の研修や自分のキャリアアッ
プにつながる研修を求める傾向がある。

Ⅶ． 結―中国の人事管理面についてのポイント

　本論は、中国ビジネス様式と中国人の人事管理の対応について論
究するものであるが、むすびとして日系企業の経営者が指摘する中
国人の特性について指摘し中国型人事管理のポイントを整理するこ
とで結章としたい。

　日系企業をはじめ外国企業からみて中国人事面を特徴づける中国
人の特性はいかなるものなのか？本論を通じてみえてきた中国人の
行動原理は次の三点である。

　①会社帰属意識より個人主義優先―集団主義より個人主義。

　②自己主張が強い―権限委譲を要求する。（責任ある仕事を要求
　　―キャリア形成に）

③責任の極小化の追求─「責任回避の性向」の傾向が強い。

中国人は組織性がない。このことは中華民国の父・孫文が「中国人は一握りのバラバラな砂」（三民主義）と表現したように集団性は本来的にないことを証明している。同時に、明確な権限体系を要求する。権限の極大化が中国人の自己主張となる。他方では責任の縮小化─責任回避の性向が強く、責任は最終的には他人に転嫁することが中国人の人生戦略の基本である。

このような中国人の性向と向き合いビジネス対処する上で、日系企業をはじめ外国企業は、どのような人事管理を取っているか？中国市場で中国人を相手に効果的な人事労務管理と相互信頼の人間関係の構築をめざすために十分なる知識とスキルが必要となる。具体的には中国的ビジネススタイルの特質を列挙してみよう。[76]

(1) 計画性の欠如─意思決定はその場その場で行われる。そのためにビジネスを遂行するのに明確な方針が見えない。毀誉褒貶は世の常だが中国では酷すぎる。

(2) 社内コミュニケーションの欠落─管理職と一般従業員のコミュニケーションが欠落している。そのためにビジネスに関する情報が伝達されず齟齬が生じる。

(3) 社内教育の欠如─中国では従業員は単なる労働力で人材とはみなされていない。予算に教育費（人材教育）を見込んでも使おうとはしない。従業員のスキルアップもなされず転職が多い。

(4) 実体のない虚像社風─製品、経験、会社や所属する組織は形だけを整えている場合が多い。自信が無いからだろうが虚像社風は一般的である。

(5) 規則は唯の規則に過ぎず─規則は守られない。柔軟性が必

　　要以上にある。規則で１から10までフローを設定しても、
　　ステップ２や３をすっ飛ばしてしまう。
（6）従業員は永続的な組織貢献というよりも自己の最小の努力
　　で行動しようとする。自己のキャリアアップだけを重視
　　する。

　以上の諸点は、中国人の特質としてしばしば指摘されることであ
り、欧米・日系企業でも社員教育に苦労する所以でもある。中国企
業のビジネスの場合は、教育と言うよりも上記の本質をそのまま引
きずりながら発展してきている。これは、中国人「自らの表現」を
借りれば次の四点である。

①失敗すると、それを克服しようとせずに放棄する。

②安易な方向にとにかく流れる。

③相手を考えず、自分しか考えない。一歩先に何が起きるか―自
　　分たちの行動を見て競合がどう動くか、トラブルが発生したと
　　きに顧客がどう動くか全く考えない。

④学習能力の欠如―同じような失敗を何回も繰り返す。学習機能
　　が欠落している。

　これらは中国市場が発達途上であることが要因として加えられる
であろう。すなわち、中国では国内経済も市場も未成熟ながらまだ
まだ成長しており、安易な方法・道を歩んでもそのまま売上が伸び
る。計画経済から市場経済への転換期に企業活動は、いわばゼロか
らのスタートであり、可能性は多く残されているのである。しか
し、これも全て国家が人民元を統制し、予算をばら撒き、政府に守
られている「市場経済」のはずである。

　こういう甘やかされた環境で育った人間がビジネスマンとして事
業活動の真の意味を理解しないままのビジネス活動で本当の力がつ

くのだろうか。近年、中国経済が著しい経済成長を遂げ、21世紀の世界経済に大きな影響を与えていくであろう事は容易に予測される。しかし、一方で中国に進出した日本企業などからは知的財産権の無秩序な侵害や代金回収、契約履行等の困難さなど、現在の中国社会における経済活動には、基本的な倫理観が欠如しているのではないか、という指摘も多い。

　本章では中国が伝統的文化（儒教文化）と中国人の行動原理（交渉術）について言及する中で「競争原理と公正原理」の間（はざま）における中国ビジネスと中国人の職業観を生活レベルで解明してきた。とりわけ、中国で今も生き続ける「階層間の格差（効率主義）と階層内の平等（公正主義）」の混在―「内の環境」と「外の環境」という中国人固有なる生活空間＝意識構造を通じて明かにしてきた。

　この「内の環境」と「外の環境」という中国人固有なる生活空間こそ現代中国の職業観とビジネス文化を解くカギとなっているのである。第五章でも詳細に論じたごとくビジネス世界＝会社（職場）は中国人にとって「内の環境」ではなく、「外の環境」である。「外の環境」では「権利の極大化」に連なり、「義務の極小化」に連なる行動原理となってあらわれる。その延長線上に家族主義、人治主義が支配する。中国人は国家や会社を信用していない代わりに家族（血族）や真の友人（親友）をとても大切にする。これが「内の環境」である。その「内の環境」から生じる行動原理は「家族や真の友人に対する自己犠牲的精神」は凄まじいものがある。「外の環境」の国家―政治、企業―職場での無関心（権利の極大化）の裏返しに「内の環境」の家族・友人関係があるのである。

　そして、第六章で明らかになったように、現代中国社会は極度の

競争社会である。中学時にその人生が決まるほどの超学歴社会─ベスト30超有名大学卒業ではない限りであり出世は諦めるという超学歴社会である。[77]この競争社会中国の現実が個人主義に基づく職業キャリア志向に走り出させる。キャリアをめぐって職場内競争等々は中国の新たなる階層社会を作り上げる。この競争社会中国におけるビジネススタイルと人事管理を正確に把握することは、諸外国企業にとって中国市場との本格的交流において何よりも大切なことであろう。[78]

【注】

(1) 王元・張興盛・グッドフェロー『中国のビジネス文化～経営風土と交渉術』代田郁保　監訳（人間の科学叢書）（新装普及版）／人間の科学新社、2001年、pp.23-46。

(2) 李　年古『中国人の価値観』学生社、2006年、p.99。中国湖南省に生まれ、1996年以来「中国異文化コミュニケーション研修」「中国人との交渉力向上研修」「中国人の労務管理研修」を中心に、三菱重工業、日産自動車などで企業内研修を実施。2002年日中ナレッジセンターを設立。中国市場調査などのコンサルティング事業も展開（本データはこの書籍が刊行された当時に掲載されていたものです）。

(3) 佐々木信彰『現代中国ビジネス論』世界思想社、2003年　pp.78-。

(4) 中国では副業経験者5割を超える。中国人は1人3つの肩書きを持っていると言われる　ことがある。昼間の本業と夜と休日の三つの副業である。中国に進出している日系企業の　中にもサイドビジネスをしている中国人従業員が相当数存在する可能性がありそうだ。そ　して、半数以上が副業を経験～大手人材サイト「智聯招聘網」がインターネットで求職し　ている2,400人を対象に行った副業に関するアンケート調査によると、「以前、副業　を持ったことがある」と回答した人は35％、「ずっとやっている」は16％を占め、半数　以上が経験者であることが分かった。また、「チャンスがあればやってみたい」と答え　た　人は26％に上っており、副業への関心の高さがうかがえる。

(5) ビジネスフィーバーは単なるビジネスへの関心ではなく、社会的価値観の転換であった。　多くの中国人は改革開放政策のもとで「社会的資源の活用」としての〈ビジネス〉は最も　自分を社会貢献できる領域と考えるようになった。

(6) 王元・張興盛・グッドフェロー『中国のビジネス文化～経営風土と交渉術』代田郁保　監訳（人間の科学叢書）（新装普及版）／人間の科学新社、2001年、pp.23-46。

(7) 羅瓊娟「東アジアの経済倫理と管理思想～中国的社会構成原理とその管理実践を中心として」『経営論集』No.19（作新学院大学経営学部）2010年。

(8)　丹沢　安治『中国における企業組織のダイナミクス』中央大学出版
　　　会、2006年。

(9)　最適資源配分の道具として、また職業としてビジネスの成功は現代中
　　　国での優先項目である。

(10)　王元・張興盛・グッドフェロー『中国のビジネス文化〜経営風土と交
　　　渉術』代田郁保　監訳（人間の科学叢書）（新装普及版）／人間の科
　　　学新社、2001年、pp.45-。

(11)　中国人が求める平等性は同じ社会階層内であり、自分とは異なる社会
　　　階層との格差は容易に認める。

(12)　李　年古『中国人の価値観』学生社、2006年。

(13)　中国のビジネスを最もよく現すのは人事管理においてである。中国型
　　　人事管理はのビジネススタイルの一面である。

(14)　張晟『中国人をやる気にさせる人材マネジメント』ダイヤモンド社、
　　　2005年。中小企業国際化支援レポート‐中国人のものの考え方とコミ
　　　ュニケーション法（200年4月掲載）を参照。

(15)　金崎　敏泰『新・中国ビジネス作法』ＮＴＴ出版、2006年。

(16)　ヤロリン・ブラックマン『中国ビジネス交渉術』白幡憲之訳 朝日新聞
　　　社、1999年。

(17)　坂井保宏・関大慶　『中国仕事人のビジネス作法〜中国ビジネスマン・
　　　官僚－その生活と意見』日本評論社、2002年。

(18)　王元・張興盛・グッドフェロー『中国のビジネス文化〜経営風土と交
　　　渉術』代田郁保監訳（人間の科学叢書）（新装普及版）／人間の科学
　　　新社、2001年、pp.78-90。

(19)　王元・張興盛・グッドフェロー『中国のビジネス文化〜経営風土と交
　　　渉術』代田郁保監訳（人間の科学叢書）（新装普及版）／人間の科学
　　　新社、2001年、pp.89-。

(20)　林　幹『中国ビジネス契約・交渉実践ガイド』ぜんにち出版、2003年。

(21)　王元・張興盛・グッドフェロー『中国のビジネス文化〜経営風土と交
　　　渉術』代田郁保監訳（人間の科学叢書）（新装普及版）／人間の科学
　　　新社、2001年、pp.112-。

(22)　アジア儒教文化圏でありながら、中国が徹底した個人主義という行動

原理は中国ビジネスを理解する上で極めて重要である。

(23) 中国人は、自分を守ってくれる国家があるなどとは考えず、自分を守るのは自分だけだと認識する、本質的には徹底した個人主義である。盗んだり、盗まれたり、殺し合いをしても、自分の命さえ救われればそれでいいという思考である。しかし、そうはいっても、全く自分ひとりだけで生きてゆくことはできない。そうした中で生まれたのが、「自家人（ヅヂャレン）」という概念である。心を許して助け合い、自分の利益になる人間は、当然、家族や血族が中心となる。が、反面、たとえ兄弟であっても自分の利益にならないなら「自家人」ではない。逆に外国人であっても「自家人」と呼ばれることがある。

(24) 中国型人事、とりわけ雇用関係において重要な点は中国には日本のごとく、終身雇用制は存在しないということである。

　国営企業のもとでは公私の境がわからなくなる。中国はもともと国有企業が多く存在していた。つまり、中国人のほとんどが国有企業に勤務していた。国がコントロールしている国有企業で働くということは平等な賃金体系で終身雇用として国有企業に就職するということである。実際には国有企業に勤務すればその企業に属する社宅に住み、食事も会社の食堂を利用する。衣食住のうち、食も住むところもすべてその会社から提供されたものを利用するのである。そんな生活の中でどこからどこまでが公でどこからがプライベートなのかがわからなくなるのだ。たとえば、今でも恋人たちだけでなく、結婚した後の夫婦でさえも夫の社宅と妻の社宅を交代に宿泊している状態である。むろん、最近は民間企業も増えたこと、一部の個人がマンションを購入することができるようになったことで事情は少しずつ変わってきている。それでも新婚夫婦で年収も低い場合は社宅を交互に泊まっているのが現状である。国有企業に所属している限り、同時に会社の机もいすもホッチキスも鉛筆も何もかもが自分のものである―という感覚である。しかし、それだけではない。公私混合の理由には中国人の働き方―雇用意識の特性もある。キャリアアップ志向が強く、数年間で転職する中国人は日本人に比較して会社への忠誠心はあまりない。給料の高い企業や昇進させてくれる企業が見つかればすぐに転職するのは

当たり前と考えている。日本企業の人事はコミュニケーションや派閥に左右されがちで、個人の業績より部署の業績を大事にしているが、中国では企業に働く限り、自分の業績を上げ自己の能力をアップするのが自分の務めだという常識がある。それだけ集中して自分の仕事をするため、上司の顔色を伺いながら残業している日本人を理解できない。上司のことより同僚のことより、自分の成績が一番。自己アピールが大事だから、「自分の仕事さえ終われば、残りの時間は何をやってもいい」と考える傾向にある。だから自分の仕事が終了した後は、外出したり電話で長話するのも当然と考えるのだ。ところが日本人はチームワークを重要視するため、自分の仕事が終わったら他人の仕事を手伝う人が多い。個人主義が強い中国人の特質は協調性を重視する日本人の特質とはかけ離れている。

(25) 組織において、権限委譲を強く求めるのは「責任ある仕事」に重視することで自らのキャリア・アップをめざす中国人の個人主義的思考が表れている。

(26) 註（23）のごとく、中国人は国家も会社も永続的なものとは考えてはいない。いつかは滅亡・倒産するものであるという考え方である。かかる組織に自分を一体化することはできないのである。

(27) 今の「中華人民共和国」は漢族の国、あるいは漢民族の多民族支配国家—漢民族の天下だというのが一般的見方である。だが漢族が天下を取った時期は中国2000余年の歴史において「4分の1」しかない。（『史記』より）。つまり中国の歴史は秦の始皇帝の統一以来、匈奴、鮮卑、契丹、突厥、ウイグル、モンゴル、満州（女真）……と、さまざまな民族による全く異なる王朝の出現・滅亡・戦乱の繰り返しであり、歴史に連続性が無い。

　6世紀から10世紀にかけての「隋」「唐」は鮮卑人というトルコ系の遊牧民族、13世紀から14世紀の「元」はモンゴル民族の王朝だった。複数の王朝が並立した時代も多く、「天下」はあっても「国家」はない。そして、王朝が変わる度に領土の範囲も全く異なった。王朝が変わると前の文化をことごとく破壊し尽くし、数千万の単位で人口が激減した。これが中国の歴史である。（代田郁保）大学院講義ノー

トプリントより）

(28) 権利の極大化と義務の極小化の行動原理は国家を持たない中国人の生きざまである。

(29) 内環境と外環境は中国人が常に持つ内面性である。

(30) 丹沢　安治『中国における企業組織のダイナミクス』中央大学出版会、2006年。

(31) 王元他『変貌する中国』白帝社、2004年。

(32) 組織より個人の信頼関係を重視する交渉スタイルは中国独自なものである。

(33) 中国人は人を動かす仕事を最高なる職業とする。管理する者と管理される者との差である。もう一つはメンツ（体面）を保てる仕事であろう。

(34) 中国の競争社会は先進欧米および日本をはるかに超える。子供の進路は一族の運命と考える。

(35) 中国の大学在校生は2000万人を超えた。2011年には、大学新卒者の人数がピークの約758万人に達するとされる。大学生の就職困難が緩和されることは今後しばらくはない。

(36) このランキングは専攻別で異なる。ここでは管理学院（経営学部）系の序列である。

(37) 中国人のキャリア志向は有名であるが、キャリアにも二つあり、①学歴キャリア、②職業資格キャリア、である。

(38) 私費の海外留学は2000年前後より急増する。留学ブローカーを仲介とする留学ブームが中国全土に広がる。

(39) 中国の大学在校生は2000万人を超えた。大学教育に体制が整わない地方大学が急増した。大学教員だけでこの10年間で3倍となる。

(40) 中国では毎年、約2000万人の労働力人口が新たに生まれる。高度経済成長を遂げる中国においても毎年2000万人の就業を作り出すのは容易ではないであろう。労働力市場でのこのアンバランス―供給過剰が若者の就業問題として深刻化しつつある。

(41) net –新浪ネット2007年‐中国受験戦争より引用。

(42) 中国でもMBA取得は有能ビジネスマンとしてのステータスになりつつある。各大学でも管理学院としてMBA充実に努めている。

(43) 滞在中の日本人ビジネスマンが中国のMBAコースに参加するケースが増えている。日系企業の中国ビジネス理解にも貢献することになろう。

(44) AMBA, EFDAなどとの国際連携によるMBA資格は世界的認知の点でも評価が高まる。

(45) 中国の有力大学ではMBAコース設置は政府要請であり、人材育成の中心として今後も需要が拡大するであろう。

(46) 中国MBAコースは欧米大学MBAをモデルとしたものが多い。

(47) 2007年世界MBA巡回展夏季展china reportより引用。

(48) 「人民網日本版2007年7月25日号」より引用。

(49) 中国の大学においては、博士号大量輩出により就職先は30％しか決定していない深刻さにある。

(50) 秋定啓文『中国13億人がこれから買う、使うモノとサービス中国ビジネスで成功する秘訣』生活情報センター、2005年。ビジネススクール出身を選ぶ企業側の説明はchina report より引用。

(51) 大学院・学部の賃金格差はほとんどない。

(52) china report より引用。

(53) 北京大学就職指導センター「北京晩報」（2008）より。

(54) 北京大学就職指導センター「北京晩報」（2008）より。

(55) 中国で一時ブームになった創業志向（会社設立）はノンエリートが多く、エリート大学出身者は数％にすぎない。

(56) 政府誘導の内需拡大策による経済成長も雇用拡大とはなっていないのが現状である。若年層の失業率は中国の最大なる課題である。

(57) とくに、大学新卒の就職率は50％前後である。この深刻化は海外留学生が中国に帰還しない理由の大きな要因となっている。

(58) 張　晟『中国人をやる気にさせる人材マネジメント』ダイヤモンド社 2005年李　年古『中国人の価値観』学生社、2006年。

(59) 中国では日本的職人は好まない傾向がある。とにかく、管理職としてのホワイトカラー職を強く熱望する。

(60) 厳　善平『農村から都市へ～1億3千万人の農民大移動』岩波書店、2009年

(61) 遠藤誉・劉迪『中国ビジネス「新常識」』（成美文庫）成美堂出版、2004年

(62) 職業能力認定制度は中国の成人教育の伝統的な資格制度である。この制度は日本では余り紹介されていない。

(63) 職業訓練制度はノンキャリア向けの訓練システムである。

(64) 人的資源・社会保障部「職業資格証書制度基本概念」2007より引用。

(65) 人的資源・社会保障部「職業資格証書制度基本概念」2007より引用。

(66) 中国の高級中学校は2004年現在で、約32000校で3300万人が在校生である。

(67) China net 中国政府の雇用情勢と政策に関する白書、2004年より引用。

(68) その意味で民間（私立）の職業訓練校の充実が望まれる。

(69) 中国の高級中学校（高等学校）に進学できない者が500万人以上居るといわれている。かかる層への職業訓練は極めて大切な国家事業といえる。

(70) 「中華人民共和国国家職業分類大典」（1999年）が政府の大綱である。

(71) 中国労働社会保障部「国家職業資格管理」より引用。

(72) 中華人民共和国人力資源・社会保障部「mohrss」は中華人民共和国国務院組成部門のひとつ。2008年に中華人民共和国人事部と中華人民共和国労働社会保障部を併合して設置された。中華人民共和国労働社会保障部「molss」は、中華人民共和国国務院に属する行政部門。1998年元中華人民共和国労働部から設置された。日本の旧労働省（現厚生労働省）に相当する。

(73) 中国では5000万人に近い人が何らかの職業技能評価を受けている。

(74) 国家職業資格工作網—国際証書調整弁公室資料より引用。

(75) 中国ではセカンドビジネス—副業経験者5割を超える。中国人は1人3つの肩書きを持っていると言われることがある。昼間の本業と夜と休日の三つの副業である。中国に進出している日系企業の中にもサイドビジネスをしている中国人従業員が相当数存在する可能性がありそうだ。そして、半数以上が副業を経験～大手人材サイト「智聯招聘網」がインターネットで求職している2,400人を対象に行った副業に関する

　　アンケート調査によると、「以前、副業を持ったことがある」と回答
した人は35％、「ずっとやっている」は16％を占め、半数以上が経験
者であることが分かった。また、「チャンスがあればやってみたい」
と答えた人は26％に上っており、副業への関心の高さがうかがえる。
インターネットの普及など副業に便利な社会環境が整いつつあるほか
に職場環境への不安・不満から万が一の事態に備えて別の活路を準備
しておきたいという中国人の心理も背景にあるようだ。仕事を探す方
法は、「自分で探す」と「友人からの紹介」が二本柱。自分で探すと
いう人でも、その準備として「交友関係を広げる努力をする」として
おり、専門の人材サイトや情報センターが多数登場している今日にも
かかわらず、いまだ中国がコネクション社会であることを裏付けてい
る。

(76) 高田　拓『今、あなたが中国行きを命じられたら』BKC出版、2007年。

(77) 中国では、地域によっては激しい受験戦争に対応するため小学校から
高等学校まで成績順で座らさせられる。さらに中間テストと期末テス
トが終われば、必ず親の面談がある。その会合も親も子供の成績順で
座わらさせられるのが普通である。学生とその親は教室の最後の列に
座る恥をかきたくないために受験勉強に力を入れる。これらの現象は
中国のすべての地域ではないが、中国は超学歴社会ゆえに受験戦争と
してみられる一般現象であろう。

(78) 「組織重視」（日本）と「個人尊重」（中国）の構図―日本の会社
は「組織重視」で会社への帰属意識が強い。また人間関係は「上下関
係」を中心に構築している。中国では、「個人」尊重の意識が強く、
人間関係も「平等関係」が原則である。会社への「帰属意識」　も薄
く、上司を上司とも思わない言動がしばしばみられる。個人の意見・
主張が強く出る分「仲間意識」も育たなく、バラバラ感がある。代田
郁保「アジア的管理思想」『管理思想の構図』税務経理協会、2006年
第Ⅲ部参照。

　　これらは会社観にも表れている。日本人と中国人の会社観もまった
くと言っていいほど違う。日本は中国に比べると残業時間が非常に長
い。多くの日本人は仕事に価値観を見出し、かつ誇りを持ち、会社の

ために一生懸命に働く。しかし、中国の労働者にとって働くのは「生活のため家族のため」であり、組織のためではない。それよりも自分がどれだけのスキルと時間を会社に売って会社からどれぐらいの報酬とキャリアをもらうかに関心を寄せている。

結章

むすびにかえて

Ⅰ．アジアの宗教観と次世代主義へのパラダイムシフト ～文明の衝突と「唯一神教」「多神教」思想

　21世紀（2003年3月19日）アメリカ合衆国を中心とする有志連合がイラクに対してテロ支援国家という大義名分で戦争を始めた例で、しばしば取り上げられるのがアメリカ合衆国の政治学者サミュエル・P. ハンティントン著書の「文明の衝突」である。[1]ハンティントンは文化が国際政治において重大な役割を果たしていることを指摘する。特に冷戦後において文化の多極化が進み、政治的な影響すら及ぼした。文化とは人間が社会の中で自らのアイデンティティを定義する決定的な基盤であり、そしてそのためには利益だけでなく、自らのアイデンティティのために政治を利用することがあるのである。伝統的な国民国家は健在であるが、しかし行動は従来のように権力や利益だけでなく文化によって方向付けられうるものである。本書の概要は「冷戦が終わった現代世界においては文明と文明との衝突が対立の主要な軸である」と述べており、特に「文明と文明が接する断層線での紛争が激化しやすい」と言われている。

　文明開化の歴史には例外なく文化を背景とした価値観、生活習

慣、社会制度の変更が行われているが、近年の地域主義の進展によって、世界各地で文化摩擦と文化復興が見られる。また20世紀前半における宗教衰退の予測は誤っていたことが証明された。「神の復讐」と呼ばれるこの宗教復興運動はあらゆる文化圏で発生しており、宗教に対する新しい態度が現代社会にもたらされた。この運動はかつての近代化がもたらした社会変革に対する反動、西欧の衰退に伴う西欧化への反発、冷戦の終結によるイデオロギーの影響力低下などの諸要因によって発生したと考えられる。

　地域主義と宗教の再生は世界的に認められる現象であるが、これが顕著なのがアジアである。中華文化、日本文化、イスラム文化において経済成長が目立って進んだ結果、西欧文明の文化に対する挑戦的な態度が見られるようになった。20世紀において東アジアでは日本がまず高度経済成長を遂げ、これは日本の特殊性によるものだと解釈する研究もなされた。しかしその後に日本だけでなく香港、台湾、韓国、シンガポール、中国、マレーシア、タイ、インドネシアでも経済成長しつつある。そしてそれまでの西欧文明が与えたオリエンタリズムに反発し、儒教や漢字などのアジアの文化の普遍性が主張されるようになっていった。

　1990年代以降に世界的なアイデンティティの危機が出現しており、人々は血縁、宗教、民族、言語、価値観、社会制度などが極めて重要なものと見なすようになり、文化の共通性によって協調や対立が促される。文明が相互に対立しあう状況は深刻化しつつあり、巨視的には西欧文明と非西欧文明の対立として理解できる。つまり、単純化した解釈としてこの文明の衝突はある意味では、「宗教の衝突」とも言い換えられる。典型的な例を挙げると「キリスト教」対「イスラム教」の構図である。衝突が起きる背景として、一

人の神様を信じる思想に起因しており、その思想とは、異なる神様が存在する事は有り得ないという考え方である。[2]「唯一神教」、信じている神様以外は、基本的に「敵」という見方であるとも言える。「キリスト教」と「イスラム教」の「唯一神教」に対してアジア、特に東アジア世界では多神教であるといわれる。東アジア社会（儒教文化）では、キリスト教文化のように唯一絶対神を信じる世界とは異なり、民衆は多神教のなかに生きている。東アジア社会に影響を与えた大乗仏教は、インド式の輪廻転生から儒教の祖先崇拝の死生観に宗旨変え、中国で独自なものに変容してゆく。現在は「キリスト教」、「イスラム教」と「仏教」この三大宗教が、世界の殆どを占めている、世界三大宗教と言われていることである。

　本章はむすびとして、欧米の宗教観とアジア宗教観の違い、そして、冷戦時代が終焉した最後の戦争に成り得る「文明の衝突」という側面を述べ、マックス・ウエーバーの東西宗教（思想）の相違を基礎に置いて比較しながら、次世代＝21世紀における「在り方」と東アジア社会の生きる道（倫理秩序と管理思想の関連）を探す。最後は東アジアの地域性と文化力の近似性を整理しながら、東アジア企業のビジネスモデルは可能かの試論を挑戦したい。

（1）「唯一神教」と「多神教」の思想

　「唯一神教」とは、神は唯一であるとし、その唯一絶対な「神」を崇める信仰・宗教の形態を指す。但し、同じ一神教の中でも「拝一神教」や「単一神教」という思想もあり[3]、それらが他の神々の存在を認めた上で一つの神を崇めるのに対して「唯一神教」においては他の宗教の神々の存在理由－「解釈」が必要となる場合もある、これが衝突を生むこととなる。そして、その「解釈」とは、そ

のような神々は人間が想像したものであり、実際には存在しないという「解釈」である。つまり、「唯一宗教」で信仰している「神」以外は、神ではないからである。「唯一神教」の例としては、「キリスト教」「イスラム教」の他に「ユダヤ教」等がある。

　何れも、旧約聖書を経典とし、同一の神を信じており、「ユダヤ教」においてはモーセの時代にそれ以前の宗教から新しい体系が作り上げられたとされる。その後、「ユダヤ教」を元にイエス・キリストの教えから「キリスト教」が誕生し、更にはムハンマドによって「イスラム教」が誕生したとされている。そして、その旧約聖書であるが、「神は全能であり、他のいかなる宗教の神を拝んではならない」と記述されている。

　「多神教」とは、「唯一宗教」に対して、複数の神を認め、崇拝する「多神教」の概念を説明する。多くの神々を崇拝し、それゆえに同じ宗教の中での信仰形態も多様である。「多神教」の例としては、「ギリシャ神話」、インドの「ヒンドゥー教」、日本の「神道」と東アジア社会の儒教文化がある。

　何れも、別の宗教の神を排斥するより、神々の一人として受け入れ、他の民族や宗教を自らの中に、ある程度取り込んできたとしてその寛容性が主張される事がある。日本でも明治の神仏分離令によって分離される以前は、「神道」と「仏教」は、しばしば神仏や社寺を共有し混じりあっていた。

　また、教義上の論争は多神教同士でも激しく行なわれていたし、実際に他宗教や他宗派を厳しく弾圧することもあり、「多神教」と「唯一神教」のどちらか寛容であることは決めがたい。「多神教」においても、その起源となる「神」や中心的存在の「神」が体系内に存在する事が多々ある。

　多神教と唯一神教の違いについては、一神教の内、「唯一神教」では、唯一の絶対的な超越者である「唯一の神」を信じ、更には、自らが信仰している宗教を絶対化している為、必然的に他の宗教に対して排他的になる側面がある。しかし一方で、唯一の万人の為の神を信ずる「唯一神教」は、「多神教」とは違った「寛容の論理」[4]を生み出しうるとも言える。一方、「多神教」では多数の神を信じる為、他宗教の神を自宗教の神に取り入れやすい側面があるが、逆に唯一の万民の為の神という発想が希薄な為、異なる思想の宗教に対しては排他的な場合が出てくる側面もある。

　つまり、寛容な社会を支えるのは、「一」の元での「多」であったり、「多」からなる「一」という概念であるが、「唯一神教」は「一」を重視しすぎるあまり、「多」の中の「一つ」である自宗教を強引に「多」をまとめる「一」とし易い。また、「多神教」は多を重視するあまり、「多」をまとめる「一」を作りづらいと言う側面を持つ。

（2）多神教思想の意義～アジア世界の再構築

　前述を単純化してまとめると、全世界で大半を占める「唯一宗教」と少数派になってしまった「多神教思想」で様々な論評があるが、やはり、「唯一宗教」も包含した、他の神（思想）も認める「多神教思想」が21世紀におけるグローバルな思想として認められるべきであろう。

　これは、宗教論ではなくヒトと自然の持続可能な共生を考えた場合、自ずと導き出されるのではないだろうか。例えが、興隆期のローマが、広大な多民族国家の統治に成功したのは、「多神教的思想」だったからとも言えるのではなかろうか。そして、古来、アジ

ア世界が重要視してきた「世界観」の源泉として信じられた神々の
「自然現象」の属性の側面が今世紀、最も重要視される課題である
「環境問題」と一致すると考えている。[5]

　なお、哲学者梅原猛氏の主張はこの一神教と多神教の対峙はその
まま西洋人の考え方と東洋人の考え方の違いを考える上で重要であ
る。[6]西洋人の思考の論理は真理というものをどこまでも、論理で
求めて真理というものを得ようとする。それに対して、東洋人の思
考法は真理を求めるというよりも真理を求める過程やその時の姿勢
や態度の有り様を重視して考える。またユング心理学者[7]の河合隼
雄氏は古事記の神話研究を通して日本人の深層に西洋の一神教世界
とは違う心理が働いていることに着目した。そこで、「中空・均衡
構造」という概念を提示した。それによれば、西洋型の思考の特徴
は「『統合』への要求が強い」ということである。それに対して、
東洋型の思考の特徴は対立するものを『均衡』させる力が働くとい
うものである。[8]

　M. ウエーバーは『世界宗教の経済倫理』研究を通じて中国を中
心とする儒教とその文化圏を西欧社会とは異なる精神基盤を具備す
る世界とみなし、その人間像を描き出すことによってアジア世界の
文化的近似性を見出した。中国の儒教と道教、インドのヒンズー教
と仏教さらに古代ユダヤ教の教義と倫理的合理化の関係を比較研究
によって西欧世界にみられない日常生活の倫理観を鮮明にしようと
したのである。

　M. ウエーバーにおける、幸福の神義論＝儒教、苦難の神義論＝
ピューリタリズムという位置づけは、民衆の生活構造まで規定する
ものとして重要な概念である。つまり「神義論」とは、宗教家たち
の思索の結果とはいえ、深く民衆の魂の救済という日常での営みの

必要さと結びついており、彼ら民衆の生活を深く反映している。従って、それにもとづいてつくられている倫理ないしは規範意識を分析すれば、この宗教を支えている民衆の生活構造まで解明できる。換言すれば、M. ウエーバーはこのことによって思想と利害状況の両面が同時に把握できる、とみたのである。

　このように、民衆の生活レベルにおける宗教意識に焦点をあてたM. ウエーバーは、「宗教的現世拒否の可能な意味」に類型学を展開する。ユダヤ教とヒンズー教は共に現世拒否の宗派として並列され、ピューリタリズムと儒教は合理主義の担い手として位置付けられる。しかしながら同時に現世変革という視点に立てば、アジア諸国の宗派（儒教もヒンズー教も）は変革エートスを欠く宗派となる。その根拠はつぎのごとくである。すなわち、合理主義の担い手である儒教は「現世適合的」に機能するゆえに伝統的な生活秩序に対して肯定することを「徳」とみなす点が本質である。同じく合理主義の担い手の宗派として位置づけたピューリタリズムにおける合理主義の精神は「現世変革的」に作用する。一見、資本主義経済にまことに好都合な宗派にみえる儒教は、たとえ不合理が内部に認められたとしても大局においては現存秩序を肯定する、いわゆる「道に従う」ことをもって有徳の君子の業とみなすような人間像が基本である。したがって、民衆側からの主体的な変革作用は弱いものとなる。ピューリタリズムはこの点で、本質的に現世変革的人間像を持つ。

　一方、「現世拒否の宗派」であるヒンズー教においてもその現世拒否の本来の意味は、現世「そのもの」の拒否である。いわば逃避の方向に発動する教義を持つ。これはユダヤ教における現世拒否が「誤れる」現世の拒否の思想によって現世変革への内的インセン

ティブを有するものとは一線を画する。したがって、「呪術からの解放」および「救済への道を瞑想的な『現世逃避』から能動的・禁欲的な『現世改造』（Weltbearbeitung）へと切り換える」ことを完全に達成したのは壮大な教会形式と宗派形成を実現したプロテスタンティズムの場合のみ認められる。[9]

図表7-1　宗教的形而上学的世界像

概念的戦略 全世界の評価	超越神中心 （現世変革）	宇宙中心 （現世適応）
世界 肯定	—	儒教 道教
世界 否定	キリスト教 ユダヤ教	仏教 ヒンズー教

出所：ユングル・ハーバーマス『コミュニケーション的行為の理論（上）』未来社、p. 290。表現は一部修正

　禁欲的プロテスタンティズムの「生活態度の一定の方法的─合理的な仕方」が近代資本主義の精神（エートス）となりうる行為への実践的起動力となり、特殊西欧で地域的に合理的資本主義を発展させたとする。このエートス（倫理精神）が「使命としての職業労働」に内在する人間が自立心（自立人）を生み出すことを通じて経済的に伝統主義を打破する大きな役割を果たした。つまり、M. ウエーバーは市民層の経済合理主義と宗教倫理の関連から経済合理主義を宗教社会学研究の観点から設定し、近代西欧固有な資本主義のエートス（心理的起動力）となりうる経済合理主義をピューリタリズムのなかに見出したのである。
　ここでいう西欧近代資本主義が「自由な労働の合理的組織を伴った市民的資本主義」を意味することはいうまでもない。[10]その意味

で、M. ウエーバーにおいて合理的資本主義は世界史上あらゆる地域と時代にみられた衝動的・無抑制的・投機的・掠奪的・冒険的・寄生的な資本主義活動、要するに「非合理的な衝動活動」とは区別される。営利衝動の合理的調節・活動の持続的反復・市場での交換機会の可及的利用による平和的営利追求の上成り立つ合理的資本主義、これこそM. ウエーバーがいう特殊西欧近代にのみ歴史的過程の中で成立するピューリタン的資本主義である。国家的特権の上に立つ商人・問屋・植民地資本主義が権力と癒着するなかで非合理的に利得機会と国家独占に導かれるシステム、かかる非合理的資本主義は「近代」資本主義ではない。

　「近代」資本主義とは、「市場機会という狭義の経済的機会に方向づけ」られた「自己の能力と創意に基づく合理的合法的な営利への個人的起動力」に依存する経済システムである。この「近代」資本主義およびこれと結びつく世界支配の合理主義が成立発展するために寄与した一つの革命、すなわち「内なる転換」に決定的な歴史的役割を果たしたのが禁欲的プロテスタンティズムである。

　合理主義の概念あるいは理念型について、M. ウエーバーは二つの異なった性質をみている。一つは「世界の一切を意識的に個人的自我の現世的、利益に関連させ、その見地から判断する」という意味の合理主義（目的的合理主義）。もう一つは、「使命による非合理的感情を抑圧して生活を方法的に組織化する」という意味での合理主義（価値的合理主義）。[11]この後者こそ西欧近代を支配した合理主義であり、経済合理主義を支える民衆の適合的な合理的生活態度をその内容として有するものであり、まさに「日常生活の倫理的合理化」の問題として把握されたものである。禁欲的な集会や教派の形成こそは家父長的・権威的な束縛を根こそぎひっくり返し、人

は他の人間に従うより神に従わねばならないという命題を自己流に解釈し直して、近代「個人主義」の歴史的基礎のうち最も重要なものの一つを形成した行為と断言する。

　倫理的態度と経済倫理との関連を世界諸宗教考察から導き出すM. ウエーバーにおいては、西欧社会の営利行為が倫理的自覚（無際限な営利欲を抑制・調節する精神）まで高められた合理的資本主義こそ「近代」資本主義の前提を成すものであり、これと対立する非合理的資本主義を確認するためにも「アジア的宗派の一般的性格」を明確に位置づけることが必要であった。アジア社会を合理的資本主義への発展に導くための内的起動力となり得なかったエートスは、問題設定において「日常生活の倫理的合理化」の問題を位置づける。この倫理的合理化に直結するのはM. ウエーバーにおいては「行為の実践的起動力」であり、これに決定的な意義を持つものは「倫理予言」「使命予言」である。アジア宗教観のなかでも儒教について、M. ウエーバーは「苦難と幸福の弁神論」からみた上で「現世主義と天の思想」「倫理主義と儀礼主義」「人間像〜自己完成としての君子像」の順にその基本的構造を浮き彫りにしている。

　この二元論的弁神論では、良い精霊（神）と悪い精霊（鬼）が永遠に存在、世界の事象はこれらの二つの対立・並立から説明される。陰陽の二原理の結合から天と地のごとく存在し、陽から生じる幸福をもたらす「神」と同一視しうるカリスマ的資質をもつ人間は、陰から生じ不幸をもたらす「鬼」を監督する力を持ち、それを鎮静化できる信じられてきた。こうした一定の関係は、秩序を正しく機能させ、調和・均衡のとれた秩序が保たれ、幸福がもたらされると考えられる。最高の非人格的力＝天と同一化できるのは皇帝である。二元論的呪術観によって苦難の原因を行為主体に求めるもの

ではなく、超感覚的諸力に帰しめ外面的に礼儀と倫理を学び、徳行を積み、そのことによって幸福を得ようとする。(12)

　とすれば、儒教徒にとって重要な関心は、功利主義的な現世利益を求めることである。そして、救済をもたらし得る正しい方法として「永遠なる超神的な世界秩序、すなわち道への適従であり、従って宇宙的な調和から帰結する共同生活への社会的要請、そうしたものへの順応」を考えていたのである。(13)現世適応の合理主義ないしは秩序の合理主義には現世とその秩序または因襲への適応した倫理が根底にあったのである。さらに、儒教の世俗内自己完成＝君子像は天地の理法に従って伝統主義的な社会に合致させていく人間像である。しかも重要な点は、合理的な順応の合理的な生活態度が超世俗神のごとく抽象的理念に対してではなく、むしろ諸精霊のごとく具体的なアニミズム的崇拝にもとづいていたために統一的な倫理ではなく、個々具体的な諸義務・功利的資質を単に結びつけたものに過ぎなかったことである。したがって「所与の秩序おいて自分の最も近い人間への敬虔的態度を尊重する」人間関係が尊重されることになる。君主と臣下、上司と下僚、父兄と子弟、師と弟子など現存秩序におけ恭順と義務が正当化される。ここから儀礼主義的・倫理主義的性格によって目的的合理主義的に社会において順応しようと努める精神が支配するのである。一つの価値基準に自己の現実の世俗生活を合わせ、価値的合理主義の範疇のなかで自らを規制しようとはならないのである。(14)

　このように、儒教倫理はピューリタリズムのように伝統と慣習によって拘束された不合理に対して変革を付与する内面的な力は持ちえず、現実の世俗生活の諸条件への外面的生活態度を合わせることに終始する。富みの成功・不成功もピューリタリズムにみられたよ

うな自己の救いを確かめる認識根拠とはならず、呪術や礼儀的功
績・過失の結果であるとされる。従って儒教精神においては、自
立人としての「日常生活の倫理的合理化」への信念宗教倫理は生
まれず、それとは無縁の思想としての宗教倫理にとどまるもので
あった。

　東西宗教倫理と資本主義の興隆についての古典的見解をM. ウ
エーバーについてみてきたが、最近ではM. ウエーバーの儒教観か
ら離れて、儒教文化とまでいわれる東アジア諸国に強い影響力を
つとされる現代の儒教観、すなわち東アジア経済発展をふまえた、
最近の儒教文化論がこの古典的文献内容とは異質な展開をみせて
いる。

Ⅱ. 東アジア（中国・台湾）の倫理秩序と贈与経済の内在化　〜儒教文化の倫理秩序と管理思想の連関について

　東アジア（中国・台湾）では「贈与」を基本として経済システム
が成り立ってきた（貢ぎ物社会）。いわゆるアングロサクソン型の
「交換」システムとしての市場という経済システムとは無縁であっ
た。共同体の秩序の同一性が維持されるためには生産したものがす
べて消費されることが理想である。一部の人だけに富が偏在する
と、その分配をめぐって紛争が発生し、共同体の秩序を乱すので、
こうした剰余を排出するしくみを構築してきた。しかし、産業革命
以後の資本主義は爆発的なスピードで「剰余」を作り出し、不平等
を生み出し、秩序を壊し始めた。その剰余（利潤）を社会に還元す
るしくみが「市場」なのだが剰余はしばしば市場で処理できる限度
を超えて蓄積されるので、それを定期的に破壊するシステムが必要

　になった。要するに市場を価格の自己調整メカニズムでとらえるのではなく、市場の奥に人間の隠された交換行為を見出す視点が浮上したのである。

　東アジア社会＝儒教文化では、キリスト教文化のように唯一絶対神を信じる世界とは異なり、民衆は多神教のなかに生きている。[15]この多神感覚こそ自由な選択肢を可能にして社会システムの臨機応変的変革が可能となるのである。

　アジア人の行動は、一見、主体性なき礼教性（倫理・道徳）にもとづいて「都合の良い選択」（御都合主義）をするのがごとく映るが、その根底には儒教の宗教性をみることができる。すなわち、思考一元主義ではないのである。これこそ儒教の精神文化である。「現世適応」と「秩序維持」を前提とした合理主義－これこそアジア民族の生き方であり、西欧諸国からすれば、たとえ、不合理にみえても儒教社会では「アジア合理主義」なのである。

　西欧世界においてキリスト教のもつ意味は、我々「多神教民族」にははかり知れない絶対性がある。今もなお、宗教的な精神の支えが現実の生活を律していくという確信が根強くあり、宗教と文明が密接に結びつき、信念につながっていく。宗教的な覚醒が文明的な生活を約束するという思い込みがある。[16]裏を返せば、アジアのような多神教的宗教心の無い所には文明が育たないという偏った思い込みにも通じる。M. ウエーバーの東西宗教比較においてもそうした観点が明確に読み取れる。これは一種の傲慢さではあるが、この思考こそM. ウエーバー的表現をもってすれば、近代西欧「合理的経営資本主義」は西欧近代合理主義が生んだ近代システムの唯一の形態であり、他の地域にみられた前近代的な「衝動的・冒険資本主義」（Abenteuer-kapitalimus）とは明確に区別すべきものとなる。

　従来の欧米諸国での「儒教資本主義研究」は西欧近代における世界了解の普遍性に対する確信の強さから西欧以外のものはすべて例外＝異質なものであり、同じ土俵の資本主義システムとは認めない認識が背景にあった。西欧キリスト教社会出は自らと異質な「個別な存在性」を容認しない。キリスト教精神に基礎をおく、つまり一神教的絶対性は自らその普遍性を信じるからである。だが最近この点への疑問・反省からの論旨も目立つ。かかる西欧におけるアジア研究のなかにまさに西欧的危機意識の表明を読みとることができる。

　従来からの比較文化を念頭に入れた『東アジア経済ないし企業論』は比較とはいえ、単純な比較文化論ではなく、西欧的思考＝近代科学の価値尺度から個別性・特殊性への指摘であった。非西欧諸国として奇跡とも呼ばれた戦後日本経済の復興および高度経済成長のプラセスをもってしても、それら奇跡を支えた要因は必ず日本的経営論や非市場経済型資本主義論なる奇妙な異質論的分析で片付けられてきた。いわゆる日本特殊論である。

　最近の西欧諸国における「儒教文化」への本格的研究がはじまったのである。最近、東アジア経済の現状は、アジア諸国が西欧型合理主義システムを「近代化のモデル」として後発資本主義の道を歩んできていると信じていた欧米諸国にとって、二重な意味で自らに課題を付与することとなった。一つは、欧米先進工業国自らの内部で進行しつつある「先進国病」（市場システムの非効率化）の対岸の花火としてこれらアジア経済の現実をどのように評価すべきなのかという課題。

　もう一つは、既述したようにヨーロッパ社会科学理論（とりわけ経済倫理）の伝統が儒教文化の政治システム・企業システム・市場

システム分析などすべて欧米社会の伝統と個別化であったことへの反省。換言すれば、欧米中心思考方法による社会科学理論は今後、アジアや他の第三世界に通用するかどうかの危機意識である。[17]

　ただ、儒教文化の経済経営研究において注意されねばならぬ点は欧米諸国のアジア経済圏への関心の高まりのなかで、我々自身、ことさら儒教資本主義あるいは東洋資本主義、そして日本型資本主義（日本的経営）の特異性を強調することは、そのこと自体一種の固定観念の虜、すなわち欧米的思考＝欧米的近代科学の枠組み（差異性の排除）を脱していない証明になることである。したがって、そのかぎりでの西欧資本主義および西欧型思考を批判することは二重な意味で過誤を侵すことになる点を肝に銘ずるべきであろう。換言すれば、東アジア諸国の経済発展を儒教資本主義（儒教文化の経済発展）として位置づけることは一つの試論ないしは捉え方としては有効であっても、「キリスト教資本主義（西欧資本主義）を凌駕した儒教資本主義」のテーマ設定などは相対性認識にとって危険を含む点を同時に学ばなくてはならない。[18]

　そして、比較制度分析において大切な点は相対性を認めることである。資本主義の範疇規定や類型論、さらに宗教・民族性などの観念形象が存在するものの、その差異性を認識しつつ、それぞれの文明を従属理論的に捉えるのではなく、自己完結的な一つの単位として地域ごとの「資本主義」（市場経済）研究の総合化にむけて歩み出していくことが大切であろう。ましてや、20世紀の最後の10年間において共産圏諸国は計画経済が挫折、市場システム導入と株式会社制度をはじめ資本主義企業制度への改革が続いている。いわば「市場経済＝資本主義的経済」が全地球的始動せんとしている現今である。今後ますます制度・文化要素の相違から多様な資本主義＝

市場経済の様態が出現するであろう。[19]

　西欧型資本主義あるいはM. ウエーバー的経営資本主義だけが資本主義の全てではない。同時に、日本型資本主義をはじめとするアジア型資本主義がシステムとして優れているとはかぎらない。またアジア諸国の経済成長が注目されつつも、制度・文化を基層とした日本型資本主義、韓国型資本主義、台湾型資本主義、中国型資本主義という多様性を認めることが21世紀における社会科学の任務であろう。

　さらに、約一世紀前にM. ウエーバー資本主義論の教え－（西欧型）資本主義の根幹をなす三つのルール①公正、②自由、③透明性－すなわち資本主義の健全な発展には「禁欲と節制という倫理性」が不可欠であるという分析＝教訓には、今後アジア型資本主義が成長してゆくための試金石となるであろう。まさに「資本主義の精神」を生み出した合理的・禁欲的な生活態度（エートス）を念頭に入れた「理念と利害状況（宗教と社会）の関係分析」が普遍史的関連でアジア儒教文化へのアプローチとして重要となろう。[20]

　そして、それはアジア的管理思想のあり方を問うことになる。資本主義制度の成立と展開過程にともなう「支配から管理の時代」への新時代（19世紀～20世紀）の様相を通じて問われてきた「全と個」の関係－管理思想は今、①「法治の国」＝欧米、②「徳治の国」＝日本、③「人治の国」＝中国といわれるごとく、社会システムの構図に大きな影響を受ける。アジア的管理思想の検討は真のグローバル時代を迎えた21世紀においてキーワードとなるであろう。

Ⅲ．東アジアの地域性と文化力～
　東アジア企業のビジネスモデルは可能か

（1）東アジアの社会組織原理

　なぜか、東アジア＝儒教文化（ソフトウェア）における社会基盤（社会組織）と国民の底流に流れる精神基盤としての儒教権威主義（指導者への信頼と競争的集団主義）が大きな潤滑油の役割を果たしたのである。政治リーダーや官僚がめざす国家的目標と個人の動機づけに整合性をもち得たのである。ここが西欧的個人主義とも身分的階層制や土地拘束制に縛られた他の低開発地域とは大きな相違点が認められる。全体の発展と個の発展を統合する精神風土こそ儒教文化の特質であろ。

　このような社会組織的特性は後発発展型・追い上げ型経済成長過程における国家・政府の行政指導における有効性と必要性と絡ませて考えば、実に効果的な風土であり、的確な選択肢であったといえよう。逆に、西欧的発想でいえば、そこには自立的市民層としての国民像はみられず、それゆえに政治的未成熟は明確であり、近代化へのマイナス要因として指摘できよう。

　しかしながら、この政治的未成熟性を別の角度からみれば、儒教精神に起因する一種の権威主義、『徳ある者』への信頼と依存に帰結する。「儒教文化」経済の共通事項として、この権威主義と価値観の一元化は欧米の個人主義社会では考えられない認識であろう。

　儒教世界は二度にわたる外圧（19世紀西欧技術の導入過程および20世紀国家存命の危機）に直面したが、それはまさに東アジア儒教

文化が経験した父権的権威主義の危機であった。それゆえ、この父権的権威主義という社会秩序を維持するために資本主義システムに固有な多くのリスクを個別企業（私的企業）に単独の負わせるのではなく、国家による保護政策のもとで経済発展をめざすこっとになった。

　個別企業リスクの軽減と長期的企業成長の視点をもち合わせた企業間関係、いわゆる系列化も資本主義システムに見られない市場システムとして確立してきたとも捉えられる。この点は、一方では大企業体制の構造化ではあるが、見方を変えれば「継続的取引」による実質的な企業グループ化によって一種の「弱小企業の保護」にもなっている。父権的権威主義による企業系列化である。そこには、欧米型市場システムにみられる企業間の競争市場メカニズムは、ほとんど機能しない。

　欧米諸国からみてアジア市場が閉鎖的と映るの製品輸入制限などの市場閉鎖性とともに、この商社・銀行を中心とする企業系列化（日本）や同族企業グループ（韓国）による生産過程における市場の閉鎖性である。[21]

　西欧近代の視点からすれば儒教文化の社会組織原理は自立的個人の確立というイメージには程遠く、政治の民主化より経済の効率化が先行する前近代的組織原理であろう。だが、アジア社会での政治的未熟は儒教精神を中心として社会での諸個人の動機づけは抑圧されたものではなく、集団的価値志向のなかで個人は社会（組織）との心理的一体化により高い次元で結合されているのである。つまり、「相助共生」の論理である。

　従って、個人主義的西欧型（キリスト教型）資本主義とは別のアジア型合理主義的資本主義が儒教文化に興隆してきたとみるべきで

ある。そして、かかるアジア的資本主義は制度金融と株式市場という資本主義経済システムの「近代的センター」を西欧諸国から発展モデルとして摂取・導入してきた点で共通性をもつとともに、この近代センターに地下金融や旧態依然とした前近代的慣行が融合するなかで政官財一体による「開発独裁」の社会発展パターンをとってきた点も共通をみることができる。

図表7-2　儒教の五倫

関係　象徴	関係　象徴
皇帝……………………好意	臣下……………………忠誠
父………………保護・配慮	子息………………尊敬・従順
夫……………………義務	妻……………………服従
長男……………………世話	弟…………………擬似臣下
友人……………………信頼	友人……………………信頼

出所：王　元他著、代田郁保監訳『中国のビジネス文化』人間の科学新社、p.52。

（2）東アジアの地域性と文化的近似性

M. ウエーバーは近代合理主義に基づく資本主義は特殊西欧においてのみ成立・発達し他の地域には見られない経済システムであると規定した。つまり近代資本主義成立そのものを西欧の精神史の特殊性から説明したのである。

ところが、合理的「資本主義」の精神を生み出すことが不可能と規定されたアジア諸国の最近におけるダイナミックな経済発展ーこの現実のまえに宗教倫理と経済倫理の関係を問い直す作業が盛んになりつつある。しかも、それらの議論は純粋な経済理論の分析にとどまらず、「儒教文化圏経済発展の社会基盤の解明」なるテーマにおいて活発化しつつあるのである。関心することは西欧近代からす

れば、経済後進性ないしは経済近代化の否定要因にあげられてきた
アジア宗教、とりわけ儒教倫理が資本主義のどのような「遺伝子の
組替え」によって、この20世紀末に、一転してアジア経済の加速的
成長を促した宗教倫理として位置づけられるのであろうか、という
観点から「儒教世界への接近」である。[22]

　儒教倫理「工業化」と関連で関心を集め出したのは80年代中葉か
らである。世界同時スタグフレーション（stagnation）が深化するな
かで、また欧米先進諸国が経済的停滞と文化的荒廃に苦悩するなか
で、アジア地域においては良好なパフォーマンスを維持、そして、
いわゆるアジアNICS（後にアジアNIES）諸国はかつてない驚異的
な経済成長をとげ、低開発地域のイメージから中道工業国へ脱皮し
た上、さらに世界市場で欧米先進国を脅かす地位まで躍進した。

　こうした社会的現実を前提として東アジア社会および儒教文化の
非経済要因、すなわちこの経済発展に寄与するところの精神構造に
注目しはじめたのである。ところで、現在経済システムの発展モデ
ルに押し上げた儒教資本主義とはいかなる特質を有するものとして
整理できるのであろうか。多くの議論から企業文化論として次の4
点に要約される。[23]

図表7-3　儒教資本主義の特質

経営運営における政府の役割
伝統的集団本位の価値観
教育体系における競争原理
競争の原理と共生の原理の融合

出所：代田郁保著「管理思想の構図」税務経理協会、p. 205。

　以上はすべて儒教の精神文化に源流を求めることができるもので
あり、キリスト教的個人主義文化とは一線を画する精神文化を形成

している。第①点の政府主導型経済モデルは、個別企業の自助的努力により経済発展をとげてきたのに対して、アジア諸国では経済政策として政府の主導力の強さは歴然としている（輸出志向型工業化戦略は国家レベルでの戦略である）。第②点、集団本位の価値観であるが、家族を社会構成の基礎単位として地域・企業・国家へと個を自制して「集団」に高い価値観をおくことである。企業という機能結合体も儒教文化では一つの生活共同体なのである。第③点の教育体系の独自性は、かつての中国の科挙のも似た激しい受験戦争による立身出世主義があると同時に、一方では教育体系そのものが究極には「人間集団の生活能力」が最も尊重されている。

　最後の④点、競争の原理と共生の原理の融合は、まさに儒教文化に固有な精神文化から生まれたものである。欧米的自助精神とは、社会ダーウィン主義進化論のごとく自然競争原理に勝ち残った者（経営者）は競争に敗れた者（労働者）を支配・管理するのは当然であり、競争原理は能力の優劣を証明する「土俵」である、とする。ここでは競争原理は自然原理として神聖化される。一方、儒教文化では、企業間競争による合理性・効率性を徹底追求しながらも、個人間（労使間）では相助性・共生性が強く相互依存の意識が高い。

　結局、東アジアの儒教文化には以上のような宗教性を土台の上に立つ文化的近似性を見出せるのである。ここに東アジアの伝統文化に根ざす贈与システム－市場に代わる経済システムとしての贈与経済の本質理解が期待されるのである。

（3）東アジア企業のビジネスモデルは可能か

　80年代後半より東アジア（韓国・台湾・香港）の市場システムは「成長加速型市場システム」[24]と評され、今やそれらは第三世界諸国にとっては発展途上国の経済近代化＝経済発展パターンの一つのモデルを提示させているとされる。

　この地域の経済発展要因には権威主義的国家体制＝政治体制とその独裁国家による開発独裁への着目がある。「政府の経済介入」（政策介入）はその政府介入に依存する既得権益集団を作り出し、国内経済の独占的地位の確保を目指し、政府と一部利益集団との癒着が進行する。「政治体制と民間資本の連絡体システム」の確立は、東アジア諸国の加速的成長市場システムを側面から作り出していったのである。先進大量生産型技術導入とそのための経済組織（産業組織）および経営組織の変革も「徳ある権威者」（政治エリート・官僚）への信頼という儒教風土のなかで集団的価値観が優先的民間企業および個人に容易に受け入れられたのである。

　アジア的市場システムとは、国家＝政府の強力な指導（産業政策）と民間経済主体＝個別企業の旺盛な活力の組み合わせによって特徴づけられる。[25]東アジア諸国はまさにこの点に成功を修めて国外には閉鎖的でありながら国内では競争的市場システムをダイナミックに定着することができたのである。

　「発展途上といわれる国々」は、市場システムにおいても「途上」であり、共同体が悉く破壊されてしまった先進国よりも本源的・共同体的な繋がりを残しているところが多い。伝統的繋がり、すなわち共同体的連帯を破壊し市場に組み込まれれば社会全体のシステムが崩壊することは歴史が証明している。先進国、途上国に限

らず「国家」という統合装置の抜け道である「市場システム」に組み込まれれば、最終的に社会崩壊は必然であろう。環境破壊や肉体破壊が先進国・途上国を問わず問題になるのも市場システムが「抜け道」ゆえに社会システムとして統合できないのが「市場の限界」（アジア諸国）であろう。

　とすれば、市場システムにおいて「途上」である国こそ市場に変わる新たな仕組みを志向しなければならない。変わる新たな仕組みはまさに「市場の限界」を潜在思念で捉えている「先進国」が最適な前例かも知れない。市場が万能ではなく、むしろアングロサクソン系の固有な経済システムだとしたら、アジア諸国の新しい経済システム創造は、欧米諸国とは異なる人間の「居場所」づくりと「モノ」づくり、そしてそのためのコミュニティーづくり、ネットワークづくりである。それは市場経済とともに活きてきた贈与経済というシステムづくりであろう。東アジア企業のビジネスモデルは可能か。筆者の次のステップとしてはアジアNIES韓国企業と台湾企業の「企業文化」の分析を通じて東アジアの規定要因「血族―共同体家族と直系家族」に焦点をあて検証する、そして東アジア企業におけるビジネスモデルの可能性を透視することに接近したい。[26]

【注】

(1)　『文明の衝突』とはアメリカ合衆国の政治学者サミュエル・P. ハン
ティントンによる国際政治学の著作である。原題は『The Clash of
Civilizations and the Remaking of World Order』（「文明の衝突と世界秩序
の再創造」）。ハンチントンは1927年にニューヨーク市で生まれ、ハ
ーバード大学で博士号を取得し、同大学で23歳の若さで教鞭をとる。
ハーバード大学のジョン・オリン戦略研究所の所長でもある。1977年
から78年には米国の国際安全保障会議で安全保障を担当した経歴を
持つ。

　本書はそれまでの「西側・東側」、「国民国家」などの国際政治の
視座ではなく、文明に着目して冷戦後の世界秩序を分析する国際政治
学的な研究である。その内容は、文明の概念と特徴を定義した第一部
「さまざまな文明からなる世界」、非西欧文明の発展を論じている第
二部「文明間のバランスのシフト」、文明における文化的秩序の発生
について論じた第三部「文明の秩序の出現」、文明間の紛争や戦争
について論じた第四部「文明の衝突」、そして西欧文明の復興や新時
代の世界秩序について論じた第五部「文明の未来」から成り立って
いる。

　ここで議論されている文明という概念については、文化的、歴史的
な着眼から考察されている。文明は文化的なまとまりであって、政治
的なまとまりではない。あくまで文明はさまざまな行為主体の政治行
動を方向付けるものである。文明の総数については歴史研究において
学説が分裂している。ハンチントンの分析は、現在の主要文明は7個
または8個であるとする。

中華文明 - 紀元前15世紀頃に発生し、儒教に基づいた文明圏であり儒
教文化とも呼ぶ。その中核を中国として、朝鮮、ベトナム、シンガポ
ール、台湾から成る。経済成長と軍備の拡大、および国外在住の華人
社会の影響力を含め、その勢力を拡大しつつある。

西欧文明 - 西暦8世紀に発生し、キリスト教に依拠した文明圏である。
19世紀から20世紀は世界の中心だったが、今後、中華、イスラム圏に
対して守勢に立たされるため団結する必要がある。

イスラム文明 - 西暦7世紀から現れたイスラム教を基礎とする文明圏であり、その戦略的位置や人口増加の傾向、石油資源で影響力を拡大している。

日本文明 - 西暦2〜5世紀において中華文明から派生して成立した文明圏であり、日本一国のみで成立する孤立文明。

ヒンドゥー文明 - 紀元前20世紀以降にインド亜大陸において発生したヒンドゥー教を基盤とする文明圏である。

東方正教会文明、ラテンアメリカ文明、アフリカ文明、エチオピアやハイチはどの主要文明にも属さない孤立国である。

(2) 哲学者・梅原猛氏が朝日新聞のエッセイ「反時代的密語」（2004.7.20）で、「一神教は、守が破壊されて荒野となった大地に生まれた種族のエゴイズムを上の意志に固くする甚だ好戦的な宗教ではないか。この一神教の批判あるいは抑制なしには人類の永久の平和は不可能であると私は思う」を言っている。

　　梅原は一神教と多神教の分かれ道が農業生産の違いによって引きおこされたと主張する。「小麦農業は人間による植物支配の農業であり、牧畜もまた人間による動物支配である」。このような文明においては人間の力が重視され、一切の生きとしけるものを含む自然は人間に支配されるべきものとされる。そして集団の信じる神を絶対とみる一神教が芽生える。それに対して「稲作農業を決定的に支配するのは水であり雨である。その雨水を蓄えるのは森である。したがって、そこでは自然に対する畏敬の念が強く、人間と他の生き物との共存を志向し、自然のいたるところに神々の存在を認める多神教が育ちやすい」。

　　梅原の主張は充分説得力を持つものである。この一神教と多神教の対峙はそのまま西洋人の考え方と東洋人の考え方の違いを考える上で重要である。西洋人の思考の論理は真理というものをどこまでも、論理で求めて真理というものを得ようとする。それに対して、東洋人の思考法は真理を求めるというよりも真理を求める過程やその時の姿勢や態度の有り様を重視して考える。

(3) 一神教は、一柱の神のみを信仰する宗教。以下のように大別されるが狭義には唯一神教を指すことが多い。

　　　唯一神教（monotheism）：世界に神は一つであると考え、その神を礼
　　　　　　　　　　　　　　　拝する。
　　　　　　　　　　　　　　　ユダヤ教、キリスト教、イスラム教など。
　　　拝一神教（monolatry）：複数の神を認めるが、一つの神のみを礼拝す
　　　　　　　　　　　　　　　る、一神崇拝ともいう。
　　　　　　　　　　　　　　　古代イスラエル民族の宗教など。
　　　単一神教（henotheism）：複数の神を崇拝する。特定の一神を主神と
　　　　　　　　　　　　　　　して崇拝する。
　　　　　　　　　　　　　　　古代インドのヴェーダの宗教など。
　　　交替神教（Kathenotheism）：他の神々の存在を認める。崇拝する神が
　　　　　　　　　　　　　　　交替する。
　　　　　　　　　　　　　　　バラモン教など。

(4)　羅 瓊娟「東アジアにおけるデモクラシーの位相とグローバリゼーショ
　　ン-Ⅲ．価値の多元化と自由の根源的意味～自由主義の二つの側面」
　　『作新経営論集』No.18 （2009年3月）特に、p.241-参照。

(5)　アンナ・ブラムウエル『エコロジー 起源とその展開』河出書房出版、
　　1992年。多神教と現代思想の関連性--環境をecologyと認識するのは、
　　19世紀半ばドイツのヘッケルの主張にさかのぼる。アンナ・ブラム
　　ウエルはヘッケル以来のエコロジーの歴史を詳述している。それによ
　　れば、エコロジーに多神教の一翼をなすアニミズム的要素を認めて
　　いる。

　　　エコロジーはドイツで生まれた一つの考え方である。ゲルマン民族
　　がキリスト教化される前の自然との付き合い方への郷愁と言った側面
　　もある。ドイツでは、18世紀になって英国の影響を受けた啓蒙主義か
　　らカント、ヘーゲルのドイツ観念論が展開して、ドイツの近代化の思
　　想的根拠となった。しかし、近代化は現在で言うとグローバル化のよ
　　うなもので、民族的深層意識を満足させないので、ヘーゲル以降ゲル
　　マン的回帰と結びつくような思想運動が生じた。自然と親しむワンダ
　　ーフォーゲル運動とも精神的な親近性がある。このようなことは、実
　　は世界各地で見られることである。

　　　つまり、一神教が多神教の進化形態で優れているといった主張より

も、現代思想にも一神教的な考え方と多神教的な考え方のそれぞれが
適合する面が生きており、新約聖書が「人はパンのみにて生きるにあ
らず」と喝破したように、人類のもつ一見合理性がないと思われるか
もしれないが実は必要な活動にも支持をあたえつづけている。

(6) 梅原 猛は、日本の哲学者。京都市立芸術大学名誉教授、国際日本文
化研究センター名誉教授、文化勲章受章者。梅原日本学と呼ばれる独
自の世界を開拓し、日本仏教を中心に置いて日本人の精神性を研究す
る。西洋哲学、西洋文明に対しては否定的な姿勢をとる。熱烈な多神
教優越主義者、反一神教主義者で、多神教は一神教より本質的に『寛
容であり優れている』と主張しており、続けて多神教が主流である日
本文化の優越性を説いている。

　　梅原は、一神教と多神教の分かれ道が、農業生産の違いによって引
きおこされたと主張する。「小麦農業は人間による植物支配の農業で
あり、牧畜もまた人間による動物支配である。このような文明におい
ては人間の力が重視され、一切の生きとしけるものを含む自然は人間
に支配されるべきものとされる。そして集団の信じる神を絶対とみる
一神教が芽生える。それに対して稲作農業を決定的に支配するのは水
であり、雨である。その雨水を蓄えるのは森である。したがって、そ
こでは自然に対する畏敬の念が強く、人間と他の生き物との共存を
志向し、自然のいたるところに神々の存在を認める多神教が育ちやす
い。」

(7) カール・グスタフ・ユング（Carl Gustav Jung）は、スイスの精神科医・
心理学者。深層心理について研究し、分析心理学（通称・ユング心理
学）の理論を創始した。フロイトの精神分析学の理論に自説との共通
点を見出したユングはフロイトに接近し、一時期は蜜月状態（1906-
13年）となるが、徐々に方向性の違いから距離を置くようになる。フ
ロイトは無神論を支持したが、ユングは神の存在に関する判断には保
留を設けた。

(8) 河合隼雄は、日本の心理学者・心理療法家・元文化庁長官。京都大学
名誉教授、国際日本文化研究センター名誉教授、文化功労者。分析心
理学（ユング心理学）を日本に紹介した学者として知られて以来、日

本におけるユング心理学の第一人者とされる。彼の著作には「母性社会日本の病理」、「中空構造日本の深層」、「日本人の心のゆくえ」、「日本人という病」、「日本文化のゆくえ」などとあるように、批判的かつ創造的な問題意識をもった日本文化論がある。

(9) 「日常生活の倫理的合理化」の問題はM.ウエーバーにとって、近代化過程における基礎前提である大衆的倫理革新を意味し、民衆意識の内面化として最重要課題であった。鳥薗進『現代救済宗教論』青弓社、1991.1を参照。ユンゲル・ハーバーマス『コミュニケーション的行為の理論・上』河上倫逸、M.フーブリヒト、平井俊彦訳。

(10) M.ウエーバー『宗教社会学論文集序言』pp.87-。ウエーバーがいう資本主義の精神が「自由な労働の合理的組織を伴った市民的経営資本主義」であることはいうまでもない。冒険型資本主義（商人型資本主義）は中国・インド・バビロンにも存在したものであり、合理的経営資本主義はいわば特殊近代西欧の資本主義である。

(11) 思想の合理主義におけるこの二つは社会行為での目的合理性と価値合理性に対応する。理論的合理主義は価値合理性に相応し、実践的合理主義が目的合理性に相応する。

(12) M.ウエーバー『「世界宗教の経済倫理」序説』林　武訳、pp.121-。アジア宗教観の古典的分析として次の本は示唆に富む。池田　昭『ウエーバー宗教社会学の世界』勁草書房、1975年、第10章（pp.220-304）。

(13) 幸福の弁神論であると定義づけした儒教は、M.ウエーバーによれば次のような基本的性格を有する宗派となろう。苦難の原因を行為主体に帰することはなく、超感覚的諸力に帰しめるゆえに外面的に儀礼と倫理を学び徳行を積むことによって苦難を解決して幸福を獲得せんとする。このような性向は、近代ヨーロッパのピューリタリズムはもちろんであるが、神秘主義的世界像における「苦難の弁神論」を展開したインドのヒンズー教あるいは原始仏教などのアジア宗教とも異なる。合理的な世界解釈には程遠い楽天主義側性向である。

(14) 池田　昭『ウエーバー宗教社会学の世界』勁草書房、1975年を参照。

(15) ハンス・W.ファーレフェルトの『儒教が生んだ経済大国』（文藝春

秋社）によれば、日本政府公表資料（1988）では日本の総人口約1億2300万人のうち、神道信仰者は1億1200万人、仏教徒は9300万人、キリスト教徒は100万人、その他の宗派＝1万1000人である。単純に合計すれば2億1700万人となる。西欧キリスト教徒にとってはこの宗教感覚は理解に苦しむであろう。ファーレフェルトはこれらをふまえて、つぎのように述べている。「日本人はリベラルであり、本来何らかの絶対的なものに束縛されたり、何か普遍的なものに固定されたりしない民族」である。pp.151-152。

(16) 山本雅男『ヨーロッパ「近代」の終焉』講談社、pp.174-175。

(17) Cohen Myron L. Case Studies in the Social Science from Asia: A Guide for Teaching M. E. Sharp, US. 1992。

(18) 最近の東洋資本主義論の分析は確実に文化論から制度分析に重点が移っている。日本を含めて東アジア諸国の開発志向型国家ならびにアジア的市場システムを支えてきたプラス要因も今後、さまざまな国際情勢の変化のなかでそのシステム自体が金属疲労を起こす可能性もあることを示唆しておきたい。

(19) 80年代後半から90年代前半の共産主義計画経済の挫折・崩壊およびその再建策としての大胆な市場メカニズムの導入＝市場経済化によって世界は競争原理を活力源とする資本主義「市場経済」が地球的規模に展開されはじめた。その意味で、現実の経済システムとしては資本主義「市場経済」はシステムとしての競争相手を失ったことになる。B.アマーブルによる制度比較モデル〜グローバリズム時代の社会経済システムの多様性からシステム的に異なる五つの資本主義モデルが提示されている。すなわち①アングロサクソン型②アジア型③大陸欧州型④社会民主主義型⑤地中海型である。Bruno Amable, *The Diversity of Modern Capitalism,* Oxford University Press, 2003。山田悦夫、原田裕治、大村大成、江口友朗、藤田奈々子、藤田宏樹、水野有香訳『五つの資本主義-グローバリズム時代における社会システムの多様性』藤原書店、2005年。青木保・佐伯啓思『アジア的価値とは何か』TBSブリタニカ、1998年を参照。

(20) アジア的資本主義、とりわけアジア的特質においてよく登場する諸

点—官民癒着の行政システム、企業グループの株式持合い、企業系列、閉鎖的商慣行、不公正取引横行の証券市場等をアジア的価値との関連で我々はどのように考えるべきか（アジアの思想に関する総括的見解は、青木保・佐伯啓思『アジア的価値とは何か』TBSブリタニカ、1998年を参照）。

(21) 企業の系列および同族企業システムは後発資本主義国にとって強力な成長への武器であり、かつコスト軽減の中核であった。だが、世界市場で一定の地位を占める段階になると後発ゆえに許された特殊性（市場閉鎖性）は通用しなくなろう。

(22) 資本主義システムの「遺伝子の組替え」は急テンポで進んでいる。この「遺伝子の組替え」に関しては、代田郁保先生が論じた3つのフェース、商人資本主義段階/産業資本主義段階/情報資本主義段階（代田郁保『差異の経営戦略』日刊工業新聞社、p.21、1991年）

(23) この四点は、経済システムとの関係上において、儒教文化圏における経済発展を支えた要因とみられても良い。80年代〜90年代にかけての儒教文化圏繁栄論としては代表として、金日坤『儒教文化圏の秩序と経済』名古屋大学出版部、1984年がある。

(24) 東アジアにおける「成長加速的市場システム」と「社会組織原理」とは相関関係にある。とりわけ、社会組織原理における儒教的伝統を強調するのが、R.ドーア（Ronald Dore）である。『貿易摩擦の社会学』岩波書店、1986年、*Taking Japan Seriously: A Confucian Perspective on Economic Issues.* The Athlone Press, 1987。

(25) 原　洋之助『アジア経済の構図』リブロポート社、pp.127-。

(26) 韓国と台湾—どちらも戦時中の日本が統治し、その植民地時代に建設した企業なり工場がベースとなり発展することができた点では共通している。その中身は異なるもの。台湾は中小企業が多くハイテクや化学分野が強い。世界の大企業のOEMの仕事が多く、台湾企業独自のブランドは少ない。一方、韓国は鉄や造船などの重工業中心であり、そこから派生した自動車産業も活発化した。日本企業や欧米企業と競合しない新興国において早くから種をまいていたのが今やっと花を咲かせつつある状況である。

　韓国の産業は少数の大企業とそれをささえる中小企業の力が弱い点が問題とされる。例えばサムスン一社で韓国株式市場の時価総額の3割も占める。韓国はヨーロッパのおおきな国と同じ規模くらいの人口でサムソンなど知名度の高い企業が多い。一方、台湾は韓国ほど知名度のある会社はない。ハイテク企業はいろいろその中に分野があり、それぞれ強い分野が異なる。産業構造が重層的であるとも言える。台湾企業は、ほとんどが中小企業―親族経営である。また台湾は中国と政治的課題、一つの中国問題を抱える。

　台湾と韓国の産業組織上の違いの一つには家族制度に由来する、といわれる。どう違うのか？社会学者たちの説明によると、台湾は共同体家族、韓国は直系家族である。共同体家族と直系家族の差異とは何か？

　共同体家族―台湾の家族は家父長と家族の構成員との間には支配関係があるけれども、家族構成員の間では平等である。台湾では、家族経営の場合、家父長である老板（ラオパン）の権限が非常に強い。しかし、息子と娘婿たちは老板の下で一緒に働くけれども各々会社の財産に対する自分の持分を持っている。もともと中国人の家族は「同居共財」である。台湾の家族はもともと同居共財する故に、よくない時には分散しやすい。

　景気がいい時は力を合わせて事業をやる。台湾では親会社から独立して新しい企業を起こすこともしやすい。韓国では、なかなかそうはいかない。だから韓国は大企業中心、台湾は中小企業中心というのは、かかる差異から説明すると説得力がある。

　一方、直系家族―韓国人の家族は直系家族である故、親父と息子また息子の間でも序列がきちんとしている。序列社会である。韓国では年が1歳違ったら上の人を尊敬する。自分の兄でもないのに兄貴と呼んで尊敬の念を表す。かかる家族関係が強い故に、韓国の大会社ではピラミッド的な組織構造ができる。

　次に、韓国・台湾の経済構造を比較する次の諸点が明瞭である。まず、貿易構造では、韓国が規模の経済が発揮できる産業の輸出が主流であり、かつ品目が集中している。一方、台湾は韓国に比べ品目が分

散しており、規模の経済が強くは働かない産業が相対的に強い。企業
経営の面をみると、韓国企業は収益性・成長性については台湾企業よ
りもむしろ優れていたと言えるが、負債比率が高く安全性に問題があ
った。一方、台湾企業の負債比率は非常に低く、安全性を重視した経
営が行われていた。

　東アジアの管理思想は、産業構造、経済構造および企業経に関する
韓台に比較において重要となる社会構成原理—家族関係を中心に東ア
ジアにおける両国の生き方を整理してみたい。

掲載図表一覧

参考文献一覧

【書籍】

1. 林月惠主編『現代儒教與東亞文明—問題與展望』中央研究院中國文哲研究所　2002年
2. 西嶋定生『東アジア史の展開と日本—西嶋定生博士追悼論文集』山川出版社　2000年
3. 西嶋定生『古代東アジア世界と日本』岩波書店　2000年
4. 西嶋定生著、窪添慶文編『東アジア史論集東アジア世界と冊封体制』岩波書店　2002年
5. 濱下武志『朝貢システムと近代アジア』岩波書店　1997年
6. 酒寄雅志「華夷思想の位相」、荒野泰典・石井正敏・村井章介編『アジアのなかの日本史Ⅴ－自意識と相互理解』東京大学出版会　1993年
7. 山内弘一『朝鮮からみた華夷思想』山川出版社　2003年
8. 山内弘一「夷と華の狭間で～韓元震に於ける夷荻と中華」『東洋文化研究所紀要』No.232　1997年
9. 小島毅『東アジアの儒教と礼』（世界史リブレット）山川出版社　2004年
10. 小島毅『海からみた歴史と伝統遣唐使・倭寇・儒教』勉誠出版　2006年
11. 横山宏章『中華思想と現代中国』集英社　2002年
12. 古田博司『東アジア・イデオロギーを超えて』新書館　2003年

13. 池端雪浦編『変わる東南アジア史像』山川出版社　1994年

14. 濱下武志『東アジア世界の地域ネットワーク』山川出版社
　　 1999年

15. 加地伸行『家族の思想―儒教的死生観の果実』（PHP新書）
　　 PHP研究所 1998年

16. 加地伸行『沈黙の宗教―儒教』筑摩書房　1994年

17. 陳舜臣『儒教三千年』（朝日文芸文庫）朝日新聞社　1992年

18. T&Dフーブラー『儒教』青土社　1994年（2003年三版）

19. 芹沢博通『いまなぜ東洋の経済倫理か―仏教・儒教・石門心学に
　　 聞く』北樹出版　2007年

20. 佐久間正『徳川日本の思想形成と儒教』ぺりかん社　2007年

21. 古田元夫『ベトナムの世界史』東京大学出版会　1995年

22. 堀敏一『律令制と東アジア世界』汲古書院　1994年

23. エズラ・F. ヴォーゲル著、渡辺利夫訳『アジア四小龍』（第5
　　 章）中公新書　1992年

24. 小池洋次『アジア太平洋新論～世界を変える経済ダイナミズ
　　 ム』日本経済新聞社　1993年

25. 小林實『東アジア産業圏』中央公論社　1992年

26. R.リード・W‐リトル『儒教ルネッサンス』サイマル出版会
　　 1989年

27. バンデルメールッシュ『アジア文化圏の時代』大修館書店
　　 1987年

28. 金日坤『儒教文化圏の秩序と経済』名古屋大学出版局　1984年

29. 金日坤『東アジアの経済発展と儒教文化』大修館書店　1999年

30. 谷口誠『東アジア共同体』(岩波新書)岩波書店　2004年

31. 王元・張興盛著、代田郁保監訳『中国のビジネス文化』人間の
　　 科学新社　2001年

32. 代田郁保「アジア的管理思想の構図」『管理思想の構図』税務

　　経理協会　2006年

33. 代田郁保「儒教資本主義と企業経営」『地域・情報・文化』響文社　1995年

34. 代田郁保『差異の経営戦略ー第3章「企業資本主義」』日刊工業新聞社　1991年

35. 駒井洋『脱オリエンタリズムとしての社会知』ミネルヴァ書房　1998年

36. 駒井洋『社会知のフロンティア』新曜社　1997年

37. P. A. コーヘン『知の帝国主義〜オリエンタリズムと中国』平凡社　1988年

38. 李相哲『漢字文化の回路ー東アジアとは何か』凱風社　2004年

39. ユンゲル・ハーバーマス『コミュニケーション的行為の理論（上・下）』未来社　1985年

40. 安藤英治『マックス・ウエーバー』講談社文庫　2003年

41. 姜尚中『マックス・ウエーバーと近代』岩波現代文庫　2003年

42. 串田久治『儒教の知恵』中公新書　2003年

43. 加地伸行『儒教とは何か』中公新書　1993年

44. 池田昭『ウエーバー宗教社会学の世界』勁草書房　1975年

45. 陳昭瑛『台湾與伝統文化』台湾大学出版中心　2005年

46. 佐藤郁哉・山田真茂留『制度と文化』日本経済新聞社　2004年

47. 青木保・佐伯啓思『アジア的価値とは何か』TBSブリタニカ　1997年

48. ハンス・W. ファーレフェルト(Hans Wilhelm Vahlefeld)著、出水宏一訳『儒教が生んだ経済大国』文藝春秋社　1992年

49. 沈清松・李晨陽『多元世界中的儒教ーThe Tao Encounters the West：Explorations in Comparative Philosophy』五南出版社　2006年

50. 李明輝・陳瑋芬「儒教思想在現代東亞」中央研究院國際會議發

　　　表論文1999年

51. 高明士『東亞文化圏的形成與發展―儒教思想篇(19)』台灣大學
　　出版　2005年

52. 鄭吉雄『東亞視域中的近世儒學文獻與思想(三十三)』台灣大學
　　出版　2005年

53. 林啓屏『儒教思想中的具體性思維』台灣學生書局　　2004年

54. 黃俊傑『東亞儒學史的新視野』財團法人喜瑪拉雅研究發展基金
　　會　2001年

55. 曾昭旭『傳統與現代生活―論儒學的文化面相』台灣商務　2003
　　年

56. 黃俊傑『中華文化與現代價值的激盪與調融(一)』財團法人喜瑪
　　拉雅研究發展基金會2002年

57. 劉述先『現代新儒學之省察論集』中研院文哲所　　2004年

58. 吳展良『東亜近世世界観的形成』台灣大學出版　　2007年

59. アジア遊学 Intriguing ASIA　NO.50[朝鮮社会と儒教] 勉誠出版
　　2003年
　　アジア遊学 Intriguing ASIA　NO.56 [中国の虚像と実像] 勉誠出
　　版　2003年
　　アジア遊学 Intriguing ASIA　NO.81 [東アジアのグローバル化] 勉
　　誠出版　2005年

60. 宮下尚子『言語接触と中国朝鮮語の成立』九州大学出版会
　　2007年

61. 塚本勲『日本語と朝鮮語の起源』白帝社　2006年

62. 塚本勲『朝鮮語を考える』白帝社　2001年

63. 関口操・武内成編著『始動するアジア企業の経営革新』税務経
　　理協会　1997年

64. ジャック・ブーヴレス著、岡部英男・本郷均訳『合理性とシニ
　　シズム』法政大学出版局2004年

65. 坂部 恵『和辻哲郎～異文化共生の形』(岩波現代新書)岩波書店 2000年

66. ダグラス・C.ノース著、竹下公視訳『制度・制度変化・経済効果』晃洋書房 1994年

67. 関口順『儒学のかたち』東京大学出版会 2003年

68. 一条真也『知ってビックリ！日本三大宗教のご利益～神道＆仏教＆儒教』大和書房2007年

69. 朴倍暎『儒教と近代国家』(講談社選書)「人倫の日本」「道徳の韓国」講談社 2006年

70. 高橋文博『近世の死生観～徳川前期儒教と仏教』ぺりかん社 2006年

71. 森紀子『転換期における中国儒教運動』京都大学学術出版会 2005年

72. 井上新甫『王陽明と儒教』致知出版社 2004年

73. 吉田久一『社会福祉と日本の宗教思想～仏教・儒教・キリスト教の福祉思想』勁草書房2003年

74. 黒住真『近世日本社会と儒教』ぺりかん社 2003年

75. 蜂屋邦夫『中国的思考～儒教・仏教・老荘の世界』(講談社学術文庫)講談社 2001年

76. 山下竜二『儒教と日本』研文社 2001年

77. 『儒教の本～知られざる孔子神話と呪的祭祀の深淵』学習研究社 2001年

78. エリクセン・T.ハイランド著、鈴木清史訳『エスニシティとナショナリズム』明石書店 2006年

79. Robert A. Dahl著、李柏光・林猛訳『論民主 On Democracy』聯經出版公司 1999年(R. A. ダール著、中村孝文訳『デモクラシーとは何か』岩波書店 2001年)、『民主主義理論の基礎』(未來社1970年、第2版1978年)、エドワード・R.タフティと共著

『規模とデモクラシー』(慶應通信1979年)、『ポリアーキー』(三一書房1981年)、『経済デモクラシー序説』(三嶺書房1988年)、『統治するのはだれか―アメリカの一都市における民主主義と権力』(行人社1988年)、『現代政治分析』(岩波書店1999年)

80. Rollo May著、龔卓軍・石世明訳『自由與命運Freedom and Destiny』立緒文化　2001年

81. 江宜樺『自由民主的理路』新星出版社　2006年

82. Pierre Bourdieu著、孫智綺訳『防火牆：抵擋新自由主義的入侵』麥田　2002年

83. Paul Hirst & Grahame Thompson著、朱道凱訳『全球化迷思Globalization in Question』群學　2004年

84. Tony Schirato・Jen Webb著、游美齡・廖曉晶訳『洞悉全球化Understanding Globalization』韋伯　2005年

85. Holden Barry著、何哲欣訳『全球民主Global Demoracy』韋伯2006年、Global Democracy-Key Debates : Routledge 2000

86. 薛曉源・陳家剛『全球化與新制度主義』五南　2008年

87. John Tomlinson著、鄭棨元・陳慧慈訳『文化與全球化的反思Globalization and Culture』韋伯　2007年

88. Ronald Dworkin著、司馬學文訳『人權與民主生活―Is Democracy Possible Here?: 2006』韋伯　2007年

89. 謝瑞智『民主與法治』三民　2008年

90. Milton Friedman著、羅耀宗訳『選擇的自由Free to Choose: A Personal Statement』經濟新潮社2008年、M.フリードマン・R.フリードマン著、西山千明訳『選択の自由―自立社会への挑戦』日経ビジネス人文庫（FREE TO CHOOSE: A Personal Statement〈Friedman, Milton; Friedman, Rose〉日本経済新聞社 2002年、M.フリードマン・R.フリードマン『選択の自由（上・下）』

(講談社文庫) 講談社　1983年

91. 何卓恩『《自由中國》與台灣自由主義思潮-威權體制下的民主考驗』水牛2008年

92. 姜桂石・姚大學・王泰『全球化與亞洲現代化』社會科學文獻出版社　2005年

93. Isaiah Berlin ,Four Essays on Liberty ,London and New York: Oxford Univ. Press 1969. バーリンI.　著、小川晃一・小池硅・福田歓一・生松敬三訳『自由論』みすず書房　1971年(1979年新装版)

94. ジョン・ロールズ著、田中成明訳『公正としての正義』木鐸社　1979年

95. ジョン・ロールズ、エリン・ケリー 『公正としての正義再説』岩波書店　2004年

96. 濱真一郎『バーリンの自由論～多元論的リベラリズムの系譜』勁草書房　2008年

97. 佐伯啓思『自由とは何か』(講談社現代新書)　講談社 2004年

98. 井上達夫 『自由論』(岩波双書・哲学塾) 岩波書店 2008年

99. 尾高朝雄 『自由論』(名著復刻版)　ロゴス社　2006年

100. ジョン・グレー著、山本貴之訳『自由主義論』ミネルヴァ書房　2001年

101. ジョン・グレー著、松野弘訳『自由主義の二つの顔』ミネルヴァ書房　2006年

102. マリー・ロスバード著、森村進他訳『自由の倫理学～リバタリアニズムの理論体系』勁草書房　2003年

103. バーナード・クリック著、前田康博訳『政治の弁証』岩波書店 1969年、バーナード・クリック著、添谷育志・金田耕一訳『デモクラシー』岩波書店　2004年

104. H. ティングステン著、岡野加穂留・代田郁保訳『現代デモクラシーの諸問題』人間の科学社　1974年 (第7刷: 1998年)

105. A. トクヴィル著、松本礼二訳『アメリカのデモクラシー（上・下）』（岩波文庫）岩波書店2005年および2008年（この本は、岩永健吉郎訳で1972年に研究社から出版され、さらに井伊玄太郎訳で講談社から出版刊行されている）

106. H. ケルゼン著、古市恵太郎訳『民主政治の真偽を分かつもの〜デモクラシーの基礎』理想社　1959年、H. ケルゼン『デモクラシーの本質と価値』岩波文庫　1971年

107. 藤原帰一『デモクラシーの帝国〜アメリカ・戦争・現代世界』岩波書店(新書)　2002年

108. ハーヴェイ・デヴィッド著、本橋哲也訳『ネオ・リベラリズムとは何か』青土社2007年

109. ハーヴェイ・デヴィッド著、渡辺治訳『新自由主義〜その歴史的展開と現在』2007年

110. デヴィッド・ヘルド著、佐々木寛訳『デモクラシーと世界秩序』NTT出版　2002年

111. 中道寿一『現代デモクラシー論のトポグラフィー』日本経済評論社　2003年

112. アレクシー・シャルル、アンリ・モリス『アメリカのデモクラシー』岩波書店2008年

113. 竹内章郎『新自由主義の嘘』岩波書店（双書 哲学塾）2007年

114. 高哲男編『自由と秩序の経済思想史』名古屋大学出版会　2002年

115. 篠原一『市民の政治学〜討議デモクラシーとは何か』岩波書店(岩波新書) 2004年、『歴史政治学とデモクラシー』岩波書店2007年

116. 千葉眞『ラディカル・デモクラシーの地平―自由・差異・共通善』新評論　2008年

117. J. S. ミル著、塩尻公明・木村健康訳『自由論』岩波文庫　1979年

118. 間宮陽介『ケインズとハイエク―＜自由の変容＞』ちくま学芸

文庫　2006年

119. 池田信夫『ハイエク―知識社会の自由主義』PHP研究所　2008年

120. 山中優『ハイエクの政治思想―市場秩序にひそむ人間の苦境』勁草書房　2007年

121. 萬田悦生『文明社会の政治原理―F. A. ハイエクの政治思想』慶應義塾大学出版会2008年

122. 渡辺幹雄『ハイエクと現代リベラリズム～「アンチ合理主義リベラリズム」の諸相』春秋社　2006年（本書は1996年刊の改題増補改訂）

123. 山崎弘之『ハイエク・自生的秩序の研究―経済と哲学の接点』成文堂　2007年

124. バーバラ・ジョンソン著、大橋洋一・青山恵子・利根川真紀訳『差異の世界～脱構築・テイスクール・女性』紀伊国屋書店1990年

125. 矢島杜夫『ミル「自由論」の形成』御茶の水書房　2001年

126. Gray, John and Smith, G. W. eds. J. S. Mill, On Liberty in Focus, Routledge1 (J. グレイ著、G. W. 編、泉谷周三郎・大久保正健訳『ミル「自由論」再読』木鐸社2000年)

127. 高尾由子『シェリングの自由論―存在の論理をめぐって』北樹出版　2005年

128. デイヴィッド・フリードマン著、森村進他訳『自由のためのメカニズム』勁草書房2003年

129. 熊野淳彦、吉沢夏子『差異のエチカ』ナカニシヤ出版　2004年

130. 代田郁保『差異の経営戦略』日刊工業新聞社　1991年

131. 上野千鶴子『差異の政治学』岩波書店　2002年

132. デヴィッド・ヘルド著、佐々木寛他訳『デモクラシーと世界秩序～地球市民の政治学』NTT出版　2002年

133. Jeffrey C. Isaac（2003）The Poverty of Progressivism, Rowman & Little

field, 2003

134. オドン・ヴァレ著、佐藤正英訳『中国と日本の神－仏教、道教、儒教、神道』創元社　2000年

135. デヴィッド・ヘルド著、中谷義和監訳『グローバル化とは何か～文化・経済・政治』法律文化社　2002年

136. ウルリッヒ・ベック著、木前利秋・中村健吾監訳『グローバル化の社会学』国文社2005年

137. サスキア・サッセン著、田淵太一・原田太津男・尹春志訳『グローバル空間の政治、経済学～都市・移民・情報化』岩波書店　2004年

138. ヘルド・デヴィッド、マックルー・アントニー『グローバル化と反グローバル化』日本経済評論社　2003年

139. マンフレッド・B. スティーガー著、櫻井公人・櫻井純理・高嶋正晴訳『グローバリゼーション』岩波書店　2005年

140. ジョン・トムリンソン著、片岡信訳『文化帝国主義』(新装版)青土社　1997年

141. R. ロバートソン著、阿部美哉訳『グローバリゼーション～地球文化の社会理論』東京大学出版会　1997年

142. テッサ・モーリス＝スズキ著、吉見俊哉編『グローバリゼーションの文化政治』平凡社　2004年

143. ジョン・トムリンソン著、片岡信訳『グローバリゼーション～文化帝国主義を超えて』青土社　2000年

144. ジャック・アダ著、清水耕一・坂口明義訳『経済のグローバル化とは何か』ナカニシヤ出版　2006年

145. 中谷義和『グローバル化とアメリカのヘゲモニー』法律文化社　2008年

146. D. ヘルド編、M. K. アーキブージ編、中谷義和監訳、桜井純理ほか訳『グローバル化をどうとらえるか～ガバナンスの新地

平』法律文化社　2004年

147.細見和之『アイデンティティ－他者性』（思考のフロンティア）
岩波書店　1999年

148.エドワード・W.サイード著、板垣雄三・杉田英明監修、今沢紀
子訳『オリエンタリズム』（上・下）平凡社　1993年

149.複数文化研究会編『＜複数文化＞のために～ポストコロニアリ
ズムとクレオール性の現在』人文書院　1998年

150.ジョセフ・E.ステイグリッツ著、鈴木主税訳『世界を不幸にし
たグローバリズムの正体』徳間書店　2002年

151.ジョセフ・E.ステイグリッツ著、鈴木主税訳『世界に格差をバ
ラ撒いたグローバリズムを正す』徳間書店　2006年

152.アンソニー・ギデンズ著、佐和隆光訳『暴走する世界～グローバ
リゼーションは何をどう変えるのか』ダイヤモンド社　2001年

153.Frans Buelens (Edited), Globalisation and the Nation-State , Edward
Elgar 1999年

154.Frrancois-Piere-Guillaume Guizot（フランソア・ギゾー）著、安士
正夫訳『ヨーロッパ文明史～ローマ帝国の崩壊よりフランス革
命にいたる』(新装版)みすず書房　2006年

155.H. Kelsen, Foundations of Democracy, 1955（H.ケルゼン著、古市恵
太郎訳『民主政治の真偽を分かつもの』理想社 1959年)

156.アンソニー・ギデンズ著、秋吉美都・安藤太郎・筒井淳也訳
『モダニティと自己アイデンティティ』ハーベスト社　2005年

157.ダニエル・A.ベル著、施光恒訳『「アジア的価値」とリベラル
・デモクラシー～東洋と西洋の対話』風行社　2006年

158.行安茂・藤原保信『T. H. グリーン研究』(イギリス思想研究叢
書10)御茶ノ水書房　1982年

159.若松繁信『イギリス自由主義史研究―T. H. グリーンと知識人政
治の季節』ミネルヴァ書房　1991年

160. 寺島俊穂『政治哲学の復権―アレントからロールズまで』ミネ
ルヴァ書房　1998年

161. Edward. W. Said, Culture and Imperialism 、（Vintage）1994、
Paperback　2007

162. Homi K. Bhabha、The Location of Culture、(Routledge Classics)　2
edition, September、2004

163. Frantz Fanon、The Wretched of the Earth、Grove Press、2005

164. D. Morris Suzuki、Contradictions of Globalization―Democracy, culture,
and public sphere. I-House Press 2008

165. 吉野耕作『文化ナショナリズムの社会学』名古屋大学出版会
1997年

166. マーク・カプリオ編、中西恭子訳『近代東アジアのグローバリ
ゼーション』赤石書店　2006年

167. マックス・ウエーバーの古典的文献は次の訳書を参照した。
①池田昭訳『アジア宗教の救済理論～ヒンドゥー教・ジャイナ
教・原始仏教』勁草書房1974年/②大塚久雄訳『プロテスタン
ティズムの倫理と資本主義の精神』(岩波文庫)岩波書店1989年
/③木全徳雄訳『儒教と道教』(名著翻訳叢書)創文社1971年/④
深沢宏訳『ヒンドゥー教と仏教～世界諸宗教の経済倫理(2)』
東洋経済新報社2002年

168. Sten Soederman , Emerging Multiplicity : Integration and Responsiveness
in Asian Business Development , Palgrave Macmilllan GB 2006

169. Liah,Greenfeld、Nationalism and the Mind―Essays on Modern
Culture,Oneworld Pubns Ltd(US) 2006

170. Vedi,R.Hadiz , Empire and Neoliberalism in Asia（Politics in Asia）.
Routledge, 2006

171. 王元・張興盛・グッドフェロー著、代田郁保監訳『中国のビジ
ネス文化～経営風土と交渉術』(人間の科学叢書/新装普及版)

人間の科学新社　2001年

172. 李年古『中国人の価値観』学生社 2006年

173. 川島真・毛里和子『グローバル中国への道程』岩波書店　2009年

174. 代田郁保「アジア的管理思想」『管理思想の構図』税務経理協会　2006年

175. 岡本聡子『中国の若きエリートたちの素顔』アルク出版　2008年

176. 阪倉篤秀『さまざまな角度からの中国論』晃洋書房　2003年

177. 島尾伸三・潮田登久子『中国庶民生活図引』弘文社　2004年

178. 園田茂人『不平等国家中国』中央公論社　2008年

179. 山本一郎『俺様国家中国の大経済』文藝春秋社　2007年

180. 杉山徹宗『なぜ中国は平気で嘘をつくのか』光人社　2006年

181. 張晟『中国人をやる気にさせる人材マネジメント』ダイヤモンド社　2005年

182. 菊地章太『儒教・仏教・道教〜東アジアの思想空間』講談社　2008年

183. 坂東忠信『通訳捜査官—中国人犯罪者との闘い2920日』経済界　2008年

184. 陶徳民・姜克實・見城悌治『近代東アジアの経済倫理とその実践〜渋沢栄一と張謇を中心に』日本経済評論社　2009年

185. 本野英一『伝統中国商業秩序の崩壊〜不平等条約体制と英語を話す中国人』名古屋大学　2004年

186. 石川九楊『図説中国文化百華〈第１巻〉−漢字の文明−仮名の文化〜文字からみた東アジア』農山漁村文化協会　2008年

187. 土屋昌明『東アジア社会における儒教の変容』専修大学出版会　2007年

188. 芹川博通『いまなぜ東洋の経済倫理か〜仏教・儒教・石門心学に聞く』(増補改訂版)北樹出版　2003年

189. 高橋基人『「新しい中国」で成功する！中国ビジネス必勝法』

草思社　2007年

190.林幹『中国ビジネス契約・交渉実践ガイド』ぜんにち出版
　　2003年

191.信太謙三『中国ビジネス光と闇』(平凡社新書)平凡社　2003年

192.浦上清『中国ビジネス工場から商場へ』日本経済評論社 2003年

193.坂井保宏・関大慶『中国仕事人のビジネス作法〜中国ビジネス
　　マン・官僚－その生活と意見』日本評論社　2002年

194.キャロリン・ブラックマン著、白幡憲之訳『中国ビジネス交渉
　　術』朝日新聞社　1999年

195.谷絹子『中国ビジネス虎の巻ついに出た〜本当に役立つ』幻冬
　　舎　2007年

196.ローレンス・J.ブラーム著、田口佐紀子訳『中国ビジネスの極
　　意は「孫子」にあり〜あの中国人をギャフンといわせる交渉
　　術』徳間書店　2007年

197.金崎敏泰『新・中国ビジネス作法』NTT出版　2006年

198.日本貿易振興機構編『中国ビジネスのリスクマネジメントリス
　　クの分析と対処法』日本貿易振興機構　2006年

199.成君憶・呉常春『水煮三国志〜中国ビジネス思想の源流を知
　　る』日本能率協会マネジメントセンター　2005年

200.水野真澄『中国ビジネス組織変更〜撤退完全マニュアル中国投
　　資』明日香出版社　2006年

201.吉岡倍達・水野博之『中国ビジネスを成功に導く7箇条実戦』
　　日刊工業新聞社　2006年

202.姚磊・金光国『諸葛孔明人間力を伸ばす七つの教え中国ビジネ
　　ス思想の源流を知る』日本能率協会　2006年

203.曲渕俊朗・坂井保宏『資料中国ビジネス実践的中国会社経営ハ
　　ンドブック』日本評論社　2005年

204.秋定啓文『中国13億人がこれから買う、使うモノとサービス中

国ビジネスで成功する秘訣』生活情報センター　2005年

205. 射手矢好雄・石本茂彦編『中国ビジネス法必携2005・2006』日本貿易振興機構　2005年

206. 杉山定久『これからの中国ビジネス現場で見た聞いた体感した』プレジデント社　2004年

207. 遠藤誉・劉迪『中国ビジネス「新常識」』（成美文庫）　成美堂出版　2004年

208. 鈴木滋『中国ビジネスのむずかしさ・おもしろさ』税務経理協会　2004年

209. 范云涛『中国ビジネスの法務戦略〜なぜ日本企業は失敗例が多いのか』日本評論社2004年

210. 射手矢好雄・遠藤誠『中国ビジネスの紛争対応システム』商事法務　2004年

211. 加賀谷貢樹・橋本久義『中国ビジネスに勝つ情報源「巨大市場」の真実がみえてくる！』PHP研究所　2004年

212. 陶徳民・姜克實・見城悌治・桐原健真『東アジアにおける公益思想の変容〜近世から近代へ』日本経済評論社 2009 年

213. 丹沢安治『中国における企業組織のダイナミクス』中央大学出版会　2006年

214. 王元・汪鴻祥・川崎高志・林亮『変貌する現代中国』白帝社　2004年

215. 大橋英夫・丸川知達『中国企業のルネッサンス』岩波書店　2009年

216. 中川涼司・高久保豊『東アジアの企業経営〜多様化するビジネスモデル』ミネルヴァ書房　2009年

217. 佐々木信彰『現代中国ビジネス論』世界思想社 2003年

218. 羅瓊娟「制度と文化のグローバル化と特殊化〜東アジア儒教文化圏における管理思想への研究視座」『経営論集』No.17（作

新学院大学経営学部）2008年

219. 厳善平『農村から都市へ～1億3千万人の農民大移動』岩波書店 2009年

220. 東方敬信『神の国と経済倫理—キリスト教の生活世界をめざして』教文館 2001年

221. 中牧弘光・日置弘一郎『会社の中の宗教』東方出版 2009年

222. 高田拓『今、あなたが中国行きを命じられたら』BKC出版 2007年

223. E.トッド『デモクラシー以後～協調的「保護主義」の提唱』藤原書店 2009年

224. 高巖『なぜ企業は誠実でなければならないのか』モラロジー研究所 2006年

225. 今村仁司『交易する人間～贈与と交換の人間学』講談社選書メチエ 2000年

226. 大橋英夫・丸川知雄『中国企業のルネサンス』岩波書店 2009年

227. 増田英樹『階級のない国の格差』教育評論社 2009年

228. 『台湾法律講座』Vol.2、フォルモサン・ブラザーズ法律事務所 2007年

229. 白木三秀 編著『チャイナ・シフトの人的資源管理』白桃書房 2005年

230. 浅海信行『韓国・台湾・中国企業の成長戦略』勁草書房 2008年

231. 富川盛武『台湾の企業成長とネットワーク』白桃書房 2002年

232. 中牧弘允・日置弘一郎『会社のなかの宗教～経営人類学の視点』東方出版 2009年

233. 内藤正典『イスラムの怒り』集英社新書 2009年

234. 櫻井秀子『イスラム金融—贈与と交換、その共存のシステムを解く』新評論 2008年

235. 川島真・毛里和子『グローバル中国への道程～外交150年』岩

波書店　2009年

236.加藤弘之・久保亨『進化する中国の資本主義』岩波書店　2009年

237.中本征利『武士道の考察』人文書院　2006年

238.大島邦夫『中小企業経営のダイナミズム』幻冬舎　2009年

239.グレゴリー・クラーク著、久保恵美子訳『10万年の世界経済史
　・上』日経BP　2009年

240.グレゴリー・クラーク著、久保恵美子訳『10万年の世界経済史
　・下』日経BP　2009年

241.竹森俊平『資本主義は嫌いですか』日本経済新聞出版社　2008年

242.副島隆彦『中国赤い資本主義は平和な帝国を目指す』ビジネス
　社　2008年

243.ディエリー・ウォルトン著、橘明美訳『中国の仮面資本主義』
　日経BP　2008年

244.鈴木賢・崔光日・宇田川幸則・朱曄・坂口一成訳『中国物権
　法』成文堂　2007年

245.田島英一・山本純一編著『協働体主義〜中間組織が開くオルタ
　ナティブ』慶応義塾大学出版会　2009年

246.中川涼司・高久保豊編著『東アジアの企業経営』ミネルヴァ書
　房　2009年

247.Marcel Mauss 『The Gift』Routledge Classics 2009 年

248.ジェイムズ・バカン著、山岡洋一訳『真説アダム・スミス』日
　経BP 2009 年

249.斉藤慶典『フッサール起源へ哲学』講談社選書メチエ 2002 年

250.川島　真・松田康博・清水麗・楊永明『日台関係史1945-2008』
　東京大学出版会2009年

251.由井常彦『都鄙問答〜経営の道と心』日経ビジネス人文庫
　2007 年

252.川上正光『言志四録（一）』全訳注　講談社学術文庫 2009 年

253. 芹川博通『いまなぜ東洋の経済倫理か〜仏教・儒教・石門心学に聞く』(増補改訂版)北樹出版 2008年

254. 芹川博通『経済の倫理―宗教にみる比較文化論』大修館書店 1994年

255. 山本信人『東南アジアからの問いかけ』慶応義塾大学出版会 2009年

256. マルセル・モース著、有地亨訳『贈与論』勁草書房　2009年

257. グラネ著、明神洋訳『中国古代の舞踏と伝説』せりか書房 1997年

258. 岩田龍子・李奇志『現代中国の経営風土』文真堂 1997年

259. 橋本努『経済倫理＝あなたは、なに主義？』講談社選書メチエ 2008年

260. 鈴木大拙著、上田閑照編『東洋的な見方』岩波文庫　2009年

261. 謝雅梅『いま、日本人に伝えたい台湾と中国のこと』総合法令 2002年

262. 杉山徹宗『なぜ中国は平気で嘘をつくのか』光人社　2006年

263. 岡本聡子『中国の若きエリートたちの素顔』アルク　2005年

264. 石平『中国経済崩壊の現場』海竜社　2009年

265. 大澤幸生・徐 驊・山田雄二『チャンスとリスクのマネジメント』　2006年

266. 渋沢栄一著、竹内均編『孔子〜人間、どこまで大きくなれるか』三笠書房　1999年

267. 張晟『中国人をやる気にさせる人材マネジメント』ダイヤモンド社　2008年

268. 山本一郎『「俺様国家」中国の大経済』文春新書 2005年

269. 松嶋敦茂『功利主義は生き残るか〜経済倫理学の構築に向けて』勁草書房　2005年

270. 『中国貧困絶望工場〜「世界の工場」のカラクリ』日経BP

2008年

271. 杜維明著、陳静譯『儒教 Confucianism』麥田出版　2003年

272. 労働社会保障部『中華人民共和国国家職業分類大典1999年初版』1999年

273. 中国国家統計局『中国労働統計年鑑2008年-初版』北京中国統計出版社　2009年

274. ジョン・ミクルスウェイト、エイドリアン・ウールドリッジ著、日置弘一郎・高尾義明監訳『株式会社』講談社 2006年

275. 日置弘一郎2002『市場の逆襲』大修館書店　2002年

276. 住原則也・三井泉・渡辺祐介編『経営理念』PHP　2008年

277. 丹沢安治『中国における企業組織のダイナミクス』中央大学出版会　2006年

278. 高巌・日経CSRプロジェクト『CSR企業価値をどう高めるか』日本経済新聞社　2008年

279. 村田晴夫・吉原正彦『経営思想研究への討究』文真堂　2010年

280. 澤野雅彦『現代日本企業の人事戦略─21世紀のヒトと組織を考える』千倉書房　2001年

281. 澤野雅彦『企業スポーツの栄光と挫折』青弓社　2005年

282. 梅棹忠夫『文明の生態史観』中央公論社　1967年

283. 川勝平太『日本文明と近代西洋─「鎖国」再考』NHKブックス　1992年

284. Max Weber著、古在由重訳『ヒンドゥー教と仏教』大月書店　2009年

285. Max Weber著、木全徳雄訳『儒教と道教』創文社　1971年

286. 犬飼裕一『マックス・ウェーバーにおける歴史科学の展開』ミネルヴァ書房　2007年

287. 犬飼裕一『方法論的個人主義の行方: 自己言及社会』勁草書房　2011年

288. ミッシェル・アルベール/ Michel Albert 著、久水宏之 監修、小池
はるひ訳『資本主義対資本主義』竹内書店新社 2011年

289. 山田鋭夫『さまざまな資本主義-比較資本主義分析』藤原書店
2008年

290. 加藤榮一『現代資本主義の福祉国家』ミネルヴァ書房　2006年

291. 福島清彦『ヨーロッパ型資本主義』講談社現代新書　2002年

292. 伊東俊太郎『比較文明』東京大学出版会（新装版）2013年

293. 高田馨『経営者の社会的責任』千倉書房　1974年

294. 福島清彦『ヨーロッパ型資本主義』講談社現代新書　2002年

295. 増田正勝『キリスト教経営思想-近代経営体制とドイツ・カト
リシズム』森山書店　1999年

296. 横田理博『ウエーバーの倫理思想-比較宗教社会学に込められ
た倫理観』未來社　2011年

297. 中井英基『張謇と中国近代企業』北海道大学図書刊行会　1996年

298. ノルベルト・エリアス、エリック・ダニング著、大平章訳『スポ
ーツと文明化-興奮の探求』叢書ウニベルシタス(492)　法政大
学出版局　1995年

299. 浅田實『東インド会社』講談社現代新書　1989年

300. 角山栄『茶の世界史』中公新書　1980年

301. 大塚久雄『社会科学の方法－ウェーバーとマルクス』岩波書店
1966年

302. 陳佳貴等著『企業社会責任藍皮書』社会科学文献出版社　2011年

303. 岩田龍子・李奇志『中国企業の経営改革と経営風土の変貌』文
真堂　2007年

304. 杉本泰治著、科学技術倫理フォーラム編『経営と技術のための
企業倫理-考え方と事例』丸善　2005年

305. R.E.フリーマン、J.S.ハリソン、A.C.ウィックス著、中村瑞穂
監訳『利害関係者志向の経営--存続・世評・成功』白桃書房

2010年

306.三井泉『社会的ネットワーキング論の原流』 2009年

307.経営哲学学会『経営学の授業』PHP 2011年

308.小倉紀蔵『朱子学化する日本近代』藤原書店 2012年

309.クラン・カスト・クラブ・家元.F.L.K.シュー 著、作田啓一・浜口恵俊訳『比較文明社会論』培風館 1971年

310.濱口恵俊『日本型モデルとは何か』新曜社 1993年

311.笠谷和比古『武士道と日本型能力主義』新潮選書 2005年

312.馬振鋒等著『儒家文明』福建教育出版社2008年

313.伊東俊太郎・広重徹・村上陽一郎『思想史のなかの科学』平凡社 2011年

論文、その他

1. 『日本企業のグローバル化と経営課題〜共生戦略』福岡大学 1997年3月

2. 『制度と文化のグローバル化と特殊化〜東アジア儒教文化圏における管理思想への研究視座』「作新経営論集　第17号」2008年3月

3. 『東アジアにおけるデモクラシーの位相とグローバリゼーション〜グローバリズムと新自由主義の接点に関する一考察』「作新経営論集　第18号」2009年3月

4. 『東アジアの経済倫理と管理思想〜中国的社会構成原理とその管理実践を中心として』「作新経営論集　第19号」2010年3月

5. 『什麼是企業倫理?』「今日生活」No.394　台湾実践大学　2009年12月

6. 『Differences between Eastern and Western Cultures in Information Ethics』「2011 International Conferece on e-Commerce, e-Administration, e-Society, e-Education, and e-Technology」January 18-20, 2011, Tokyo, JAPAN

7. 『東アジアの経済倫理と中国の「企業倫理」の意味』「経営哲学論集第28集」2012年1月

8. 『従東西文化觀點看資訊倫理差異〜探討中國大陸「企業倫理」的意涵』「2012兩岸首屆企業社會責任學術研討會」台湾実践大学　2012年4月

9.　『退休後的心理調適與生活經營』揚智文化 2012年3月
10.　『21世紀儒家文化的全球化趨勢及影響』「第18回中国現代化学術研討会」中國海峡両岸関係協会と促進中國現代化學術研究基金會主催　甘粛省蘭州大学2013年8月

實踐大學數位出版合作系列48
商業企管類　PI0027

東アジア企業のビジネスモデル

作　　　者／羅瓊娟
統籌策劃／葉立誠
文字編輯／王雯珊
封面設計／王嵩賀
執行編輯／廖妘甄
圖文排版／張慧雯

發 行 人／宋政坤
法律顧問／毛國樑　律師
出版發行／秀威資訊科技股份有限公司
　　　　　114台北市內湖區瑞光路76巷65號1樓
　　　　　電話：+886-2-2796-3638　傳真：+886-2-2796-1377
　　　　　http://www.showwe.com.tw
劃撥帳號／19563868　戶名：秀威資訊科技股份有限公司
　　　　　讀者服務信箱：service@showwe.com.tw
展售門市／國家書店（松江門市）
　　　　　104台北市中山區松江路209號1樓
　　　　　電話：+886-2-2518-0207　傳真：+886-2-2518-0778
網路訂購／秀威網路書店：http://www.bodbooks.com.tw
　　　　　國家網路書店：http://www.govbooks.com.tw

2013年12月BOD一版
定價：450元
版權所有　翻印必究
本書如有缺頁、破損或裝訂錯誤，請寄回更換

讀 者 回 函 卡

感謝您購買本書，為提升服務品質，請填妥以下資料，將讀者回函卡直接寄
回或傳真本公司，收到您的寶貴意見後，我們會收藏記錄及檢討，謝謝！
如您需要了解本公司最新出版書目、購書優惠或企劃活動，歡迎您上網查詢
或下載相關資料：http:// www.showwe.com.tw

您購買的書名：＿＿＿＿＿＿＿＿＿＿＿＿＿＿＿＿＿＿＿＿＿＿

出生日期：＿＿＿＿＿年＿＿＿＿＿月＿＿＿＿＿日

學歷：□高中 (含) 以下　　□大專　　□研究所 (含) 以上

職業：□製造業　□金融業　□資訊業　□軍警　□傳播業　□自由業

　　　□服務業　□公務員　□教職　　□學生　□家管　　□其它＿＿＿＿

購書地點：□網路書店　□實體書店　□書展　□郵購　□贈閱　□其他

您從何得知本書的消息？

　□網路書店　□實體書店　□網路搜尋　□電子報　□書訊　□雜誌

　□傳播媒體　□親友推薦　□網站推薦　□部落格　□其他＿＿＿＿＿＿

您對本書的評價：（請填代號　1.非常滿意　2.滿意　3.尚可　4.再改進）

　封面設計＿＿＿　版面編排＿＿＿　內容＿＿＿　文／譯筆＿＿＿　價格＿＿＿

讀完書後您覺得：

　□很有收穫　□有收穫　□收穫不多　□沒收穫

對我們的建議：＿＿＿＿＿＿＿＿＿＿＿＿＿＿＿＿＿＿＿＿＿＿

＿＿＿＿＿＿＿＿＿＿＿＿＿＿＿＿＿＿＿＿＿＿＿＿＿＿＿＿＿＿＿＿

＿＿＿＿＿＿＿＿＿＿＿＿＿＿＿＿＿＿＿＿＿＿＿＿＿＿＿＿＿＿＿＿

＿＿＿＿＿＿＿＿＿＿＿＿＿＿＿＿＿＿＿＿＿＿＿＿＿＿＿＿＿＿＿＿

11466
台北市內湖區瑞光路 76 巷 65 號 1 樓

秀威資訊科技股份有限公司　　　收

BOD 數位出版事業部

....

（請沿線對折寄回，謝謝！）

姓　　名：_____　年齡：_____　性別：□女　□男

郵遞區號：□□□□□

地　　址：_____

聯絡電話：(日) _____ (夜) _____

E-mail：_____